计算机网络

——基础理论、应用与现代技术

刘丽 肖文栋 孙雷 编著

清华大学出版社

北京

内 容 简 介

本书系统介绍了计算机网络的基本原理和关键技术,沿网络协议栈自顶向下,深入浅出地解析了计算机网络从应用层到物理层的各层次协议的原理与实现方法,帮助读者建立全面的网络知识体系。书中不仅覆盖了传统计算机网络的基本原理和关键技术,还详细讨论了无线网络、移动互联网、物联网等现代网络技术,使得读者能够在掌握基础知识的同时紧跟技术前沿。

本书内容新颖、结构清晰、语言流畅、图文并茂,使得初学者能轻松学习、快速掌握计算机网络的核心知识。本书可作为计算机、自动化、仪器、软件工程、信息安全、物联网工程、通信工程与电子信息等相关专业的本科生与研究生的计算机网络课程教材或参考书,也可以作为信息技术领域的工程技术人员与技术管理人员学习、研究计算机网络技术的参考书。

图书在版编目(CIP)数据

计算机网络:基础理论、应用与现代技术 / 刘丽,肖文栋,孙雷编著. -- 北京:清华大学出版社,2025.2. -- ISBN 978-7-302-68209-7

Ⅰ.TP393

中国国家版本馆 CIP 数据核字第 2025B16D70 号

责任编辑:薛 杨
封面设计:刘 键
责任校对:申晓焕
责任印制:杨 艳

出版发行:清华大学出版社

网　　　址:https://www.tup.com.cn,https://www.wqxuetang.com
地　　　址:北京清华大学学研大厦 A 座　　　　　　邮　　编:100084
社 总 机:010-83470000　　　　　　　　　　　　邮　　购:010-62786544
投稿与读者服务:010-62776969,c-service@tup.tsinghua.edu.cn
质量反馈:010-62772015,zhiliang@tup.tsinghua.edu.cn
课件下载:https://www.tup.com.cn,010-83470236
印 装 者:涿州汇美亿浓印刷有限公司
经　　销:全国新华书店
开　　本:185mm×260mm　　　印　　张:18.5　　　字　　数:453 千字
版　　次:2025 年 2 月第 1 版　　　　　　　　　　印　　次:2025 年 2 月第1次印刷
定　　价:59.00 元

产品编号:108084-01

前　言

计算机网络技术作为支撑数字经济、智能社会发展的重要基石,正以前所未有的速度推动着社会的变革与发展。从云计算、大数据到物联网、人工智能,每一项技术的背后都离不开高效、安全、可扩展的计算机网络的支撑。本书旨在让广大读者全面理解和掌握计算机网络的基本原理和关键技术,并深入了解该领域的最新研究成果、技术趋势及实践应用。本书内容既涵盖基础理论知识,又注重实际应用和现代技术发展的介绍,帮助读者全面了解和掌握计算机网络的核心技术和应用。

在本书编写过程中,编者团队充分考虑了计算机网络技术的复杂性和知识体系的完整性,力求内容新颖、全面,覆盖计算机网络技术的各个方面,依照计算机网络 TCP/IP 协议栈,自顶向下深入浅出地解析了从应用层到物理层的各层协议的原理与实现方法。遵循本书的学习路线,读者能够理解数据如何在不同层之间传输和转换,以及每一层所负责的特定功能。同时,针对当前网络技术的热点,本书对无线网络、移动互联网、物联网等技术进行了阐述和深入分析,以便读者能够紧跟技术发展的步伐。

本书编写团队长期从事计算机网络相关技术和应用的研究工作,并为本科生和研究生开设"计算机网络""控制网络技术""多媒体通信""物联网技术"等课程,不仅具有扎实的理论基础,还具备丰富的实践和教学经验。在编写团队的共同努力下,《计算机网络——基础理论、应用与现代技术》充分参考了国内外最新的研究成果和技术标准,内容全面、结构清晰。全书由 11 章组成,包括第 1 章网络基础概述,第 2 章应用层,第 3 章传输层,第 4 章网络层,第 5 章数据链路层,第 6 章物理层,第 7 章物联网,第 8 章无线及移动通信网络,第 9 章光纤通信网络技术,第 10 章网络服务质量,第 11 章网络安全。本书的第 1、5、10、11 章由刘丽编写,第 2、4、7 章由肖文栋编写,第 3、6、8、9 章由孙雷编写。

在本书编写过程中,编者参考了许多相关文献和书籍,在此对相关文献和书籍的所有作者致以诚挚的谢意!感谢清华大学出版社的编审人员为本书的编辑、校对和出版的辛勤付出。本书获得北京科技大学研究生教材建设项目资助。计算机网络技术不断发展,新的技术和应用层出不穷。由于编写水平所限,本书难免存在不足之处,敬请广大读者批评指正,并提出宝贵意见。

编　者

2024 年 12 月

目 录

第 1 章　网络基础概述

本章将概述计算机网络和因特网的形成与发展,在介绍了一些网络基本术语和概念后,介绍常见的网络类型和网络拓扑结构,描述计算机网络中数据的时延、丢包和吞吐量等网络性能指标。接下来,介绍计算机网络的体系结构,以及网络互连的协议分层和服务模型,重点描述因特网通信协议 TCP/IP 的层次结构及各层提供的服务。

1.1　网络的形成与发展

计算机网络为人工智能、大数据、5G 等新技术与各行各业的跨界融合提供了平台与技术支撑,基于网络的新应用、新业态方兴未艾,新一轮科技革命与产业变革加速演进。自从 20 世纪 90 年代以后,以因特网(Internet)为代表的计算机网络得到了飞速的发展,计算机网络从 20 世纪 60 年代的分组交换技术、TCP/IP 产生,演变到因特网的过程中,促进了网络的大规模应用,加速了全球信息革命的进程。

1.1.1　分组交换技术与 ARPA 网

计算机网络和今天因特网领域的开端可以回溯到 20 世纪 60 年代的早期,那时的通信网络主要是电话网。电话网使用电路交换将信息从发送方传输到接收方,使得语音以一种恒定的速率在发送方和接收方之间传输。电路交换为通信双方建立透明的通路连接,不对用户信息进行任何检测、识别或处理,通信线路采用同步时分复用技术,固定分配带宽。数据通信具有突发性,峰值比特率和平均比特率相差较大,这导致电路交换的通信线路利用率很低,并且不能保证数据通信的可靠性传输。

为了解决数据传输可靠性以及通信线路利用率问题,20 世纪 60 年代有 3 个研究组——麻省理工学院(MIT)拉里·罗伯茨、兰德公司保罗·巴兰和英国的国家物理实验室(NPL)唐纳德·戴维斯都进行了分组交换的研究,代替电路交换技术实现数据传输的高效无差错传输,分组交换概念的提出为计算机网络的形成奠定了理论基础。分组交换的设计思想如下:在发送端先把较长的报文划分成较短的、固定长度的数据段,每一个数据段前面添加含有地址等控制信息的首部构成分组,以存储转发方式依次把各分组发送到接收端,接收端收到分组后剥去首部恢复成为原来的报文。分组交换中通信线路采用统计时分复用方式,动态分配带宽,适合突发性强的数据通信,线路资源利用率高,传输过程中对每个分组均进行差错控制,网络故障时可自动重选路由,提高了网络传输可靠性。

1964 年,兰德公司的保罗·巴兰开始研究分组交换技术的应用,即在军用网络上传输安全语音。1969 年,美国国防部高级研究计划署提出要研制一种生存性很强的网络,启动了 ARPANET(通常称为 ARPA 网)研究计划,它是第一个分组交换计算机网络,是今天的因特网的起源。初期的 ARPA 网只有 4 个节点,随着应用层协议的研究与开发,ARPA 网节点数不断增加,1975 年已经连入 100 多台主机,移交美国国防部国防通信局正式运行。

ARPA 网对推动网络技术发展具有重大贡献：完成了对计算机网络定义与分类方法的研究；提出了资源子网、通信子网的网络结构概念；研究并实现了分组交换方法；完善了层次型网络体系结构模型与协议体系；开始了 TCP/IP 模型、协议与网络互联技术的研究与应用。ARPA 网的成功运行进一步证明了分组交换技术的正确性，展示出计算机网络广阔的应用前景。

1.1.2　TCP/IP 网络互联

最初的 ARPA 网是单一封闭的网络。随着网络数目的增加，研制将网络连接到一起的体系结构的时机已经成熟。1972 年，ARPA 网核心人员开展了网络互联项目的研究，将不同类型的网络互联在一起，使不同类型的网络中的主机之间可以互相通信。网络互联需要解决异构网络在分组长度、分组结构与传输速率方面的差异。1974 年温顿·瑟夫（Vinton Cerf）与罗伯特·康（Robert Kahn）完成了互联网络的先驱性工作，创建了实现分组端到端交付的传输控制协议 TCP 的网络互联体系结构。早期的 TCP 版本与今天的 TCP 差异较大，早期 TCP 版本具有数据转发功能（后来由 IP 完成）和端到端差错控制及重传功能（当今 TCP 的部分功能）。早期实验认识到保证端到端可靠传递服务的重要性，将网际协议 IP 从 TCP 中分离出来，并研制了用户数据报协议 UDP，1977 年应用 TCP 和 IP 的 ARPA 网实现了与无线分组网、卫星分组网络互联。

TCP/IP 的特点如下：开放的协议标准；独立于特定的计算机硬件与操作系统；独立于特定的网络硬件，可以运行在局域网、广域网，更适用于互联网络中；统一的网络地址分配方案，使得整个 TCP/IP 设备在网中都具有唯一的地址；标准化的应用层协议，可以提供多种可靠的网络服务。

20 世纪 80 年代，连到公共因特网的主机数达到 100 000 台，是联网主机数急剧增长的时期。1983 年，ARPA 网向 TCP/IP 的转换全部结束，TCP/IP 成为 ARPA 网的标准协议。1986 年美国国家科学基金会 NSF 建立了 NSFNET，为 NSF 资助的超级计算中心提供 ARPA 网接入，其主干网连接美国 6 个超级计算机中心，NSFNET 使用 TCP/IP。1990 年 ARPA 网退役并由 NSFNET 取代，形成以 NSFNET 为主干的网络。随着网络规模的不断扩大，20 世纪 90 年代网络商业化开始出现，因特网骨干网络诞生，NSF 解除了对 NSFNET 用于商业目的的限制。1995 年 NSFNET 退役，这时因特网主干流量则由商业因特网服务提供商 ISP 负责承载，因特网进入高速发展阶段。

1.1.3　因特网的高速发展

由欧洲原子核研究组织 CERN 开发的万维网 WWW（World Wide Web）被广泛使用在因特网上，大大方便了广大非网络专业人员对网络的使用，成为因特网指数级增长的主要驱动力。万维网是无数个网络站点和网页的集合，它们在一起构成了因特网最主要的部分。Web 是由蒂姆·伯纳斯-李于 1989—1991 年期间在 CERN 开发的，伯纳斯-李和他的同事研制了 HTML、HTTP、Web 服务器和浏览器的初始版本。Web 作为一个平台，也引入和配置了数百个新的应用程序，其中包括搜索、因特网商务和社交网络，我们今天已经对这些应用程序习以为常了。

计算机网络中的变革继续以快速的步伐前进。所有的前沿研究已取得进展,包括部署更快的路由器和在接入网和主干网络中提供更高的传输速率。自 2000 年开始,家庭宽带因特网接入积极发展,光纤到户这种高速因特网为丰富的视频应用创造了条件,包括用户生成的视频的分发,电影和电视节目流的点播和多人视频会议等。

高速无线 Wi-Fi 网络的因特网接入越来越普及,移动技术发展迅速,2011 年,连接因特网的无线设备的数量超过了有线设备的数量。高速无线接入技术为移动设备(例如手机和笔记本电脑等)对因特网持续不断访问和无限制接入成为可能。社会网络(QQ、微博、微信等)迅速发展,在线社交网络在因特网上构建了庞大的人际网络。

谷歌、微软等公司都创建了自己的网络,许多网络公司利用云计算技术,在云中运行相应的应用软件(如百度云、亚马逊的 EC2、谷歌的应用引擎)。云服务提供商不仅可以为应用提供可扩展的计算和存储环境,也可为应用按需提供高性能专用网络的访问。

覆盖五大洲 150 多个国家和地区的开放型全球计算机网络系统,拥有许多因特网网络服务商(ISP)。因特网的网络拓扑结构非常复杂,它是由多个 ISP 组成的多层结构。第一层 ISP 覆盖国际区域,通过路由器直接与其他第一层 ISP 连接,与大量第二层 ISP 连接;第二层为区域或国家级的 ISP;第三层或更低层的 ISP 为地区服务提供商和本地服务提供商。对应 ISP 层次结构的因特网网络层次结构如图 1-1 所示。国际主干网、地区主干网和企业/校园网都由多个路由器和光纤等多种传输介质组成,大型主干网由上千台分布在不同位置的路由器通过光纤连接提供高带宽的传输服务,为了实现跨网络数据传送,大型主干网通过网络接入点 NAP 互联,NAP 是集中布置很多路由器的网络接入点。

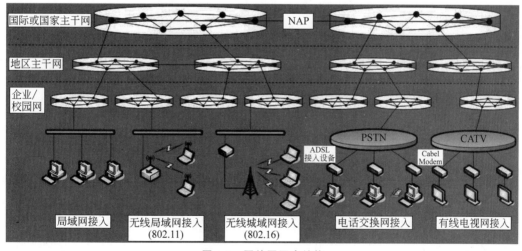

图 1-1 因特网层次结构

1.1.4 我国互联网的发展历史

2014 年前,我国互联网发展经历了三次浪潮,如图 1-2 所示。

第一次互联网浪潮(1994—2000 年)。1994 年 4 月初,中国向美国国家科学基金会(NSF)重申连入互联网的要求得到认可;4 月 20 日,中国正式接入国际互联网。中国通过一

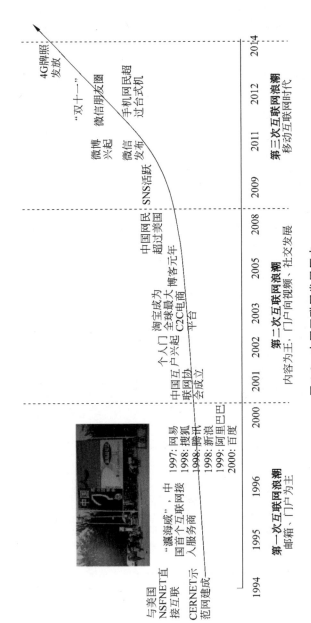

图 1-2　中国互联网发展历史

条 64K 的国际专线,接入国际互联网,开启了中国互联网的时代。1997 年瀛海威全国大网开通,3 个月内在北京、上海、广州、福州、深圳、西安、沈阳、哈尔滨 8 个城市开通,成为中国最早也是最大的民营 ISP。1998 年开始中国网民呈几何级数增长,一场互联网的革命传遍了整个中华大地。搜狐、网易、腾讯、新浪、阿里巴巴、百度等中国网络巨头相继诞生,掀起了互联网的第一次投资热潮。

第二次互联网浪潮(2001—2008 年)。2001 年中国互联网协会成立,由中国从事互联网业及互联网相关产业的企事业单位和社会各界发起设立的全国非营利性社会团体,标志着中国互联网的行业自我管理、自我服务揭开了新篇章。2002 年个人门户兴起,互联网门户进入 2.0 时代。2003 年淘宝网上线,发展成为全球最大 C2C 电商平台,阿里巴巴推出支付宝。从 2005 年网民规模突破 1 亿后的一段时期,是中国互联网的快速发展期。这一时期,宽带网络建设上升为国家战略,网民数量保持快速增长,网络零售与社交网络服务成为产业发展亮点。从 2002 年博客网成立到博客元年 2005 年,中国博客用户规模也已从最初的几十上百人增长到 1600 万,博客已成为多数人在互联网上的一种生活方式。2007 年 6 月,国家发布《电子商务发展"十一五"规划》,将电子商务服务业确定为国家重要的新兴产业。2008 年 7 月,CNNIC 发布报告显示,中国网民数量到当年 6 月底为止,达 2.53 亿人,首次超过美国排在世界第一位。

第三次互联网浪潮(2009—2014 年)。这次互联网浪潮标志着从 PC 互联网到移动互联网的发展。2009 年 SNS 社交网站活跃,尤其以人人网(校内网)、开心网、QQ 等 SNS 平台为代表。2011 年微博迅猛发展,对社会生活的渗透日益深入,政务微博、企业微博等出现井喷式发展。2012 年 CNNIC 发布报告显示,手机网民规模为 4.2 亿,使用手机上网的网民规模首次超过台式机。2012 年 4 月,微信朋友圈上线,而后,朋友圈逐渐成为了分享生活、微商赚钱等多功能集于一身的平台。2012 年"双十一"阿里天猫与淘宝的总销售额达到 191 亿,被业内称为"双十一"的爆发点。2013 年 12 月 4 日,工业和信息化部向中国移动通信集团公司、中国电信集团公司和中国联合网络通信集团有限公司颁发"LTE/第四代数字蜂窝移动通信业务(TD-LTE)"经营许可(4G 牌照),我国自主研发的 TD-LTE 标准与国际普遍采用的 FDD-LTE 一样,得到了广泛的使用。4G 时代中国的通信电子和互联网产业飞速发展。上网速率的量变带来了人们生活的质变,在线游戏视频、社交直播、移动支付、电子商务迅速普及,手机成为了个人的智能终端。2015 年的政府工作报告首次提出"互联网＋"行动计划,表明国家要把互联网与传统行业结合起来,创造新的发展生态,将互联网的创新成果深度融合于经济、社会各领域之中,提升全社会的创新力和生产力。

近十年来,中国数字经济规模突飞猛进,在互联网应用、网民数量、云计算、人工智能发展等多方面领跑全球。中国网络基础设施实现跨越式提升,移动通信网络已建成了全球最大规模 5G 网络,我国自主研发的北斗卫星系统已完成全球组网,服务全球 200 多个国家和地区用户,"中国的北斗"真正成为"世界的北斗"。随着互联网普及率不断提升,我国已经形成了世界上最为庞大、生机勃勃的数字社会。

2022 年,中国互联网络信息中心(CNNIC)发布第 49 次《中国互联网络发展状况统计报告》。统计显示,截至 2021 年 12 月,我国网民规模达 10.32 亿,较 2020 年 12 月增长 4296 万,互联网普及率达 73.0%。在网络基础资源方面,截至 2021 年 12 月,我国域名总数达 3593 万个,IPv6 地址数量达 63052 块/32,同比增长 9.4%;移动通信网络 IPv6 流量占比已经达到 35.15％。在信息通信业方面,截至 2021 年 12 月,累计建成并开通 5G 基站数达142.5 万个,全年新增 5G 基站数达到 65.4 万个;有全国影响力的工业互联网平台已经超过150 个,接入设备总量超过 7600 万台套,全国在建"5G＋工业互联网"项目超过 2000 个,工业互联网和 5G 在国民经济重点行业的融合创新应用不断加快。2021 年我国互联网应用用户规模保持平稳增长。一是即时通信等应用基本实现普及。截至 2021 年 12 月,在网民中,即时通信、网络视频、短视频用户使用率分别为 97.5％、94.5％和 90.5％,用户规模分别达10.07 亿、9.75 亿和 9.34 亿。二是在线办公、在线医疗等应用保持较快增长。截至 2021 年12 月,在线办公、在线医疗用户规模分别达 4.69 亿和 2.98 亿,同比分别增长 35.7％和 38.7％,成为用户规模增长最快的两类应用;网上外卖、网约车的用户规模增长率紧随其后,同比分别增长 29.9％和 23.9％,用户规模分别达 5.44 亿和 4.53 亿。互联网应用繁荣发展,是通信技术、芯片技术、终端操作系统等技术发展共同推进的结果。

1.2 计算机网络定义与分类

1.2.1 计算机网络定义

计算机网络是用通信线路将分散在不同地点并具有独立功能的多台计算机互相连接,按照网络协议进行数据通信,实现资源共享的信息系统。换言之,计算机网络是一些互相连接的、自治的计算机的集合。计算机网络向用户提供的最重要的功能包括连通性和共享。连通性指上网用户之间都可以通过网络交换信息,好像这些用户的计算机都可以彼此直接连通一样;共享即资源共享,可以是信息共享、软件共享,也可以是硬件共享。

因特网是"网络的网络",是一个世界范围的计算机网络。其组成包括边缘部分与核心部分,如图 1-3 所示。

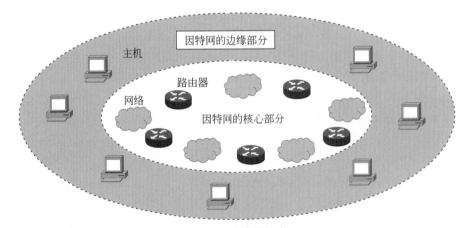

图 1-3 因特网组成

1.2.2 网络边缘

网络边缘部分是由所有连接在因特网上的主机组成,是用户直接使用的设备,用来进行通信(传送数据、音频或视频)和资源共享。这些连接到因特网的设备也称为端系统,端系统通过 ISP 接入因特网。如图 1-4 所示,每个 ISP 是一个由多个分组交换机和多段通信链路组成的网络,各 ISP 为端系统提供了多种不同类型的网络接入,包括通过宽带调制解调技术 ADSL 的家庭网络接入、企业/校园高速局域网接入、移动网络无线接入等。低层的 ISP 通过国家或国际的高层 ISP 互联起来。

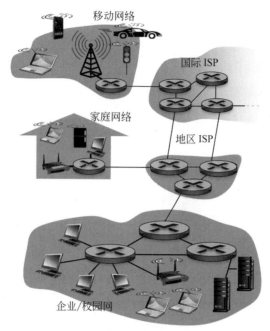

图 1-4　因特网结构

1.2.3　网络核心

　　网络核心部分由许多网络和连接这些网络的路由器组成,路由器的核心工作原理是存储-转发,主要功能是路由选择和交换。通过网络链路和交换机传送数据有两种基本方法:电路交换和分组交换。交换的含义就是转接:把一条电话线转接到另一条电话线上(电路交换);把一个数据包由一个路由器转发到另一个路由器(分组交换)。相较于电路交换,分组交换的优点是高效动态分配传输带宽,以分组为单位进行传送和查找路由转发,灵活快速,不必先建立连接就能向其他主机发送分组,能够保证数据可靠性传输,分布式的路由选择协议使网络具有很好的生存性。分组交换的缺点是分组在各节点存储转发时需要排队,这就会造成一定的时延,分组必须携带的首部(含有必不可少的控制信息)也造成了一定的开销。虽然分组交换和电路交换在今天的电信网络中都是普遍采用的方式,但趋势无疑是朝着分组交换方向发展的。

　　核心部分的主要功能是为边缘部分提供连通性和交换服务。因特网核心部分的路由器之间一般都用高速链路相连接,实现快速路由和分组转发,即分组交换。

　　分组交换工作方式包括两种:面向连接的虚电路方式和无连接的数据报方式。面向连接的虚电路方式是数据传送前发送呼叫请求分组建立端到端的虚连接;虚电路建立后,属于同一呼叫的数据分组沿着这一虚电路传送,并且分组按序到达;通信结束后通过呼叫清除分组来拆除该虚电路。无连接的数据报方式是数据发送前不需要建立连接,每个分组包含完整地址信息,独立寻找路由,可经由不同的路径到达目的地,分组到达的顺序不同。因特网的 IP 就是采用分组交换的数据报方式,对每个分组均有差错控制,网络故障时可自动重选路由,可靠性更高。

　　网络核心部分进行分组交换过程如图 1-5。在各种网络应用中,端系统彼此交换报文,为了从源发送端系统向目的接收端系统发送一个报文,发送端将长报文划分为较短的、固定长度的数据段(分组)。在源和目的端之间,每个分组都通过通信链路和分组交换机(路由器和链路层交换机)以"存储转发"机制进行传送。对于因特网来说,每个端系统具有一个 IP 地址,当源主机要向目的主机发送分组时,源主机在该分组的首部设置了目的主机的 IP 地址。网络中的路由器收到该分组时,检查该分组的目的地址,并查询路由器中的转发表,获得适当的出口链路,向该相邻路由器转发该分组。路由器中的转发表是由路由选择协议自动设置的。

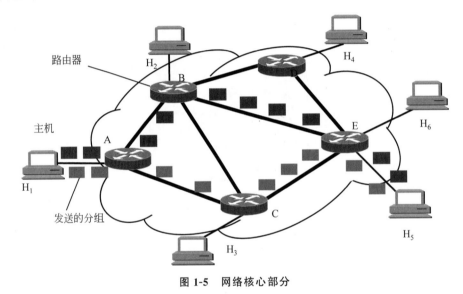

图 1-5　网络核心部分

1.2.4　计算机网络的分类

　　计算机网络的分类方式有很多种,可以按拓扑结构、覆盖范围、传输介质等进行分类。

1. 拓扑结构

　　计算机网络依据拓扑结构可以分为星状网络、总线型网络、环状网络、网状网络等。

　　(1)星状网络。网络中的各节点通过点到点的方式连接到一个中央节点,任何两个节点要进行通信都必须经过中央节点控制。星状网络的优点是控制简单,故障诊断和隔离容易;其缺点是成本高、中间节点对故障敏感,如果中央节点发生故障,则全网都会受影响。

　　(2)总线型网络。用单根传输线把网络中的各个节点连接起来,使用总线型拓扑结构需要解决的问题是确保端用户使用媒体发送数据时不能出现冲突。总线型网络的优点是网络结构简单,易于网络扩展,而且具有较高的可靠性,单个节点的故障不会影响整个网络;其缺点是通信效率不高、总线传输距离有限,通信范围受到限制,易于发生数据碰撞,线路争用现象比较严重。

（3）环状网络。所有计算机形成一个环。信号单向传输，在环状网络中，所有的通信共享一条物理通道，即连接了网中所有节点的点到点链路。环状网络的优点是网络抗干扰能力强，适合用光纤；其缺点是可靠性差，任何两个节点间的传输通道发生故障都将会引起全网的故障。

（4）网状网络。每个节点至少有两条路径与其他节点连接。网状网络的优点是网络可靠性高，通信子网中任意两个节点交换机之间存在着两条或两条以上的通信路径，这样，当一条路径发生故障时，可以通过另一条路径传送信息；其缺点是控制复杂，线路成本高，不易扩充。

2. 覆盖范围

按照网络覆盖的地理范围进行分类，计算机网络可以分为广域网、城域网、局域网、个人区域网。

（1）广域网（Wide Area Network，WAN）。广域网是一种远程网，覆盖的地理范围从几十 km 到几千 km；可以覆盖一个国家、地区，甚至横跨几个大洲。广域网利用公共分组交换网、卫星通信网、无线分组交换网将分布在不同地区的城域网、局域网互联起来，提供各种网络服务，实现信息资源共享。广域网研究的重点是宽带核心交换技术。

（2）城域网（Metropolitan Area Network，MAN）。城域网的概念泛指网络运营商在城市范围内提供各种信息服务业务的所有网络；是覆盖一个城市的地理范围，借助光纤通信将同一区域内的多个局域网互联的公用城市网络。城域网以多业务光传送网络为基础，通过各种网络互联设备，实现语音、数据、图像、多媒体视频、IP 电话、IP 接入和各种增值业务服务与智能业务，并与运营商的广域计算机网络、广播电视网、传统电话交换网 PSTN 互联互通的本地综合业务网络。城域网的基本特征是以光传输网络为基础，以 IP 技术为核心，支持多种业务。

（3）局域网（Local Area Network，LAN）。局域网是一种在小区域内使用的，由多台计算机组成的网络，覆盖范围通常局限在 10km 范围之内，属于一个单位或部门组建的小范围网。局域网依赖于共享介质，若干计算机连接在该共享介质上，按照某种通道访问技术使用介质传送数据。常用的介质访问方法包括带有冲突检测的载波侦听多路访问（CSMA/CD）方法、令牌总线（Token Bus）方法、令牌环（Token Ring）方法。

（4）个人区域网（Personal Area Network，PAN）。个人区域网是指在个人工作的地方端设备之间用无线技术连接起来的网络，也称为无线个人区域网（WPAN），覆盖区域的直径约为 10m。

3. 传输介质

按传输介质物理形态分类，网络可分为有线网和无线网。

（1）有线网。传输介质采用有线介质连接的网络称为有线网。常用的有线传输介质有双绞线、同轴电缆和光纤。

（2）无线网。采用无线介质连接的网络称为无线网。目前无线网以微波、红外线、激光等无线电波作为传输介质。微波通信、红外线通信和激光通信技术都是以大气为介质的，其中微波通信用途最广。目前的卫星网就是一种特殊形式的微波通信，它利用地球同步卫星作中继站来转发微波信号，一个同步卫星可以覆盖地球的三分之一以上表面，三个同步卫星就可以覆盖地球上全部通信区域。

1.3　计算机网络的性能指标

1.3.1　速率与带宽

速率即数据率(data rate)或比特率(bit rate)，是指通信线上数据的传输速率(额定速率)，单位时间内(每秒)传输的比特数。速率的单位是比特每秒(bps)、kbps、Mbps、Gbps 等。

"带宽"(bandwidth)本来指信号具有的频带宽度，单位是赫兹(或千赫兹、兆赫兹、吉赫兹等)。网络带宽表示网络中某通道传送数据的能力，即在单位时间内网络中的某信道所能通过的"最高数据率"，所以该意义上带宽的单位也就是数据率的单位——比特每秒(bps，也写作 bit/s)。

1.3.2　吞吐量

吞吐量(throughput)表示在单位时间内通过某个网络(或信道、接口)成功传送数据的数量，以比特、字节、分组等测量。吞吐量受网络的带宽或网络的额定速率的限制。

例如，对于一个 1Gbit/s 的以太网，即其额定速率是 1Gbit/s，则该以太网的吞吐量的绝对上限值为 1Gbit/s。因此，对 1Gbit/s 的以太网，其实际的吞吐量可能也只有 100Mbit/s，甚至更低，并没有达到其额定速率。吞吐量还可用每秒传送的字节数或帧数来表示。

1.3.3　时延

时延(delay 或 latency)指数据(一个报文或分组，甚至比特)从网络(或链路)的一端传送到另一端所需的时间。网络中的时延由以下几部分组成。

1. 发送时延

发送时延也称传输时延，是指节点(主机或路由器)在发送数据时使数据块从节点进入传输媒介上所需的时间，即一个端点从开始发送数据帧的第一个比特算起到该数据帧的最后一比特发送完毕所需要的时间。

发送时延与发送的帧长(比特)成正比，与发送速率成反比。

$$发送时延 = 数据帧长度(bit) / 发送速率(bit/s)$$

2. 传播时延

传播时延是电磁波在信道中传播一定的距离所花费的时间。发送时延和发送数据帧大小有关，而传播时延和传输距离相关。

传播时延的计算公式是：

$$传播时延 = 信道长度(m) / 电磁波在信道上的传输速率(m/s)$$

电磁波在自由空间的传播速率是光速，即 3.0×10^5 km/s。电磁波在网络传输媒介中的传播速率比在自由空间要略低一些：在铜线电缆中的传播速率约为 2.3×10^5 km/s，在光纤中的传播速率约为 2.0×10^5 km/s。例如，1000km 长的光纤线路产生的传播时延约为 5ms。

传输时延发生在机器外部的传输信道媒体上,与信号的发送速率无关。

3. 处理时延

主机或路由器在收到分组时为存储转发而进行一些必要的处理所花费的时间,例如分析分组的首部、从分组中提取数据部分、进行差错检验或查找适当的路由等,这就产生了处理时延。

4. 排队时延

分组在经过网络传输时,要经过许多路由器。但分组在进入路由器后要先在输入队列中排队等待处理。在路由器确定了转发接口后,还要在输出队列中排队等待转发,这就产生了排队时延。排队时延的长短往往取决于网络当时的通信量。当网络的通信量很大时会发生队列溢出,使分组丢失。

流量强度 $U=L\times a/R$,其中 R 为传输速率(bit/s),L 为分组长度(bits),a 为分组平均达到率(单位是分组/秒)。如果流量强度 $U>1$,则比特到达队列的平均速率超过从该队列传输出的速率。在这种情况下,排队时延将趋向无穷大,因此流量工程要求设计系统时流量强度不能大于1。

考虑流量强度 $U\leqslant 1$ 时的情况,到达流量的性质影响排队时延。如果流量强度接近0,则几乎没有分组到达并且到达间隔很大,平均排队时延将接近0。另一方面,当流量强度大于0时,将存在到达率超过传输能力的时间间隔,形成排队,随着流量强度接近1,平均排队时延迅速增加。若令 D_0 表示节点空闲时的时延,D 表示当前的时延,可以用下面的公式表示排队时延和流量强度 U 之间的关系:

$$D=\frac{D_0}{1-U}$$

随着流量强度接近1,队列缓冲器处于满状态,此时分组到达时,由于没有地方存储这个分组,路由器将丢弃该分组,产生丢包。一个节点的性能常常不仅根据时延来度量,而且根据分组丢失的概率来度量。丢失的分组可能以基于端到端的原则重传,以确保所有的数据最终从源传送到目的地。

5. 端到端时延

数据经历的端到端总时延就是发送时延、传播时延、处理时延和排队时延之和。

总时延＝发送时延＋传播时延＋处理时延＋排队时延

各时延产生的位置如图1-6所示。

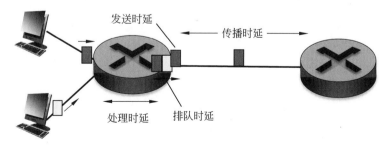

图 1-6　时延产生的位置

1.3.4　时延带宽积

链路的时延带宽积又称为以比特为单位的链路长度。

$$时延带宽积＝传播时延×带宽$$

这是一个代表链路的圆柱形管道,管道的长度是链路的传播时延(现在以时间为单位来表示链路长度),而管道的截面积是链路的带宽。因此,时延带宽积就表示这个管道的体积,表示该链路可容纳多少比特。

1.3.5　往返时间

在计算机网络中,往返时间 RTT(Round-Trip Time)也是一个重要的性能指标。它表示从发送方发送数据开始,到发送方收到来自接收方的确认,总共经历的时间。对于复杂的网络,往返时间要包括各中间节点的处理时延、排队时延和转发数据时的发送时延。

1.4　网络体系结构与网络协议

1.4.1　网络体系结构的基本概念

计算机网络系统的设计采用结构化方法,将一个较为复杂的系统分解为若干个容易处理的子系统,现代计算机网络都采用了层次化体系结构。计算机网络层次结构模型、同层实体通信协议以及层次之间接口统称为网络体系结构。

相互通信的两个计算机系统必须高度协调工作,而这种"协调"是相当复杂的。"分层"可将庞大而复杂的问题转换为若干较小的易于处理的局部问题。网络体系结构中采用层次化结构的优点:①各层之间相互独立,高层不必关心低层的实现细节,只要知道低层所提供的服务以及经由本层向上层所提供的服务即可,能真正做到各司其职;②有利于实现和维护,某个层次实现细节的变化不会对其他层次产生影响;③易于实现标准化。

在计算机网络中实现通信必须依靠网络通信协议,网络通信协议(简称协议)是为网络中的计算机、设备之间相互通信和进行数据交换而建立的规则、标准或约定,这些规则明确规定了所交换的数据的格式以及有关的同步问题。协议分层设计原则是每一层都建立在其下层之上,下层向上层提供服务,并把服务的具体实现细节对上层屏蔽。

1.4.2　OSI 参考模型

在计算机网络中实现通信必须依靠网络通信协议。国际标准化组织(ISO)于 1997 年提出了开放系统互联(Open System Interconnection)参考模型,简称 OSI 参考模型。

OSI 参考模型从逻辑上把一个网络系统分为功能上相对独立的 7 个有序的子系统,这样 OSI 体系结构就由功能上相对独立的 7 个层次组成,如图 1-7 所示。它们由低到高分别是物理层、数据链路层、网络层、传输层、会话层、表示层和应用层。OSI 参考模型分层的特点:①每层的对应实体之间都通过各自的协议进行通信;②各计算机系统都有相同的层次结构;③不同系统的相应层次具有相同的功能;④同一系统的各层次之间通过接口联系;

⑤相邻的两层之间,下层为上层提供服务,上层使用下层提供的服务。

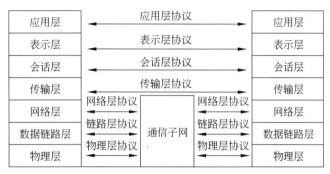

图 1-7　OSI 参考模型

1. 物理层

物理层(Physical Layer,PHL)是 OSI 协议参考模型的最底层,传输单位是比特,向下是物理设备接口,直接与传输介质(信道)相连。传递信息需要利用物理传输介质,如双绞线、同轴电缆、光纤等。物理层的任务就是为上层提供一个物理的连接,以及该物理连接表现出来的机械、电气、功能和过程特性,实现透明的比特流传输。在这一层,数据作为原始的比特流被提交给上层的数据链路层。

物理层提供的功能如下:①建立、维持和释放物理连接;②传输数据,保证数据按位传送的正确性,同时提供通信接口定义、控制信号、数据传输速率、接口信号电平(电压范围)等;③物理层管理,物理层考虑如何将数据转换成适合信道传输的电(光)信号、模/数转换、采用何种技术传输等问题。

2. 数据链路层

数据链路层(Data Link Layer,DLL)位于 OSI 参考模型的第二层,数据链路层在物理层的基础上,通过将比特流组织封装成帧(frame),从而建立一条可靠的数据传输通道。在常用的网络设备中,网卡和交换机是工作在数据链路层的重要网络设备。数据链路层负责在两个相邻的节点之间的链路上实现无差错的数据帧传输。每一帧包括一定的数据和必要的控制信息,在接收方接收到数据出错时要通知发送方重发,直到这一帧无差错地到达接收节点。

数据链路层实现的主要功能有帧同步、流量控制、差错控制、帧内定界、透明传输、寻址。

3. 网络层

网络层(Network Layer)位于 OSI 参考模型的第三层,提供数据的网络地址(IP 地址),同时提供统一的路由寻址。网络层传输的数据单位称为分组或包(packet)。网络层的主要任务是为要传输的分组选择一条合适的路径,使发送分组能够正确无误地按照给定的目的地址找到目的主机,交付给目的主机的传输层。网络层的主要功能包括路径选择、流量控制、数据转发和差错管理。

4. 传输层

物理层、数据链路层和网络层属于通信子网范畴,而会话层、表示层和应用层属于资源子网范畴。传输层(Transport Layer)处于通信子网和资源子网之间,起着承上启下的作用。传输层的主要任务是通过通信子网的特性,利用网络资源,并以可靠与经济的方式为两个端系统的会话层之间建立一条连接通道,以透明地传输报文。传输层向上一层提供一个可靠的端到端的数据传输服务,使会话层不知道传输层以下的数据通信的细节。传输层只存在端系统中,传输层以上各层就不再考虑信息传输的问题了。

5. 会话层

在会话层(Session Layer)以及以上各层中,数据的传输都以报文为单位,为进程间通信。会话层的作用是建立、维护和结束正在进行通信的两个用户进程之间的会话连接,所谓一次会话,是指两个用户进程之间为完成一次完整的通信而建立的会话连接。会话层的功能是通过网络操作系统 NOS 实现的。

6. 表示层

表示层(Presentation Layer)主要解决用户信息的语法表示问题。它将要交换的数据从适合某一用户的抽象语法转换为适合 OSI 内部表示使用的传送语法,即提供格式化的表示和转换数据服务,确保一个系统的应用层发送的信息能够被另一个系统能读取。例如,数据的压缩和解压缩、加密和解密等工作都由表示层负责。

7. 应用层

应用层(Application Layer)是 OSI 参考模型的最高层,为用户提供网络与用户软件之间的接口服务。应用层负责网络中各种应用程序和网络操作系统之间的联系,并完成用户提出的各种网络服务及各种应用所需的监督、管理和服务等各种协议。此外,该层还负责协调各应用程序之间的工作。应用层所包含的协议最多,如 HTTP、SMTP、POP3、FTP、Telnet、DNS 等。

只要遵循 OSI 标准,一个系统就可以和位于世界上任何地方的、遵循同一标准的其他任何系统进行通信。在市场化方面 OSI 却失败了,原因在于:①OSI 的专家们在完成 OSI 标准时没有商业驱动力;②OSI 的协议实现起来过分复杂,且运行效率很低;③OSI 标准的制定周期太长,因而使得按 OSI 标准生产的设备无法及时进入市场;④OSI 的层次划分并也不太合理,有些功能在多个层次中重复出现。

1.4.3 TCP/IP 参考模型

传输控制协议/网际协议(Transmission Control Protocol/Internet Protocol,TCP/IP)指能够在多个不同网络间实现信息传输的协议簇。TCP/IP 是因特网上所有网络和主机之间进行交流时所使用的共同"语言",是因特网上使用的一组完整的标准网络连接协议。人们通常所说的"TCP/IP 协议"实际上包含了大量的协议和应用,且由多个独立定义的协议组合在一起,因此,更确切地说,应该称其为"TCP/IP 协议集"。

TCP/IP 共有 4 个层次,分别是网络接口层、网络层、传输层和应用层。TCP/IP 层次结构与 OSI 层次结构的对照关系如图 1-8 所示。

1. 网络接口层

网络接口层是 TCP/IP 模型的最底层,也称为网络访问层,对应着 OSI 的物理层和数据链路层。TCP/IP 标准并没有定义具体的网络接口协议,而是旨在提供灵活性,以适应各种网络类型,如 LAN、MAN 和 WAN。这也说明,TCP/IP 可以运行在任何网络上。网络接口层兼并了物理层和数据链路层,既是传输数据的物理媒介,也可以为网络层提供可靠链路。因特网协议结构综合 OSI 和 TCP/IP 的优点,采用五层协议的体系结构。

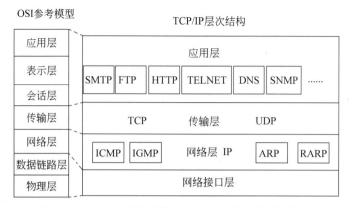

图 1-8 TCP/IP 层次结构与 OSI 层次结构的对照关系

2. 网络层

网络层在 TCP/IP 模型中位于第二层,其主要功能是进行网络连接的建立和释放连接以及 IP 地址的寻找。网络层处理来自传输层的分组,将分组形成数据包(IP 数据包),并为该数据包在不同的网络之间进行路径选择,最终将数据包从源主机发送到目的主机。网络层最常用的协议是 IP,其他一些协议可用来协助 IP 的操作,如互联网控制消息协议 ICMP、组管理协议 IGMP、地址解析协议 ARP 和反向地址解析协议 RARP。

3. 传输层

传输层作为 TCP/IP 模型的第三层,与 OSI 的传输层类似,主要负责主机到主机之间的端对端可靠通信,该层使用了两种协议,传输控制协议 TCP 和用户数据报协议 UDP。

4. 应用层

应用层是 TCP/IP 模型的最高层,直接为应用进程提供服务。与 OSI 模型中高 3 层的任务相同,用于提供网络服务,如文件传送、远程登录、域名服务和简单网络管理等。不同种类的应用程序会使用不同的应用层协议,例如,邮件传输应用 SMTP、万维网应用 HTTP、远程登录服务应用 TELNET。

习题

1-1 简述计算机网络的形成和发展。

1-2 什么是分组交换?简述分组交换有哪两种工作方式,各有什么特点?

1-3 简述局域网、城域网和广域网的主要特征。

1-4 计算机网络的拓扑结构有哪几种?各有什么优缺点?

1-5 计算机网络有哪些常用的性能指标?

1-6 试计算以下两种情况的发送时延和传播时延。

(1) 数据长度为 10^8 bit,数据发送速率为 100kbps,收发两端传输距离为 1000km,信号在媒体上的传播速率为 $2×10^8$ m/s。

(2) 数据长度为 10^4 bit,数据发送速率为 1Gbps,传输距离和信号在媒体上的传播速率同上。

1-7 假设 A、B 主机通过 10Mbps 的链路连接到交换机,每条链路的传播时延均为

$20\mu s$,交换机接收完一个分组为 $35\mu s$ 后转发该分组,请计算:A 向 B 发送一个长度为 10000 比特的分组时,从 A 开始发送至 B 接收到该分组所需的总时间。

1-8　假设主机 A 向主机 B 发送一个文件。从主机 A 到主机 B 的路径上有 3 段链路,其速率分别为 $R_1 = 500\text{kbps}$,$R_2 = 2\text{Mbps}$,$R_3 = 1\text{Mbps}$。

(1) 假定该网络中没有其他业务,该文件传送的吞吐量是多少?

(2) 假定该文件大小为 4MB,该文件从 A 到 B 传输时间大致是多少? 不考虑传播时延及处理时延。

(3) 若 R_2 减小到 100kbps,请重复回答上述两个问题。

1-9　简述 TCP/IP 模型的体系结构及各层的主要功能。

第2章 应 用 层

本章首先介绍应用层的基本功能,然后依次介绍典型的应用层协议,包括电子邮件、域名系统、万维网等,并重点描述相关协议的报文格式和关键功能。

学习本章的目的是掌握应用层在 OSI 七层参考模型中的功能及作用,并能熟练掌握电子邮件、域名系统等关键应用层协议的运行机制。

2.1 应用层概述

应用层是计算机网络体系结构中的最高层,它为用户提供了各种网络应用程序,使得用户可以通过网络进行数据传输、信息交流和资源共享。总而言之,应用层的功能是为用户提供丰富多样的网络服务,是用户和网络之间的桥梁和纽带,在 OSI 七层参考模型中起着非常关键的作用。

2.1.1 应用层基本功能

应用层是计算机网络体系结构中的最高层,因此,应用层的任务并非为上层提供服务,而是为最终用户提供网络服务。每个应用层协议都是为了解决某一类应用问题,而问题的解决又是通过位于不同主机中的多个进程之间的通信和协同工作来完成的,这些为了解决具体的应用问题而彼此通信的进程就称为应用进程。因此,应用层为两个不同应用进程之间的通信提供保障。

应用层的作用主要如下。

(1)提供网络应用程序。应用层为网络用户提供了各种应用程序,如电子邮件、文件传输、远程登录、Web 浏览器等,使用户可以通过网络进行各种操作和任务。

(2)实现可靠的数据传输。应用层负责在网络传输中确保数据能够可靠地传输到目的地。它通过使用传输控制协议(TCP)提供可靠的数据传输服务,保证数据的完整性和准确性。

(3)进行数据格式转换。应用层负责将应用程序所需的数据进行格式转换,以便能够在网络上传输和接收。例如,将文件转换为数据包进行传输,或将数据包转换为音频、视频等形式进行播放。

(4)实现网络信息的访问和检索。应用层提供了访问和检索网络信息的功能,使用户可以通过网络进行查找和获取所需的信息。例如,通过 Web 浏览器访问互联网上的网页,或使用电子邮件客户端进行邮件收发。

(5)资源共享。应用层的功能还包括资源共享,用户可以通过网络共享文件、打印机、数据库等资源,方便用户之间的合作和交流。例如,在局域网中可以使用文件共享协议,使多台计算机可同时访问和编辑同一个文件。

(6)分布式计算。应用层支持分布式计算,即将计算任务分布到多台计算机上进行并行计算,以提高计算效率。例如,通过分布式计算系统可以将大规模计算任务划分为多个子任务,分布到各个计算节点上进行计算,最后将结果汇总,提供给用户。

(7) 进行用户认证和授权。应用层提供了用户认证和授权的功能,以确保网络资源的安全和合法使用。通过用户认证,应用层可以验证用户的身份和权限,并控制对网络资源的访问和使用。

(8) 保证网络安全。应用层还包括一些网络安全的功能,如数据加密、防火墙等。应用层可以通过各种安全机制保护用户数据的隐私和安全性,防止数据被非法篡改或泄露。

2.1.2　常见的应用层协议概述

在应用层中,常用的协议有 HTTP、FTP、SMTP、POP3、DNS、Telnet、SSH、SNMP、NTP 等,它们各自具有不同的作用和特点,为用户提供不同的网络服务。

(1) HTTP(超文本传输协议)。HTTP 是应用层最常用的协议之一,是用于在 Web 浏览器和 Web 服务器之间传输超文本的协议。HTTP 使用 TCP 作为传输协议,通过 URL 来定位资源,并使用请求-响应模型进行通信。HTTP 的作用是实现 Web 页面的浏览和数据的传输,它支持客户端和服务器之间的交互,使得用户可以通过浏览器访问和获取互联网上的各种资源。

(2) FTP(文件传输协议)。FTP 是用于在计算机之间传输文件的协议。FTP 使用 TCP 作为传输协议,通过客户端和服务器之间的控制连接和数据连接实现文件的上传和下载。FTP 的作用是提供一个标准的文件传输方式,使得用户可以在不同计算机之间方便地共享和传输文件。

(3) SMTP(简单邮件传输协议)。SMTP 是用于在计算机之间传输电子邮件的协议。SMTP 使用 TCP 作为传输协议,通过客户端和服务器之间的交互实现邮件的发送和接收。SMTP 的作用是实现电子邮件的传输,使得用户可以通过邮件服务器发送和接收电子邮件。

(4) POP3(邮局协议版本 3)。POP3 是用于从邮件服务器上接收电子邮件的协议。POP3 使用 TCP 作为传输协议,通过客户端和服务器之间的交互实现邮件的下载。POP3 的作用是提供一种标准的方式,使得用户可以通过邮件客户端从邮件服务器上下载电子邮件。

(5) DNS(域名系统)。DNS 是用于将域名转换为 IP 地址的协议。DNS 使用 UDP 或 TCP 作为传输协议,通过客户端和服务器之间的交互实现域名解析。DNS 的作用是提供一种分布式的域名解析服务,使得用户可以通过域名访问互联网上的各种资源。

(6) Telnet(远程终端协议)。Telnet 是用于远程登录到计算机的协议。Telnet 使用 TCP 作为传输协议,通过客户端和服务器之间的交互实现远程登录。Telnet 的作用是使得用户可以通过网络远程登录到其他计算机,并在远程计算机上执行命令和操作。

(7) SSH(安全外壳协议)。SSH 是用于在不安全的网络上安全地进行远程登录和文件传输的协议。SSH 使用 TCP 作为传输协议,通过客户端和服务器之间的交互来实现安全的远程登录和文件传输。SSH 的作用是提供一种加密的远程登录方式,使得用户可以在不安全的网络上安全地进行远程操作。

(8) SNMP(简单网络管理协议)。SNMP 是用于管理和监控网络设备的协议。SNMP

使用 UDP 作为传输协议,通过管理站点和被管理设备之间的交互实现网络设备的管理和监控。SNMP 的作用是提供一种标准的方式,使得网络管理员可以通过网络管理站点对网络设备进行配置、监控和故障排除。

(9) NTP(网络时间协议)。NTP 是用于同步计算机时钟的协议。NTP 使用 UDP 作为传输协议,通过客户端和服务器之间的交互实现计算机时钟的同步。NTP 的作用是提供一种分布式的时钟同步服务,使得计算机可以获取准确的时间信息。

总而言之,应用层为终端用户提供丰富的网络应用,为不同应用进程间的通信提供应用层逻辑通道。本章将会重点对电子邮件应用服务、域名服务系统、Web 服务及应用等重要应用层协议进行详细介绍。

2.2 电子邮件应用服务

电子邮件(E-mail)是互联网早期最重要、应用最为广泛的业务之一。电子邮件是利用网络提供的电子手段进行信息交换的一种通信方式。发件人把邮件内容通过互联网发送到收件人使用的邮件服务器,并放在其中的收件人邮箱(mail box)中,收件人可随时登录自己使用的邮件服务器进行读取。这相当于因特网为用户设立了存放邮件的信箱,因此 E-mail 有时也称为"电子信箱"。通过电子邮件系统,用户可以快速地与世界上任何一个角落的网络用户联系,这些电子邮件可以以文字、图像、声音等各种形式发送。电子邮件综合了计算机通信和邮政信件的特点,它传送信息的速度很快,又能像信件一样使收信者收到文字记录。早期互联网门户网站,如雅虎、新浪、163 等,均为用户提供免费的电子邮箱服务,从而提升用户粘性。

1982 年,基于 ARPANET 的首个电子邮件标准问世,简单邮件传送协议 SMTP (Simple Mail Transfer Protocol)[RFC 821]和互联网文本报文格式[RFC 822]都是互联网电子邮件的正式标准。由于互联网的 SMTP 只能传送可打印的 7 位 ASCII 码邮件,因此在 1993 年又发布了通用互联网邮件扩充 MIME (Multipurpose Internet Mail Extensions),1996 年经修订后已成为因特网的标准草案[RFC 2045-2049]。标准 MIME 在其邮件首部中说明了邮件的数据类型(如文本、声音、图像、视频等)。在 MIME 邮件中可同时传送多种类型的数据,这在多媒体通信的环境下是非常有用的。

电子邮件系统概览图如图 2-1 所示。电子邮件系统主要由邮件服务器、邮箱和电子邮件应用程序三部分构成。电子邮件内容的传送一般采用客户-服务器通信模式(C/S 模式),并且会采用相应的电子邮件发送协议。

邮件服务器是电子邮件服务系统的核心,一方面,邮件服务器需要接收用户发送来的邮件,并根据目的地址将邮件传送到对方的邮件服务器;另一方面,邮件服务器需要接收来自其他邮件服务器的邮件,并根据接收地址将邮件分发到用户邮箱中。

邮箱是在邮件服务器中为每个合法用户开辟的一个存储用户邮件的空间,其主要功能是为用户存储所接收的电子邮件。邮箱是私人的,拥有账号和密码属性,只有合法用户才能阅读邮箱中的邮件。

电子邮件应用程序主要指邮件系统的客户端软件,也称为用户代理(User Agent, UA),其主要功能是创建和发送邮件,接收、阅读和管理邮件,同时具有诸如通讯录管理、收

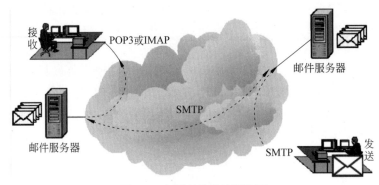

图 2-1　电子邮件系统概览图

件箱助理和账号管理等附件功能。UA 可以看作用户与电子邮件系统的接口,一般运行在用户终端 PC 或手机上的程序,例如 Outlook Express、Foxmail 等。

电子邮件由信封(envelope)和内容(content)两部分组成,电子邮件的传输程序根据邮件信封上的信息来传送邮件。而只有当用户从自己的邮箱中读取邮件时,才能看见邮件的内容。在电子邮件的信封上,最重要的就是收件人的地址。

对于电子邮件的地址,其一般形式为 local-part@domain-name,其中 domain-name 是邮件服务器的域名,local-part 是服务器上的用户名邮箱,local-part 可以由用户进行设置,但需要保障其在相应邮件服务器上是唯一的。

值得注意的是,邮件在 UA 与邮件服务器、邮件服务器与邮件服务器之间的传递都是需要专门的应用协议,下面重点介绍这些用于电子邮件服务的应用协议功能。

2.2.1　SMTP 概述

简单邮件传送协议(SMTP)是一种用于在网络上发送和传输邮件的通信协议。它是一个客户端/服务器协议,用于从客户端发送邮件并由服务器将邮件传递给收件人。SMTP 是因特网标准,由 RFC 5321 定义。

SMTP 的基本原理是客户端将要发送的邮件内容发送到 SMTP 服务器上,并由服务器将邮件传递给正确的目标服务器或下一个中转 SMTP 服务器,最终将邮件传递给接收方的 SMTP 服务器。

SMTP 定义了一系列的命令和状态码,用于在电子邮件传输过程中进行通信和错误处理。SMTP 服务器收到命令后,将以状态码来应答,附带状态码的解释短语。状态码是一个 3 位十进制数,第 1 位表示命令成功/失败,第 2 位表示命令的类型(信息类、连接类等),第 3 位将类型相同的状态码进一步划分。一些常用的 SMTP 命令如表 2-1 所示,常用的 SMTP 状态码如表 2-2 所示。

表 2-1　常用的 SMTP 命令

命　　令	作　　用
HELO/EHLO	发送方向服务器发送问候命令,以建立 SMTP 连接
MAIL FROM	指定发件人地址

续表

命　令	作　用
RCPT TO	指定收件人地址
DATA	指示邮件正文的开始
QUIT	关闭与服务器的 SMTP 连接

表 2-2　常用的 SMTP 状态码

状　态　码	含　义
211	系统状态或系统帮助响应
214	帮助信息
220	服务就绪
221	服务关闭传输通道
250	请求的操作完成
251	用户非本地,将转发到<forward-path>
354	开始邮件输入
421	服务未就绪,关闭传输信道
450	请求的操作未完成,可能会再次尝试
451	请求的操作中止:错误处理中发生局部故障
452	请求的操作未执行,系统存储空间不足
500	语法错误,命令无法识别
501	参数语法错误
502	命令不可执行
503	错误的命令序列
504	命令参数不可识别
550	请求的操作未完成,信箱不可用(例如信箱不存在或无法访问)
551	用户非本地,请尝试<forward-path>
552	请求操作超出存储分配
553	请求的操作未完成,邮箱名不可用(例如格式错误)

SMTP 的邮件消息传递过程包括如下步骤。

(1) 建立 TCP 连接。

(2) 客户端发送 HELO 命令以标识发件人自己的身份,然后客户端发送 MAIL 命令;服务器端以 OK 作为响应,表明准备接收。

(3) 客户端发送 RCPT 命令,以标识该电子邮件的计划接收人,可以有多个 RCPT 行服务器端,表示是否愿意为收件人接收邮件。

(4) 协商结束,发送邮件,用命令 DATA 发送;客户端将发件人、收件人和邮件内容等信息发送给 SMTP 服务器。服务器会返回相应的响应码,以指示邮件传输的状态。如果收件人在同一域的服务器上,则邮件会在当前服务器内部直接传递,否则将被转发给下一个中转 SMTP 服务器。

(5) 以"."表示结束输入内容一起发送出去。

(6) 结束此次发送,用 QUIT 命令退出。结束阶段是指客户端通知服务器邮件发送已完成的阶段。服务器会返回相应的响应码,以表明邮件传输成功或出现错误。客户端可以选择继续发送更多的邮件或关闭连接。

SMTP 本身只支持传输 ASCII 文本邮件,对于其他语言、包含其他数据类型的邮件,则根据 MIME 规范,在邮件消息头增加数据编码、传输方法等相关字段说明,由客户和服务器双方协商处理。

2.2.2 邮件访问协议

SMTP 用于传输邮件,即将邮件信息从发信人的计算机传输到收件人邮件服务器的邮箱中,收信人需要采用一定的手段将邮件从邮件服务器中下载到本地计算机,从而实现对邮件内容的访问,这就需要使用相应的邮件访问协议。目前,常用的邮件访问协议是邮局协议(Post Office Protocol,POP)的第三个版本,也称作 POP3,另一个协议是互联网邮件接入协议(Internet Mail Access Protocol,IMAP),目前广泛使用的是 IMAP4。下面对这两个邮件访问协议作简要介绍。

1. POP3

POP3(Post Office Protocol 3)即邮局协议的第三个版本,它是规定个人计算机如何连接到互联网上的邮件服务器并进行收发邮件的协议。POP3 服务器则是遵循 POP3 的接收邮件服务器,用来接收电子邮件。POP3 是 TCP/IP 协议族中的一员,由 RFC 1939 定义。POP3 主要用于支持使用客户端远程管理在服务器上的电子邮件。POP3 是因特网电子邮件的第一个离线协议标准,它允许用户从服务器上把邮件存储到本地主机(即自己的计算机)上,同时根据客户端的操作删除或保存在邮件服务器上的邮件。

POP3 的工作原理相对简单。下面是 POP3 的基本流程。

(1) 连接服务器。首先,邮件客户端需要通过 TCP/IP 与邮件服务器建立连接。POP3 默认使用 110 端口进行连接。

(2) 用户认证。连接建立后,客户端需要向服务器发送用户名和密码进行身份验证。这些凭据用于验证用户是否有权限访问邮件。

(3) 邮件下载。认证成功后,客户端可以使用不同的命令从服务器上下载邮件。最常用的命令是 RETR 和 LIST。RETR 命令用于下载特定邮件,而 LIST 命令用于列出服务器上的邮件列表。

(4) 邮件删除。一旦邮件被成功下载,客户端可以选择将其从服务器上删除。通常,客户端会发送 DELE 命令来删除已下载的邮件。

(5) 断开连接。当用户完成邮件下载和删除操作后,客户端可以发送 QUIT 命令来断开与服务器的连接。

POP3 服务器响应由一个单独的命令行或多个命令行组成,响应第一行"+OK"或"-ERR"开头,然后再加上一些 ASCII 文本。命令执行状态就是协议执行后的响应情况,也称为状态提示符,POP3 中主要定义了两种状态提示符:"+OK"表示命令执行成功;"-ERR"表示命令执行失败。

POP3 命令的一般形式是 COMMAND [Parameter] <CRLF>。其中,COMMAND 是 ASCII 形式的命令名,Parameter 是相应的命令参数,<CRLF>是回车换行符。常用的 POP3 命令如表 2-3 所示。

表 2-3   常用的 POP3 命令

命　　令	参　　数	使用在何种状态中	描　　述
USER	Username	认证	此命令与下面的 PASS 命令若成功,将导致状态转换
PASS	Password	认证	此命令若成功,状态转换为更新
APOP	Name,Digest	认证	Digest 是 MD5 消息摘要
STAT	None	处理	请求服务器发回关于邮箱的统计资料,如邮件总数和总字节数
UIDL	[Msg#](邮件号,下同)	处理	返回邮件的唯一标识符,POP3 会话的每个标识符都是唯一的
LIST	[Msg#]	处理	返回邮件的唯一标识符,POP3 会话的每个标识符都是唯一的
RETR	[Msg#]	处理	返回由参数标识的邮件的全部文本
DELE	[Msg#]	处理	服务器将由参数标识的邮件标记为删除,由 QUIT 命令执行
TOP	[Msg#]	处理	服务器返回由参数标识的邮件的邮件头+前 n 行内容,n 必须是正整数
NOOP	None	处理	服务器返回一个肯定的响应,用于测试连接是否成功
QUIT	None	处理、认证	① 如果服务器处于"处理"状态,那么将进入"更新"状态以删除任何标记为删除的邮件,并重返"认证"状态。 ② 如果服务器处于"认证"状态,则结束会话,退出连接

POP3 协议中有三种状态:认证状态、处理状态、更新状态。命令的执行可以改变协议的状态,而对于具体的某命令,它只能在具体的某状态下使用。

客户机与服务器刚与服务器建立连接时,它的状态为认证状态;一旦客户机提供了自己身份并被成功地确认,即由认可状态转入处理状态;在完成相应的操作后客户机发出 QUIT 命令(具体说明见后续内容),则进入更新状态,更新之后又重返认证状态;当然,在认证状态下执行 QUIT 命令,可释放连接。状态间的转移如图 2-2 所示。

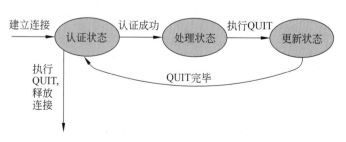

图 2-2   POP3 的状态转移图

总体而言,POP3 具有如下特点。

(1) 离线管理。POP3 允许用户在没有网络连接的情况下访问已下载的邮件。一旦邮件被下载到客户端,用户可以随时查看和处理它们,而不需要保持与邮件服务器的连接。

(2) 邮件存储。POP3 通常将邮件存储在服务器上,直到用户将其下载到本地客户端。这意味着用户可以在不同设备上使用不同的邮件客户端,而不会丢失任何邮件。

(3) 单向通信。POP3 是一种单向通信协议,即仅允许用户从服务器上下载邮件。如果用户想要在多个设备上同步邮件状态,例如已读或已删除状态,需要手动进行同步操作。

2. IMAP

IMAP 是因特网上的一种获取邮件的标准协议,用于从邮件服务器上获取邮件。IMAP 是目前应用最广泛的电子邮件客户端和邮件服务器之间的通信协议之一。1986 年,Mark Crispin 设计了 IMAP,目前最新的版本是 IMAP4(RFC 3501)。

IMAP 是基于标准的 TCP/IP 协议,使用 TCP 端口 143 进行通信。IMAP 的核心功能是支持用户在任何地方用电子邮件客户端访问邮箱,只要有网络就可以进行访问。IMAP 支持在服务器端维护邮件,因此在客户端读取邮件时,只需要下载所需的邮件,而不是下载所有的邮件。

IMAP 在传输邮件方面具有以下优势。

(1) 多平台支持:IMAP 是基于网络的,支持 Windows、macOS、Linux 等所有平台。

(2) 多终端统一管理:IMAP 允许用户在多个设备上同步管理邮件,不会出现邮件被删除或丢失的情况。

(3) 自由组织邮件:IMAP 允许用户在服务器上创建文件夹,自由组织邮件,方便管理和查找邮件。

(4) 离线查看:IMAP 支持离线查看邮件,即使没有网络也可以查看已下载的邮件。

(5) 邮件备份:IMAP 支持把邮件存储在服务器上,可以进行邮件备份和恢复。

(6) 适合低带宽用户:IMAP 只下载部分邮件,更适合低带宽的手机用户。

当然,IMAP 也存在以下局限性。

(1) 速度慢:IMAP 需要与服务器进行交互,因此对于大量邮件的用户来说,获取邮件的速度比较慢。

(2) 邮件服务器存储限制:IMAP 需要将邮件存储在服务器上,因此需要考虑邮件服务器存储容量的限制。

(3) 邮件服务器性能问题:IMAP 需要处理大量的邮件请求,因此需要考虑邮件服务器的性能。

对比 POP3 和 IMAP 可见,POP3 允许电子邮件客户端下载服务器上的邮件,但是在客户端的操作(如移动邮件、标记已读等)不会反馈到服务器上,例如通过客户端收取了邮箱中的 3 封邮件并移动到其他文件夹,邮箱服务器上的这些邮件是没有同时被移动的;而 IMAP 提供服务器与电子邮件客户端之间的双向通信,客户端的操作都会反馈到服务器上,对客户端的邮件进行操作,服务器上的邮件也会做相应的动作。

同时,IMAP 像 POP3 那样提供了方便的邮件下载服务,让用户能进行离线阅读。IMAP 提供的摘要浏览功能可以让用户在阅读完所有的邮件到达时间、主题、发件人、大小等信息后才做出是否下载的决定。此外,IMAP 更好地支持了从多个不同设备中随时访问新邮件。POP3 和 IMAP 的功能对比如表 2-4 所示。

表 2-4　POP3 和 IMAP 的功能对比

操作位置	操作内容	IMAP	POP3
收件箱	阅读、标记、移动、删除邮件等	客户端与邮箱更新同步	仅客户端内
发件箱	保存到已发送	客户端与邮箱更新同步	仅客户端内
创建文件夹	新建自定义的文件夹	客户端与邮箱更新同步	仅客户端内
草稿	保存草稿	客户端与邮箱更新同步	仅客户端内
垃圾文件夹	接收误移入垃圾文件夹的邮件	支持	不支持
广告邮件	接收被移入广告邮件夹的邮件	支持	不支持

3. Web 邮件

由于浏览器使用方便、应用广泛,因此通过网页浏览器进行电子邮件的发送和阅读页十分普遍,使用 Web 浏览器访问邮件服务器,也称为 Web 邮件。

在这种情况下,用户无须运行电子邮件客户端程序,通过运行网页浏览器,使用 HTTP 与邮件服务器进行交互,就可以实现邮件的编辑、发送、接收、阅读和其他邮件处理功能。需要注意的是,在邮件服务器之间传输邮件信息使用的仍然是 SMTP。Web 邮件的端到端发送流程如图 2-3 所示。

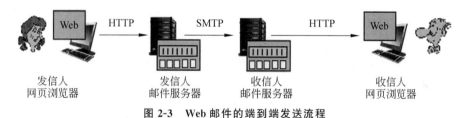

发信人　　　　发信人　　　　收信人　　　　收信人
网页浏览器　　邮件服务器　　邮件服务器　　网页浏览器

图 2-3　Web 邮件的端到端发送流程

2.3　域名服务系统

域名服务系统(Domain Name System,DNS)是一套用于将域名转换为 IP 地址的分布式命名系统。它起着将用户友好的域名映射到计算机可识别的 IP 地址的重要作用,从而方便人们在互联网上访问相应资源。执行此项功能的主机称为域名服务器(DNS Server)。

DNS 是一个分布式数据库系统,它充当了互联网中的电话号码簿,将用户提供的域名解析为计算机能够识别的 IP 地址,实现网址与具体服务器之间的映射关系。DNS 运行在客户端-服务器架构下,客户端通过域名查询向服务器发送请求,并获得解析后的 IP 地址。

总体而言,DNS 具有下述优点。

(1) 提供用户友好的域名。

DNS 提供了用户友好的域名,而不是使用难以记忆的 IP 地址来访问网站。通过将网址映射为易于理解和记忆的域名,用户可以通过直接输入域名来访问所需的网站。

(2) 实现负载均衡和容灾。

DNS 可以将请求根据地理位置或者服务器负载情况进行智能分配,从而实现负载均衡。同时,当某个服务器不可用时,DNS 还可以自动将请求转发到备用服务器,实现容灾并提高网站的可用性。

(3) 加速网站访问。

DNS 通过将用户请求映射到距离用户最近的服务器,可以有效加快网站的访问速度。通过 CDN(内容分发网络),DNS 可以将用户请求转发到最近的缓存服务器,减少了数据传输的延迟,提供更快速的访问体验。

本节将重点介绍 DNS 的分层架构、域名服务器、DNS 域名解析流程、DNS 消息格式和DNS 的资源记录。

2.3.1　DNS 的分层架构

目前,因特网的命名方法是层次树状结构,任何一个连接在因特网上的主机或路由器都有一个唯一的层次结构的名字,即域名(domain name),域是名字空间中一个可被管理的划分。如图 2-4 所示,域可以继续划分为子域,如顶级域、二级域、三级域、四级域等,这样的方式一方面便于域名空间的管理,另一方面也扩大了域名空间范围。域名的结构由若干个分量组成,各分量之间由点隔开,各分量分别代表不同级别的域名,其规则为:xxx.三级域名.二级域名.顶级域名。每一级的域名都由英文字母和数字组成(每级不超过 63 个字符,并且不区分大小写字母),完整的域名不超过 255 个字符。

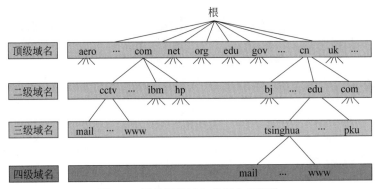

图 2-4　因特网的域名空间分层架构

根域名(Root Domain)是互联网 DNS 中的最高级别域名,位于 DNS 层次结构的最顶层,不依赖其他域名,也不包含任何子域名。根域名由一个单个的点(.)表示,位于域名的最右侧。在有些情况下,www.ustb.edu.cn 可以被写成 www.ustb.edu.cn.,最后还会多出一个点,这个点就是根域名。

根域名下面的第一级分支(子域)称为顶级域名(Top Level Domain,TLD),顶级域名主要分为两类:一类表示国家或地区名称,主要采用两个字母缩写,如.cn 表示中国、.us 表示美国、.uk 表示英国等,这类域名称为国家顶级域名;另一类表示域名对应的机构类型,如.com 表示商业类公司或企业、.net 表示网络服务机构、.edu 表示教育类机构等,这类域名称为通用顶级域名(generic TLD,gTLD),主要的通用顶级域名如表 2-5 所示。

表 2-5　主要的通用顶级域名

域　　名	含　　义	域　　名	含　　义	域　　名	含　　义
.com	企业或公司	.edu	教育类	.gov	政府部门
.net	网络机构	.org	非营利组织	.int	国家组织
.mil	军事类	.info	信息服务	.name	个人

2.3.2　域名服务器

如前所述,DNS 的目的是进行域名和与之对应的 IP 地址之间的转换,这样的转换需要由专门的服务器来完成,而完成这样功能的服务器就称为域名服务器(DNS Server)。根据 DNS 架构中不同层次域名需求及 DNS 解析需求,域名服务器分为根域名服务器、顶级域名服务器、权限域名服务器和本地域名服务器,下面对不同域名服务器的功能进行介绍。

(1) 根域名服务器(Root Name Server)。

最高层次的域名服务器,存有所有顶级域名服务器的 IP 地址和域名。当一个本地域名服务器对一个域名无法解析时,就会直接找到根域名服务器,然后根域名服务器会告知本地域名服务器应该去找哪一个顶级域名服务器进行查询。

当前互联网一共有 13 个 DNS 根服务器,非营利性国际组织互联网名称与数字地址分配机构(Internet Corporation for Assigned Names and Numbers,ICANN)负责协调和管理根服务器,以及建立新的顶级域名。

(2) 顶级域名服务器(TLD Server)。

负责管理和维护顶级域名,并负责管理在本顶级域名服务器上注册的所有二级域名。例如,我国的国家顶级域名.cn 由中国互联网信息中心(CNNIC)负责维护。

(3) 权限域名服务器(Authoritative Name Server)。

DNS 采用分区来设置域名服务器,由一个服务器所管辖的范围称为区,区的范围小于或等于域的大小,每个区都设置权限域名服务器,负责分配、保存和管理该区域内的域名及 IP 地址映射等信息,负责将其管辖区内的主机域名转换为该主机的 IP 地址,并对域名解析请求进行响应。

(4) 本地域名服务器(Local Name Server)。

也称为默认域名服务器,当一个主机发出 DNS 查询报文时,首先被送往该主机的本地域名服务器。本地域名服务器对域名系统非常重要,每一个因特网服务提供者 ISP 都可以拥有一个本地域名服务器。

2.3.3　DNS 域名解析流程

根据 DNS 分层架构及服务器分类,不难看出,如果主机对于域名解析是通过逐级查询的方式来完成,各种服务器间的查询都采用客户端/服务器(Client/Server)的方式进行。

一般而言,当主机需要对域名进行查询时,会首先将 DNS 查询请求报文发送给本地域名服务器。如果本地域名服务器知道查询结果,则将结果直接返回给请求者,如果不知道查询结果,它将扮演 DNS 客户端身份向根域名服务器发出查询请求。本地服务器可以采用递归查询(如图 2-5 所示)和迭代查询(如图 2-6 所示)两种方式。

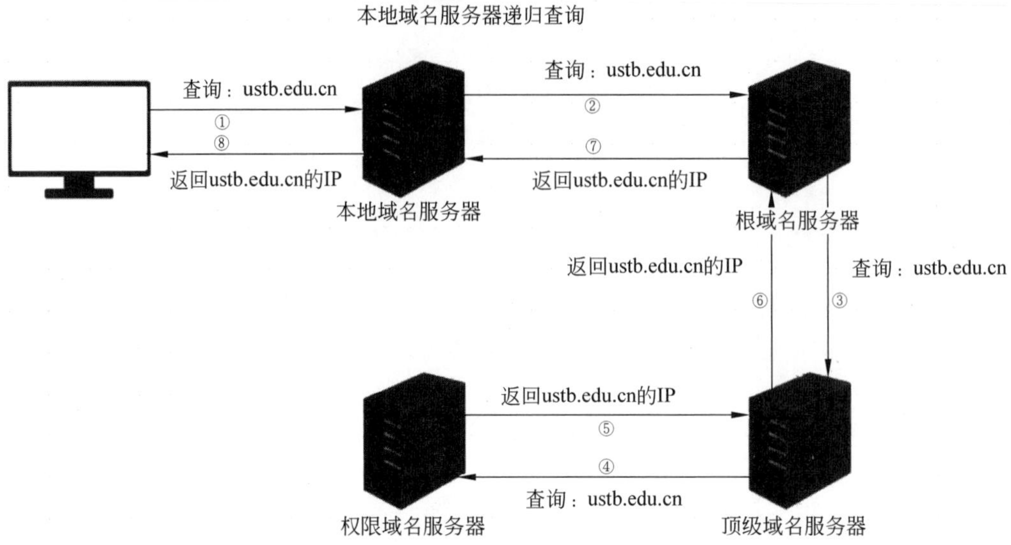

本地域名服务器递归查询

图 2-5　DNS 递归查询方式示意图

如图 2-5 所示,对于递归查询方式,本地域名服务器将 DNS 查询请求发给根域名服务器,根域名服务器根据 DNS 查询请求向相应的顶级域名服务器进行查询,顶级域名服务器向权限域名服务器查询得到相应域名对应的 IP 后,逐级反馈,最终由根域名服务器将查询请求反馈给本地域名服务器,由本地域名服务器最终传递给查询主机。通过递归查询方式可以看出,根域名服务器将会为所有查询请求进行中转(查找并将信息转发给相应顶级域名服务器,并负责将查询信息返回给本地域名服务器),这无疑会造成根服务器负载过重,不利于网络的扩展。

如图 2-6 所示,为了缓解根域名服务器负载,本地域名服务器采用迭代查询方式。当根域名服务器收到本地域名服务器的查询请求时,根据查询请求告诉本地域名服务器下一步应该查询的顶级域名服务器的 IP 地址;接着本地域名服务器到该顶级域名服务器进行查询,如果顶级域名服务器不能给出查询结果,则会告诉本地域名服务器下一步应该查询的权限域名服务器的 IP 地址,本地域名服务器就这样迭代查询下去,直到查询到所需的 IP 地址,然后把结果返回给查询的主机。由迭代查询方式可以看出,DNS 查询的工作量主要由本地域名服务器分担,极大降低了根域名服务器的负荷,提升了查询效率。

在 DNS 查询中,一般仅主机与本地域名服务器间采用递归查询方式,本地域名服务器与其他服务器间的查询采用迭代方式,从而提升域名解析的效率。当然,为了减少查询的次数,每个域名服务器都维护一个高速缓存,存放最近用过的名字以及从何处获得名字映射信息的记录,可大大减轻根域名服务器的负荷,使因特网上的 DNS 查询请求和回答报文的数量大幅减少。为保持高速缓存中的内容正确,域名服务器应为每项内容设置计时器,并处理超过合理时间的项(例如每个项目只存放两天)。权限域名服务器回答一个查询请求时,在响应中都指明绑定有效存在的时间值。增加此时间值可减少网络开销,而减少此时间值可提高域名转换的准确性。

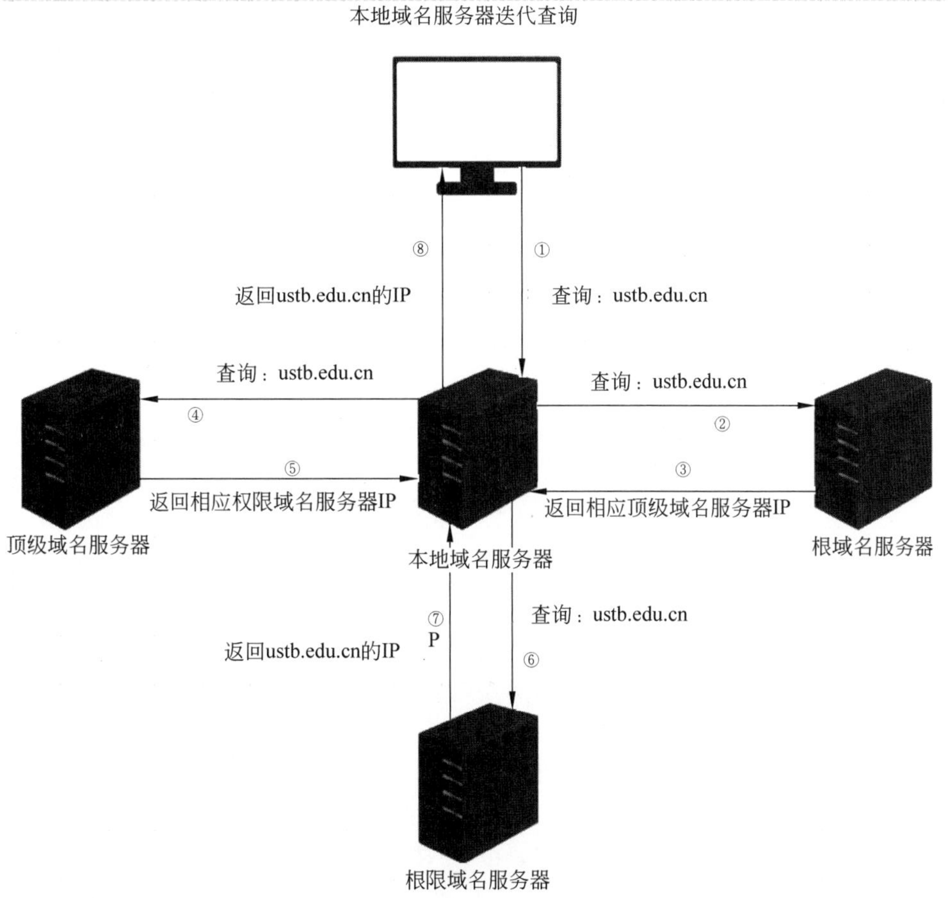

本地域名服务器迭代查询

图 2-6　DNS 迭代查询方式示意图

2.3.4　DNS 消息格式

在域名解析过程中,本地主机与本地域名服务器之间、本地域名服务器与其他域名服务器之间,或任意两种域名服务器之间使用 DNS 请求/相应消息进行通信。根据 RFC 1035 中的规定,DNS 请求和相应采用相同的消息格式,如图 2-7 所示。

如图 2-7 所示,DNS 消息由 12 字节的首部和 4 个长度可变的字段组成,标识字段由客户程序设置并由服务器返回结果。DNS 消息头中主要字段的说明如下。

(1) 消息标识:16 位,用于将相应与请求消息关联,即 DNS 请求和返回的响应消息采用相同的标识。

(2) 标志位:16 位,包含请求/相应标志(QR,0 表示查询报文,1 表示相应报文)、查询类型(Opcode,通常 0 为标准查询,1 为反向查询,2 为服务器状态请求)、授权回答(AA,数据来自权限域名服务器还是来自缓存)、是否允许递归查询、递归查询是否可用、解析失败原因代码等多个字段。

(3) 问题数:16 位,标识请求消息中"问题"字段所包含的查询问题数量。

(4) 资源记录数:16 位,标识相应消息中的"回答"字段所包含的资源记录数量。

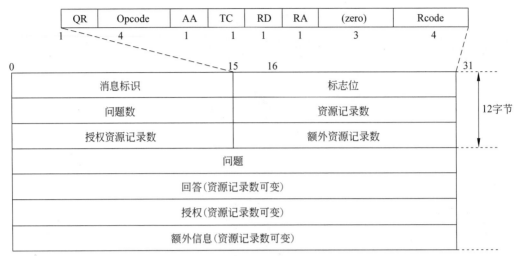

图 2-7　DNS 请求/响应消息格式

（5）授权资源记录数：16 位，标识相应消息中"授权"字段所包含的资源记录数量。

（6）额外资源记录数：16 位，标识相应消息中"额外信息"字段所包含的资源记录数量。

对于 DNS 消息中 4 个长度可变字段的说明如下。

（1）问题：包含查询的域名和查询类型等参数，一个 DNS 请求信息可以包含多个问题。

（2）回答：包含解析返回的资源记录。

（3）授权：包含权限域名服务器的信息，来自某个非权限域名服务器的缓存的响应称为非授权数据，此时响应消息头的标志字段中的"授权回答"置为 0。

（4）额外信息：包含一些辅助信息，如权限域名服务器的 IP 地址等。

2.3.5　DNS 的资源记录

DNS 的资源记录是其核心工作机制的重要组成部分，它们用于提供域名系统中的各类数据。最常见的资源记录包括 A 记录、CNAME 记录、MX 记录、NS 记录、PTR 记录、SOA 记录、TXT 记录等。其中，A 记录（地址记录）是最基础也最重要的一种资源记录类型，用于将域名映射到一个 IPv4 地址上，从而使得用户能够通过域名来访问网站。当用户输入一个网址时，DNS 服务器就会查询该网址对应的 A 记录，以获得其 IP 地址，进而建立连接。

1. A 记录

A 记录也称为地址记录，是 DNS 系统中非常重要的一种资源记录类型。它直接将一个域名（如 example.com）映射到一个 32 位的 IPv4 地址上（如 192.0.2.1），使得用户能够通过输入易于记忆的域名来访问网站。当用户输入一个网址时，DNS 服务器首先解析该网址的 A 记录，并返回相应的 IP 地址，从而实现用户与目标服务器的连接。

在网站部署和维护过程中，正确配置 A 记录是至关重要的。例如，如果一个网站迁移到了新的服务器上，那么网站管理员需要更新 DNS 设置中的 A 记录，将域名指向新服务器的 IP 地址。如果 A 记录没有正确设置，那么用户可能无法访问网站，或者访问的是旧的服务器。因此，对于网站管理员来说，及时更新 A 记录，确保它反映正确的服务器 IP 地址是非常必要的。

2. CNAME 记录

CNAME 记录,即别名记录,允许将一个域名映射到另一个域名上,而不是直接映射到一个 IP 地址。这对于需要将多个域名解析到同一 IP 地址的场景非常有用。使用 CNAME 记录能够简化 DNS 管理,因为当主域名(被 CNAME 指向的域名)的 IP 地址改变时,所有指向该主域名的 CNAME 记录自动跟着变更,不需要单独为每个域名更新 IP 地址。

3. MX 记录

MX 记录的全称为邮件交换记录,是指定用于处理电子邮件的服务器地址。每当发送邮件时,邮件服务器将查询收件人域名的 MX 记录,以确定邮件应该发送到哪个服务器。MX 记录会指定一个或多个邮件服务器的地址,以及它们的优先级,确保邮件传输的高效与可靠。

4. NS 记录

NS 记录,即名称服务器记录,用于指出负责处理特定域名所有 DNS 查询的 DNS 服务器。每个域名至少需要两个 NS 记录,这提供了 DNS 查询过程中的冗余和可靠性。通过 NS 记录可以实现域名到域名服务器的映射,NS 记录是维护 DNS 系统正常运转的基础。

5. SOA 记录

SOA 记录,即起始权限记录,标记了一个 DNS 区域的开始,包含了关于 DNS 区域的基本信息,如 DNS 区域的主服务器、负责该区域的管理员的联系邮箱、区域刷新时间等。SOA 记录对每个 DNS 区域来说是必不可少的,确保了 DNS 区域的有效管理。

6. TXT 记录

TXT 记录允许管理员将任何文本信息放入 DNS 记录中,常用于验证域名所有权、电子邮件发送者策略框架(SPF)记录等,为域名提供更多的灵活性与控制。TXT 记录的一个典型应用是验证域名与某些服务的关联性,例如验证网站是否有权使用某个第三方服务。

根据 RFC 1035 的定义,一个资源记录主要包含下列字段。

(1)Name。即 OwnerName 资源所有者名或域名,是资源记录引用的域对象名,可以对应一台单独的主机也可以是整个域。字段值"."是根域,@是当前域。

(2)TTL。生存时间字段(Time-to-Live),单位为 s,定义该资源记录的信息存放在 DNS 缓存中的时间长度。

(3)Class。分类字段,目前唯一的合法分类是 IN,表示因特网。

(4)Type。类型字段,用于标识当前资源记录的类型。

(5)RLength。资源记录包含的信息(RData 字段)的长度(字节数)。

(6)Rdata。资源的相关信息。

2.4 Web 服务及应用

在当前互联网应用中,使用最为广泛、应用频次最多的仍然是万维网(World Wide Web,WWW),也称为 Web 服务,这是一个覆盖全球的分布式信息仓库,信息存储在遍布世界各地的 Web 服务器上。Web 服务的核心应用层协议是超文本传输协议(HyperText Transfer Protocol,HTTP)。因此,本节也将重点介绍 HTTP 及相关网页服务。

2.4.1 万维网(WWW)应用

万维网的起源要追溯到欧洲粒子物理实验室(CERN),当时该机构的研究人员为了研究的需要,希望能开发出一种共享资源的远程访问系统,这种系统能够提供统一的接口来访问各种不同类型的信息,包括文字、图像、音频、视频信息。1989 年,欧洲粒子物理实验室的蒂姆·伯纳斯-李(Tim Berners-Lee)和罗伯特·卡利奥(Robert Calliau)开始着手改进实验室的研究档案处理程序。CERN 当时连接互联网已有两年时间了,但科学家想找到更好的方法在全球的高能物理研究领域交流他们的科学论文和数据。于是,伯纳斯-李和卡利奥各自提出了一个超文本开发计划。在接下来的两年,伯纳斯-李开发出了超文本服务器程序代码,并使之适用于因特网。超文本服务器是一种储存超文本标记语言(HyperText Markup Language,HTML)文件的计算机,其他计算机可以连这种服务器并读取这些HTML 文件。今天在 WWW 上使用的超文本服务器通常被称为 WWW 服务器。

因此,可以说万维网(WWW)应用就是以 Web 网页的方式将文本、图形、图像、音视频等各种类型的超文本或超媒体信息呈现给用户的一种业务形式。万维网是一个分布式的超媒体(hypermedia)系统,它是超文本(hypertext)系统的扩充。所谓超文本是指包含指向其他文档的链接的文本(text),这样的超文本使用 HTML 编写。也就是说,一个超文本由多个信息源链接成,而这些信息源可以分布在世界各地,并且数目也不受限制。利用一个链接可使用户找到远在异地的另一个文档,而这又可链接到其他的文档(以此类推)。这些文档可以位于世界上任何一个接在互联网上的 Web 服务器中。

为了方便用户进行网页消息获取,微软、谷歌、360 等互联网厂商都开发了网页浏览器,用于在客户端访问 Web 服务器。因此,WWW 应用采用浏览器/服务器(Browser/Server,B/S)模型。Web 服务器负责存储网页信息,并响应用户的访问请求;客户端安装网页浏览器,当用户输入相应网站地址(URL,下面将会介绍)时,浏览器就会向相应的 Web 服务器发出请求,并根据接收到的响应将网页呈现给用户。

正是万维网的出现使计算机的操作发生了革命性的变化。人们不必在键盘上输入复杂而难以记忆的命令,而改用鼠标点击一下屏幕上的链接就能上网,这就使互联网从仅由少数计算机专家使用变为普通百姓也能利用的信息资源。万维网的出现使网站数按指数规律增长,因而成为互联网发展中的一个非常重要的里程碑。

1. 统一资源定位符

统一资源定位符(Universal Resource Locator,URL)也称为网页地址,是因特网上标准的资源的地址(address)。它最初是由蒂姆·伯纳斯-李发明用来作为万维网的地址的。现在它已经被万维网联盟编制为因特网标准 RFC 1738。

URL 由 4 部分组成,分别是协议名、Web 服务器域名、端口号和文件路径及文件名,各部分的组成格式为"协议名://Web 服务器域名:端口号/文件路径及文件名",如 http://www.xyz.org.cn:80/video.html。端口和路径在 URL 中并非是必须的。

根据 URL 找到相应网页的过程一般分为两步:首先是根据 Web 服务器的域名将请求传输到服务器;然后根据文件路径及文件名在服务器中找到对应的文件。

2. 超文本标记语言

超文本标记语言(HyperText Markup Language,HTML)是一种用来制作超文本文档的简单标记语言,用 HTML 编写的超文本文档称为 HTML 文档,它能独立于各种操作系统平台,自 1990 年以来 HTML 就一直被用作 WWW 应用的信息表示语言,使用 HTML 描述的文件,需要通过 Web 浏览器进行呈现。所谓超文本,是因为它可以加入图片、声音、动画、影视等内容,事实上每一个 HTML 文档都是一种静态的网页文件,这个文件里面包含了 HTML 指令代码,这些指令代码并不是一种程序语言,它只是一种排版网页中资料显示位置的标记结构语言,其逻辑相对清晰简单,易于人们开发 Web 应用。

浏览器对 HTML 的语法要求不是特别严格,不区分大小写,属性值可以加双引号也可以不加(这里的双引号是英文的而不是中文的双引号),可以用 Dreamweaver、记事本或其他工具编写 HTML 源文档。

一个 HTML 文档由一系列的元素和标签组成,元素名不区分大小写。标签均由"<"和">"符号以及一个字符串组成,HTML 用标签来规定元素的属性和它在文件中的位置。HTML 的标签分为单标签和成对标签两种:成对标签是由首标签<标签名> 和尾标签</标签名>组成的,成对标签的作用域只作用于这对标签中的文档,如 <title> 和 </title>、<body> </body>等;单独标签的格式<标签名>,单独标签在相应的位置插入元素即可,如<hr>等。

属性要写在始标签内,属性用于进一步改变显示的效果,各属性之间无先后次序,属性是可选的,属性也可以省略而采用默认值。属性标记的格式为:<标签名字 属性 1 属性 2 属性 3 … > 内容 </标签名字>,如<font color="#ff00ff" face="宋体" size="30">字体设置</font>。

HTML 文档分文档头(head)和文档体(body)两部分,文档头主要对文档进行了一些必要的定义和说明,文档体是要显示的各种文档内容。

在文档的最外层,一般会采用两个标签,文档中的所有文本和 HTML 标签都包含在其中,它表示该文档是以超文本标识语言(HTML)编写的,相当于告诉浏览器这两个标签中间的内容是 HTML 文档,如下所示。

```
<html>
  ⋮
</html>
```

文档头部包含显示在网页导航栏中的标题和其他在网页中不显示的信息。标题包含在<title>和</title>标签之间,HTML 提供了 6 级标题,<h1>为最大,<h6>为最小。用户只需要定义从 h1 到 h6 中的一种大小,浏览器将负责显示过程。文档头部的主要形式为:

```
<head>
<title>...</title>
</head>
```

<BODY> </BODY>标签之间的文本是正文,是在浏览器要显示的页面内容,即文档体,其主要形式为:

```
<body>
  ⋮
</body>
```

HTML有很多基本语法,本书中不再赘述,感兴趣的读者可查阅HTML相关文献资料。

2.4.2 超文本传输协议

超文本传输协议(Hypertext Transfer Protocol,HTTP)是互联网上应用最为广泛的一种应用层协议,用于从万维网服务器传输超文本到本地浏览器的传送协议。HTTP是一个属于应用层的面向对象的协议,由于其简捷、快速的方式,适用于分布式超媒体信息系统。HTTP于1990年被提出,经过几年的使用与发展,得到不断地完善和扩展。目前在WWW中使用的是HTTP/1.0的第6版,HTTP/1.1的规范化工作正在进行中,而且HTTP-NG(Next Generation of HTTP)的建议已经提出。

HTTP工作于客户端-服务端架构上。浏览器作为HTTP客户端通过URL向HTTP服务端即Web服务器发送所有请求。Web服务器根据接收到的请求向客户端发送响应信息,如图2-8所示。

图 2-8　HTTP工作示意图

HTTP的特点可以归纳如下。

(1) 简单快速。客户端向服务器请求服务时,只需要传送请求方法和路径。请求方法常用的有GET、HEAD、POST。每种方法规定了客户端与服务器联系的类型不同。由于HTTP较为简单,因此HTTP服务器的程序规模小,因而通信速度很快。

(2) 灵活。HTTP允许传输任意类型的数据对象。正在传输的类型由Content-Type加以标记。

(3) 无连接。无连接的含义是限制每次连接只处理一个请求。服务器处理完客户的请求,并收到客户的应答后,即断开连接。采用这种方式可以节省传输时间。

(4) 无状态。HTTP是无状态协议。无状态指协议对于事务处理没有记忆能力。缺少状态意味着如果后续处理需要前面的信息,则它必须重传,这样可能导致每次连接传送的数据量增大。另外,在服务器不需要先前信息时,它的应答就较快。

(5) 支持B/S及C/S模式。

1. HTTP请求

客户端发送一个HTTP请求到服务器的请求消息包格式如图2-9所示,包括请求行(request line)、请求头部(header)、空行和请求体四部分。

请求行包含请求方法(如GET、POST)、请求资源的URL(统一资源标识符)和HTTP版本。请求行以一个方法符号开头,以空格分开,后面跟着请求的URL和协议的版本。

请求头包含了一系列键值对,用于提供有关请求或响应的额外信息,如User-Agent、Accept、Content-Type等。

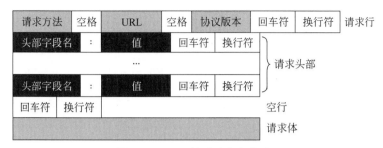

图 2-9 HTTP 请求消息包格式

POST 和 PUT 请求通常包含请求体,用于发送数据给服务器。

1) GET 请求示例

以下是使用 Charles 抓取的 request:

GET /562f25980001b1b106000338.jpg HTTP/1.1【请求行:请求类型＋访问资源＋HTTP 版本】

Host   img.mukewang.com【请求头部】

User-Agent   Mozilla/5.0（Windows NT 10.0；WOW64）AppleWebKit/537.36（KHTML，like Gecko）Chrome/51.0.2704.106 Safari/537.36【请求头部,说明服务器要使用的附加信息】

Accept   image/webp,image/＊,＊/＊;q＝0.8【请求头部】

Referer   http://www.imooc.com/【请求头部】

Accept-Encoding gzip, deflate, sdch【请求头部】

Accept-Language zh-CN,zh;q＝0.8【请求头部】

第一部分:请求行,用来说明请求类型、要访问的资源以及所使用的 HTTP 版本。

GET 说明请求类型为 GET,"/562f25980001b1b106000338.jpg"为要访问的资源,该行的最后部分说明使用的是 HTTP1.1 版本。

第二部分:请求头部,紧接着请求行(即第 1 行)之后的部分,用来说明服务器要使用的附加信息。

从第 2 行起为请求头部,HOST 将指出请求的目的地。User-Agent、服务器端和客户端脚本都能访问它,它是浏览器类型检测逻辑的重要基础。该信息由用户的浏览器来定义,并且在每个请求中自动发送。

第三部分:空行,请求头部后面的空行是必须的。即使第四部分的请求数据为空,也必须有空行。

第四部分:请求体,也称请求数据,可以添加任意的其他数据。

这个示例的请求数据为空。

2) POST 请求示例

以下是使用 Charles 抓取的 request:

POST / HTTP1.1

Host：www.wrox.com

User-Agent：Mozilla/4.0（compatible；MSIE 6.0；Windows NT 5.1；SV1；.NET CLR 2.0.50727；.NET CLR 3.0.04506.648；.NET CLR 3.5.21022）

Content-Type：application/x-www-form-urlencoded

Content-Length：40

Connection：Keep-Alive

name＝Professional％20Ajax＆publisher＝Wiley

第一部分：请求行，第1行说明是POST请求，使用的是HTTP1.1版本。

第二部分：请求头部，第2行至第6行。

第三部分：空行，第7行的空行。

第四部分：请求数据，第8行。

2. HTTP 响应

一般情况下，服务器接收并处理客户端发过来的请求后会返回一个HTTP的响应消息。HTTP响应也由四部分组成，分别是状态行、消息报头、空行和响应正文，其示例如图2-10所示。

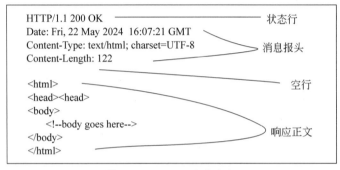

图 2-10   HTTP 响应消息

状态行包含HTTP版本、状态码和状态消息。状态码用于表示请求的成功或失败，如200 OK表示成功，404 Not Found表示资源未找到。

消息报头与请求头类似，提供有关响应的额外信息，如Content-Type、Content-Length、Server等。

响应正文即服务器返回给客户端的实际内容，如HTML文档、图片等。

以下是一个关于响应的示例。

HTTP/1.1 200 OK【状态行：协议版本号＋状态码＋状态消息】

Date：Fri，22 May 2009 06：07：21 GMT【消息报头，用来说明客户端要使用的一些附加信息】

Content-Type：text/html；charset＝UTF-8

＜html＞【响应正文，服务器返回给客户端的文本信息】

　　＜head＞＜/head＞

　　＜body＞

　　　　＜! --body goes here--＞

　　＜/body＞

＜/html＞

第一部分：状态行，由HTTP版本号、状态码、状态消息三部分组成。

第 1 行为状态行,(HTTP/1.1)表明 HTTP 版本为 1.1 版本,状态码为 200,状态消息为 OK。

第二部分:消息报头,用来说明客户端要使用的一些附加信息。

第 2 行和第 3 行为消息报头,Date 是生成响应的日期和时间;Content-Type 指定了 MIME 类型的 HTML(text/html),编码类型是 UTF-8。

第三部分:空行,消息报头后面的空行是必须的。

第四部分:响应正文,服务器返回给客户端的文本信息。

空行后面的 html 部分为响应正文。

3. HTTP 头信息和状态码

常用头信息:Content-Type(指定媒体类型)、Authorization(身份验证信息)、Cookie(存储会话信息)等。

状态码由三位数字组成,第一位数字定义了响应的类别,共分为以下 5 种类别。

1xx:信息性状态码,表示接收到请求,正在处理。

2xx:成功状态码,表示请求已成功被服务器接收、理解和接受。

3xx:重定向状态码,表示需要客户端采取进一步的操作才能完成请求。

4xx:客户端错误状态码,表示请求包含语法错误或无法完成请求。

5xx:服务器错误状态码,表示服务器在处理请求的过程中遇到了错误。

常见状态码如下。

200 OK	//客户端请求成功
400 Bad Request	//客户端请求有语法错误,不能被服务器所理解
401 Unauthorized	//请求未经授权,此码必须和 WWW-Authenticate 报头域一起使用
403 Forbidden	//服务器收到请求,但是拒绝提供服务
404 Not Found	//请求资源不存在,例如输入了错误的 URL
500 Internal Server Error	//服务器发生不可预期的错误
503 Server Unavailable	//服务器当前不能处理客户端的请求,一段时间后可能恢复正常

4. HTTP 请求方法

根据 HTTP 标准,HTTP 请求可以使用多种请求方法。

HTTP1.0 定义了三种请求方法:GET、POST 和 HEAD 方法。

HTTP1.1 新增了五种请求方法:OPTIONS、PUT、DELETE、TRACE 和 CONNECT 方法。

分别介绍如下。

GET:请求指定的页面信息,并返回实体主体。

HEAD:类似于 GET 请求,只不过返回的响应中没有具体的内容,用于获取报头。

POST:向指定资源提交数据进行处理请求(例如提交表单或者上传文件),数据被包含在请求体中,POST 请求可能会导致新的资源的建立或已有资源的修改。

PUT:从客户端向服务器传送的数据取代指定的文档的内容。

DELETE:请求服务器删除指定的页面。

CONNECT:HTTP/1.1 中预留给能够将连接改为管道方式的代理服务器。

OPTIONS：允许客户端查看服务器的性能。

TRACE：回显服务器收到的请求，主要用于测试或诊断。

5. HTTP 工作原理

HTTP 定义 Web 客户端如何从 Web 服务器请求 Web 页面，以及服务器如何把 Web 页面传送给客户端。HTTP 采用了请求/响应模型。客户端向服务器发送一个请求报文，请求报文包含请求的方法、URL、协议版本、请求头部和请求体。服务器以一个状态行作为响应，响应的内容包括协议的版本、成功或者错误代码、服务器信息、响应头部和响应数据。HTTP 工作原理如图 2-11 所示。

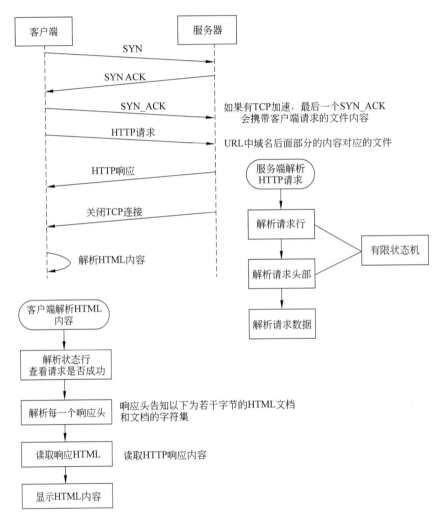

图 2-11 HTTP 工作原理

2.5 本章小结

应用层是计算机网络体系结构中的最高层，本章主要介绍应用层的基本功能和服务模型，并对应用层常见的电子邮件应用服务及其应用协议、域名服务系统及其解析流程、Web

服务应用及 HTTP 进行了描述。

习题

2-1 请简述应用层的功能,并列举常用的应用层协议。

2-2 假设用户 A 通过网页给用户 B 发送邮件,用户 B 采用客户端进行邮件接收,请简述整个邮件发送的端到端过程中(从用户 A 发送到用户 B 接收到邮件),各部分所使用的邮件承载协议。

2-3 什么是域名服务系统(DNS)? 请简述 DNS 在因特网中的作用。

2-4 请简述域名服务系统的系统架构,并指出不同域名服务器的作用。

2-5 在进行域名查询时,有哪些域名查询方式?请简述不同域名查询方式的运行过程,并且对比分析不同域名查询方式的相同和不同点。

2-6 请简述 HTTP 的功能及其工作模式。

第 3 章 传 输 层

本章首先介绍传输层的基本功能及提供的服务,然后依次介绍传输层的两个典型协议——用户数据报文协议 UDP 和传输控制协议 TCP,着重从报文数据格式、关键功能及机制方面进行介绍。

本章学习的目的是掌握传输层在 OSI 七层参考模型中的功能及作用,熟练了解 UDP 与 TCP 的主要功能及特征,并重点了解可靠数据传输的基本原理和关键机制。

3.1 传输层概述

从通信和信息处理两方面来看,传输层既是面向通信部分的最高层,与下面的三层一起共同构建进行网络通信所需的线路和数据传输通道;同时,传输层又是面向用户的最低层,因为无论何种网络应用,最终都需要把各种数据报传送到对方。来自应用层的用户数据必须依靠传输层协议在不同网络主机的应用进程间进行传输,仅靠网络层把数据传送到目的主机上还是不够的,还必须把它交给目的主机的应用进程。因此,可以说传输层的目的是在不同主机的应用进程间提供数据端到端传输的"逻辑通道"。

3.1.1 传输层基本功能

传输层位于应用层之下、网络层之上,实质上它是在网络体系结构中高低层之间衔接的一个接口层。传输层不仅是一个单独的结构层,它是整个分层体系协议的核心,如果没有传输层,那么整个分层协议就没有意义。传输层可以被划入高层,也可以被划入低层。如果从面向通信和面向信息处理的角度看,传输层属于面向通信的低层中的最高层,也就是它属于低层;如果从网络功能和用户功能的角度看,传输层则属于用户功能的高层中的最低层,也就是它属于高层。

传输层的主要功能是为应用进程间提供端到端的数据传输逻辑通道,如图 3-1 所示,通过传输层的服务增加服务功能,使通信子网对两端的用户都变成透明的。也就是说,对高层用户来说,传输层屏蔽了下面通信子网的细节,使高层用户看不见实现通信功能的物理链路是什么,看不见数据链路的规程是什么,看不见下层有多少个通信子网和通信子网是如何联接起来的。传输层使高层用户感觉到的就好像是在两个传输层实体之间有一条端到端的可靠的通信通路。对于应用层而言,应用层可灵活将传输层接口进行封装,而不用关注底层的网络协议,使得应用程序的开发更加灵活。

传输层协议采用端口号(Port Number)来识别不同的应用进程,在传输层数据单元中,需要将源应用的端口号和目的应用的端口号都进行封装,当数据到达传输层后,传输层会识别端口号,将数据发送给相应的应用进程。

传输层是一种独立于网络层的数据传输服务。传输层服务适用于各种网络,因而不必担心不同的通信子网所提供的不同服务及服务质量。从一定程度上而言,传输层是用于填

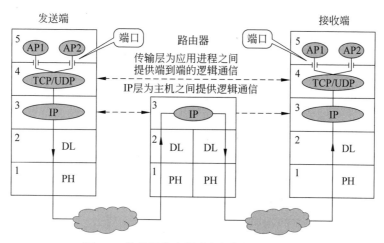

图 3-1　传输层为应用进程间提供逻辑通道

补通信子网提供的服务与用户要求之间的间隙的,其反映并扩展了网络层的服务功能。对传输层来说,通信子网提供的服务越多,传输层协议越简单;反之传输层协议越复杂。

3.1.2　传输层提供的服务

如前所述,传输层的主要功能是为应用进程间提供端到端的数据传输逻辑通道,其主要为应用层提供数据连接管理和数据传送服务,主要包括以下几项服务。

1. 连接管理

传输层能够实现端到端的数据传输,即在数据传输前,经过各种交换设备,在两端建立一条链路。链路建立后,发送端使用该链路发送数据,待数据发送完毕,接收端确认接收成功。连接管理是传输层在发送端和接收端之间建立和释放连接所必须遵循的协议,一般通过三次握手协议来完成两端点连接的建立:计算机 A 传送一个请求一次连接的 TPDU,它的序列号为 X;计算机 B 会发送一个确认该请求及其序列号的 TPDU,它的序列号为 Y;计算机 A 通过在第一个数据 TPDU 中包含序列号 X 和 Y,对计算机 B 的确认帧发回一个确认。

为避免由于请求或确认信息丢失而导致的错误,在计算机 A 和计算机 B 中分别设置了定时器。如果计算机 A 的请求信息或计算机 B 的确认信息丢失,计算机 A 将在计时结束后重新发送请求。如果计算机 A 的确认信息丢失,计算机 B 将在计时结束后终止连接。

当计算机 A 与计算机 B 通信完毕后,需要两端点终止连接操作。而终止连接的操作为:首先计算机 A 请求终止连接,然后计算机 B 确认请求;如果计算机 A 接收到计算机 B 所发送的确认信息,则再发送一条确认信息,并终止连接;最后计算机 B 收到确认信息后,也终止连接。

2. 差错控制

在传输层的通信过程中,无论是面向连接还是面向无连接的传输,都需要对传输的内容进行差错控制编码、差错检测、差错处理三方面的处理。传输层的差错控制是在通信子网对差错控制的基础上采取的最后一道差错控制措施,其出错率相对较低。因此,传输层的差错控制编码一般采用比较简单的算法。例如,在传输层协议数据单元 TPDU 内留有专门的校验和字段,用于存放校验码。

在对于差错的处理过程中,通常采用当即纠错、通知发送端重传和丢弃三种措施,具体采用什么措施与差错控制算法与传输层服务要求有关。

3. 流量控制

传输层的流量控制是对传输层协议数据单元发送速率的控制。其中包括两方面,分别在两端进行:在发送端控制传输层协议数据单元的发送速率;在接收端控制传输层协议数据单元的接收速率。也就是在同一对传输通信中,发送和接收的速率是各自独立的,这两端的速率可以不一样。传输层协议数据单元的发送与接收速率取决于两端计算机的发送和接收能力,以及通信子网的传输能力。

控制两端计算机收发信息数据单元速率的基本策略是采用缓存的方法,即在两端计算机设置用于缓存协议数据单元的缓存器。

缓存的设置策略主要是对于低速突发的数据传输,在发送端建立缓存;而对于高速平稳的数据传输,为了不增加传输负荷,最大限度利用传输带宽,则在接收端建立缓存。缓存的大小既可以是固定的,也可以是自适应的;可以为每一个传输连接建立一个缓存,也可以多个传输连接循环共用一个大的缓存。

4. 拥塞控制

拥塞现象指到达通信子网中某一部分的分组数量过多,使得该部分网络来不及处理,以致引起该部分乃至整个网络性能下降的现象。

拥塞控制是通过开环控制和闭环控制两种方法来实现的。开环控制是在设计网络时,力求在网络工作时不产生拥塞,但对于复杂的网络系统,使用这种控制方法代价很高,很难实现。所以采用比较容易实现的闭环控制,其实现方法如下:

(1)监测网络系统在何时何处发送了拥塞;

(2)将拥塞的信息传送到可以采取行动的地方;

(3)根据拥塞消息,调整网络系统的运行,解决拥塞。

端到端的拥塞控制就是由网络层将拥塞的信息传送到发送端,由发送端采取措施,控制发往网络的传输数据。

5. 复用与分用

协议各层的软件都要对相邻层的多个对象进行多路复用和多路分解操作。传输层接收多个应用程序送来的数据报,把它们送给网络层进行传输,同时接收从网络层送来的传输层数据,并把它们送给适当的应用程序。传输层模块与应用程序之间所有的多路复用和多路分解都要通过端口机制来实现。

多路复用和多路分解是一对匹配的过程,复用是在发送端将多个端口的数据复用到传输层报文中;分解,也称为解复用,是将从网络层收到的报文根据端口号分解到不同的端口队列中,等待应用进程进行读取。

实际上,每个应用程序在发送数据报之前必须与操作系统进行协商,以获得协议端口和相应的端口号。当指定了端口之后,凡是利用这个端口发送数据报的应用程序都要把端口号放入传输层协议报文的源端口字段中。在处理输入时,传输层从网络层模块接收传入的数据报,根据目的端口号进行多路分解操作。当传输层收到数据报时,先检查当前使用的端口是否就是该数据报的目的端口。如果不能匹配,则丢弃这个数据报;如果匹配,就把这个数据报送到相应的队列中,等待应用程序的访问。当然,如果端口已满也会出错,传输层也要丢弃传入的这个数据报。

6. 服务质量保证

传输层的主要功能也可以看作优化网络层服务质量。如果网络层提供的服务很完善,那么传输层的工作就很容易,否则传输层的工作就较复杂。对于面向连接的服务,传输服务在建立连接时,需要说明可接收的服务质量参数值。

传输层根据网络层提供的服务种类及自身增加的服务,检查用户提出的参数,如能满足要求则建立连接,否则拒绝连接。服务质量参数包括用户的一些要求,如连接建立延迟、连接失败概率、吞吐率、传输延迟、残余误码率、安全保护、优先级及恢复功能等。

(1)连接建立延迟:从传输服务用户要求建立连接到收到连接确认之间所经历的时间,包括了远端传输实体的处理延迟,连接建立延迟越短,服务质量越好。

(2)连接失败概率:在对很长的连接建立延迟时间之内,连接未能建立的可能性,例如,由网络拥塞、缺少缓冲区或其他原因造成的失败。

(3)吞吐率:某个时间间隔内测得的每秒传输的用户数据的字节数。每个传输方向分别用各自的吞吐率来衡量。

(4)传输延迟:从发送端计算机传输用户发送报文开始到接收端计算机传输用户接收到报文为止的时间,每个方向的传输延迟是不同的。

(5)残余误码率:用于测量丢失或乱序的报文数占整个发送的报文数的百分比。理论上残余误码率应为零,实际上它可能是一个较小的值。

(6)安全保护:为传输用户提供了传输层的保护,以防止未经授权的第三方读取或修改数据。

(7)优先级:为传输用户提供用以表明哪些连接更为重要的方法,当发生拥塞事件时,确保高优先级的连接先获得服务。

(8)恢复功能:当出现内部问题或拥塞情况时,传输层本身自发终止连接的可能性。

用户数据报文协议 UDP 和传输控制协议 TCP 是传输层的两个典型协议,传输层根据业务特征和特性选择不同的传输层协议。总体而言,UDP 是一种无连接的传输层协议,在数据传输前不需要在收发两端建立数据传输逻辑通道,并且 UDP 格式简洁、处理简单,但不提供可靠数据传输保障,适合对业务传输实时性要求高的业务;TCP 是一种面向连接的传输层协议,在数据传输前需要建立数据传输逻辑通道,在数据传输结束后需要释放通道资源;较之 UDP,TCP 报文结构和数据处理过程复杂,能够提供重传、流量控制和拥塞控制,适合对数据传输可靠度较高的业务。接下来的章节中将对 UDP 和 TCP 进行详细阐述。

3.2 用户数据报文协议 UDP

用户数据报文协议 UDP 的英文全称为 User Datagram Protocol。UDP 是在互联网中广泛应用的传输层协议之一。用户数据报文,也即应用层所传输来的一个完整数据单元,对于来自应用层的用户数据报文,UDP 不会对这个完整的数据进行处理和拆分,也不会进行合并传输等操作,因此,UDP 也称为面向报文的传输层协议。UDP 的数据长度主要是由应用层传输的数据长度所决定的,应用层传的数据越长,UDP 数据报文就越长。

本节将重点讲述 UDP 的特征、功能及服务，并对 UDP 的数据报文格式和差错检测机制进行阐述。

3.2.1　UDP 功能特征概述

用户数据报文协议（UDP）是一种无连接的传输层协议，提供面向应用层用户报文的简单不可靠的信息传送服务。IETF RFC 768 是 UDP 的正式规范，于 1980 年发布。尽管 UDP 是一个"老"协议，但是 UDP 仍然继续在主流应用中发挥着作用，在当前互联网或通信应用中被广泛使用。

UDP 协议的特点主要如下。

（1）无连接。UDP 是无连接的传输层协议，在传输应用层数据之前发送端和接收端不需要事先建立连接。当应用层有数据报文需要进行传输时，简单调用 UDP 即可，UDP 简单地抓取来自应用进程的数据报文，做简单处理后交给网络层协议进行处理。在发送端，UDP 传送数据的速度仅受应用程序生成数据的速度、计算机的能力和传输带宽的限制；在接收端，UDP 把每个消息段放在队列中，应用程序每次从队列中读一个消息段。

（2）面向报文。UDP 不对用户报文进行分拆、合并等处理。当收到应用层报文时，仅简单加上 UDP 报文头部，就将封装后的报文发给网络层进行处理。因此，UDP 简单的数据处理方式适合对实时性要求较高的业务应用。

（3）不可靠。UDP 使用"尽力而为"的数据传输方式，不保证数据的可靠交付。对接收到的数据报不发送确认信号，发送端不知道数据是否被正确接收，也不会重发数据。

（4）无序性。UDP 不对收到的数据进行排序，UDP 报文的首部中并没有关于数据顺序的信息（如 TCP 所采用的序号），而且报文不一定按顺序到达，所以接收端并不能保证数据报文是按照发送端的报文顺序向应用层递交的。

（5）开销小。UDP 报文格式简单，报文头部简洁，进行数据传输时的额外信令开销较小。

（6）通信灵活。UDP 支持一对一、一对多、多对多等多种通信模式。由于传输数据不建立连接，因此也就不需要维护连接状态，包括收发状态等，因此一台服务机可同时向多台客户机传输相同的消息。这样的特性使得 UDP 在诸如视频会议等应用中被广泛使用。

（7）无流量控制和拥塞控制。UDP 的吞吐量不受拥塞控制算法的调节，只受应用进程的数据报文生成速率、传输带宽、源端和目的端主机性能的限制。

虽然 UDP 在传输层提供的是不可靠的数据传输服务，由于排除了信息可靠传递机制，将安全和排序等功能移交给上层应用来完成，极大节省了执行时间，使其协议处理速度得到了保证，因此，UDP 广泛被多媒体应用所采纳为传输层协议。另外，UDP 能够支持一对多、多对多的通信方式，是一种信息分发的理想协议，因此在电话会议、大屏显示等应用中被广泛使用。此外，基于 UDP 信息分发效率高的特性，UDP 还被用于路由信息协议（Routing Information Protocol，RIP）中修改路由表。

3.2.2　UDP 报文结构

UDP 报文结构简单，其报文首部仅有 8 字节，如图 3-2 所示。

（1）源端口号（Source Port）：2 字节。当使用时，它表示发送程序的端口，同时它还被认为是没有其他信息的情况下需要被寻址的答复端口。如果不使用，设置值为全 0。

（2）目的端口号（Destination Port）：2 字节，用来标记数据传输目的端应用进程的端口标识。

（3）报文长度（Length）：2 字节，用来标记数据报文的长度，包括 UDP 报文首部及数据部分。长度最小值为 8，即仅传输 UDP 报文头部，而无任何载荷数据。

（4）校验和（Checksum）：2 字节，可选字段。UDP 中用来进行差错检测的手段，具体方法将在后文进行阐述。

16比特	16比特
源端口号	目的端口号
报文长度	校验和
数据部分	

图 3-2 UDP 报文结构

该数据字段为 UDP 报文首部、数据部分和 UDP 伪报文首部的差错检测值。伪报头并不会在网络中传送，校验和中所包含的伪报头内容可以避免目的端错误地接收错误路由的数据报。一般而言，仅在局域网内部传输报文不需要 UDP 校验和，因为以太网帧的校验和已经提供了差错控制。而对于那些需要通过不同的、也许未知网络传输的报文而言，校验和可以让目的主机检测到错误数据。UDP 使用报头中的校验值来保证数据的安全。校验值首先在数据发送方通过特殊的算法计算得出，在传递到接收方之后，还需要再重新计算。如果某个数据报在传输过程中被第三方篡改，或者由于线路噪声等原因受到损坏，发送和接收方的校验计算值将不会相符，由此 UDP 可以检测是否出错。

UDP 报文伪首部和 UDP 报文的封装流程如图 3-3 所示。

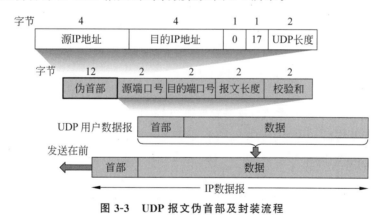

图 3-3 UDP 报文伪首部及封装流程

由图 3-2 可以看到，UDP 报文伪首部并不会在网络中进行发送，仅用于进行校验。UDP 报文伪首部包括源和目的 IP 地址，各占 4 字节，1 字节的全 0 填充，1 字节的协议号（IP 协议号为十进制的 17），UDP 报文长度是 2 字节。从图 3-2 中也可以看出，UDP 接收到来自应用层的数据后，在数据前面加上 UDP 报文首部，之后发送到网络层。在 TCP/IP 架构中，网络层主要采用 IP，因此在图 3-2 中，将 UDP 报文放入 IP 报文数据部分，添加 IP 报文头部后形成网络层的 IP 数据分组格式。

UDP 校验和覆盖的内容超出了 UDP 数据报本身的范围。为了计算校验和，UDP 把伪首部引入数据报中，在伪首部有一个值为 0 的填充八位组用于保证整个数据报的长度为 16

比特的整数倍,这样才容易计算校验和。填充八位组和伪首部并不随着 UDP 数据报一起传输,也不计算在数据报长度之内。为了计算校验和,要先把校验和字段置为 0,然后对整个对象,包括伪首部、UDP 的首部和用户数据报,计算一个 16 比特的二进制反码和。使用伪首部的目的是检验 UDP 数据报已到达正确的目的地。理解伪首部的关键在于认识到:正确的目的地包括了特定的主机和机器上特定的协议端口。UDP 报文的首部仅指定了使用的协议端口号。因此,为了确保数据报能够正确到达目的地,发送 UDP 数据报的机器在计算校验和时把目的机的 IP 地址和应有的数据都包括在内。在最终的接收端,UDP 协议软件对校验和进行检验时要用到携带 UDP 报文的 IP 数据报首部中的 IP 地址。如果校验和正确,说明 UDP 数据报到达了正确主机的正确端口。

伪首部的源 IP 地址字段和目的 IP 地址字段记录了发送 UDP 报文时使用的源 IP 地址和目的 IP 地址。协议字段指明了所使用的协议类型代码(UDP 是 17),而长度字段是 UDP 数据报的长度。接收方进行正确性验证时,必须要把这些字段的信息从 IP 报文的首部中抽取出来,以伪首部的格式进行装配,然后再重新计算校验和。

在接收端,最底层的网络软件在接收到一个分组后将它提交给上一层模块。每一层都在向上送交数据之前剥去本层的首部,因此当最高层的协议软件将数据送到相应的接收进程时,所有附加的首部都被剥去了。也就是说,最外层的首部对应的是最底层的协议,而最内层的首部对应的是最高层的协议。研究首部的生成与剥除时,可从协议的分层原则得到启发。当把分层原则具体应用于 UDP 时,可以清楚地知道目的机上的由 IP 层送交 UDP 层的数据报就等同于发送机上的 UDP 层交给 IP 层的数据报。同样,接收方的 UDP 层上交给用户进程的数据也就是发送方的用户进程送到 UDP 层的数据。在多层协议之间,职责的划分是清楚而明确的,IP 层只负责在互联网上的一对主机之间进行数据传输,而 UDP 层只负责区分一台主机上的多个源端口或目的端口。

3.2.3 UDP 中的差错检测机制

UDP 虽然提供的是不可靠的数据传输服务,但并非完全不关心数据传输的可靠性。为了方便接收端判断数据在传输过程中是否发生了差错,UDP 采用了校验和作为数据传输差错检测的机制。校验和的详细计算可在 RFC 1071 中找到,并非只在 UDP 中使用,在 TCP 或 IP 中,也可以使用校验和判断报文在传输过程中是否发生了差错。

在 UDP 中,校验和字段的长度为 16 比特,因此,在对 UDP 报文首部和数据部分进行校验和运算时,一般需要将数据分成以 16 比特为单位的码字进行二进制加法运算。下面将通过示例对校验和的运算方式进行解释。

如图 3-4 所示,两个码字以 16 比特为一组,然后把所有字段的码字进行二进制进位加法运算。如图 3-3 所示,当最高位有进位时,需要把待进位的"1"放到得到的和的低位继续进行加法运算。当得到所有码字的和后,逐位进行取反,得到需要填充到校验和字段的校验和值。

从校验和的计算方法可以看到,所有字段经过校验并将得到的值填充到校验和字段后,所有字段(包括校验和)的和为全"1"。如果在接收端接收到的数据按 16 位二进制之和也全是"1",则认为传输过程没有出差错。

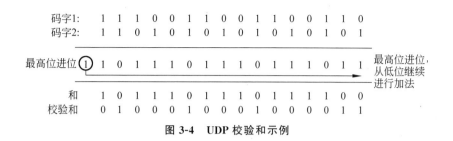

图 3-4　UDP 校验和示例

3.3　可靠数据传输机制概述

可靠数据传输是一种技术,它可以保证数据在传输过程中根据协议安全地传输,不受环境因素的干扰而被破坏或损坏,无论是从发送者到接收者传输数据,还是从接收者发回数据给发送者,都能保证可靠的传输。简单而言,对于可靠数据传输的定义可以归纳为:不出错、不丢失、不重复、不失序。

为了保证数据的可靠传输,协议的设计非常重要。可靠的协议提供了一种有效的方法来在传输过程中有效地处理任何可能发生的问题,如数据丢失、分组错误等。根据通信双方协商的协议,可以指定不同的处理方式,以便可靠传输。需要强调的是,可靠数据传输机制并非只在传输层中使用,每一层协议均有可靠数据传输的需求,也会根据协议所在层的特点采用不同的可靠数据传输技术。

传输介质或传输信道对数据传输的可靠性影响较大。若信道是理想信道,即信道不会发生任何误码、差错、丢失,那么就不需要复杂的可靠数据传输技术,收发端只需要连续地发送或接收数据分组即可。然而,实际情况中并不存在理想信道,信道都是非可靠的,会受到距离、环境、终端状态和服务器状态等因素的干扰,因此,需要特殊的机制解决数据传输中的延迟、误码、丢包等问题。

重传机制是保证数据传输的有效手段,虽然会带来额外的时延,但能保证发送端的数据均能被接收端所正确接收。一旦数据包丢失或在传输过程中发生错误,均可以通过数据重传解决。因此,自动重传请求(Automatic Repeat reQuest,ARQ)机制成为保证数据可靠传输的关键协议,ARQ 协议的基本原理是发送方在发送每个数据包之后等待接收方的确认信号,如果发送方在一定时间内没有收到确认信号,或者接收方发送了错误的确认信号,发送方将重新传输该数据包,这样可以确保数据在传输过程中的可靠性。ARQ 协议的重传机制是其中最重要的部分。当发送方没有在规定时间内接收到确认信号时,会将数据包进行重传。为了避免无限重传,ARQ 协议通常会设置一个重传次数的上限。如果在达到重传次数上限后仍然没有收到确认信号,发送方将停止发送并通知用户进行相应的处理。

常用的 ARQ 机制包括"停止-等待"ARQ 协议、回退 N 步 ARQ 和自动选择重传 ARQ 三种形式,下面将分别进行介绍。需要注意的是,ARQ 机制并非是传输层独有的机制,在数据链路层,为提升链路传输可靠性,也会采用自动重传请求的方式。

3.3.1　"停止-等待"ARQ 协议

"停止-等待"(Stop-Wait)ARQ 协议的基本思想是,数据发送端在发送一个数据分段

(segment)后,等待接收端正确接收,并发回一个确认信息后,数据发送端再开始发送新的数据分段。对于数据发送节点和接收节点,其发送流程分别如下。

数据发送节点流程如下。

(1) 主机应用进程有数据到达,从应用进程取一个数据分段。

(2) 将数据分段送到传输层的发送缓存,并进行存储。

(3) 从发送缓存中将数据进行协议封装后发送。

(4) 等待。

(5) 收到数据接收节点发送回来的反馈消息,若反馈消息是确认消息(ACK),即确认数据分段已经被接收端正确收到,则回到步骤(1)重新执行,发送新的数据分段;若收到的反馈消息是非确认消息(NAK),即表明收到的数据分段存在差错,接收端不能正确接收,则回到步骤(3)开始执行,重新传输未被成功接收的数据分段(仍然在缓存中存储)。

数据接收节点流程如下。

(1) 等待接收由底层递交的数据分段。

(2) 检测数据分段是否在传输过程中出现差错(例如采用校验和),若数据在传输过程中无差错,则将该数据分段递交给应用进程,并且向数据发送端发送一个确认接收消息;若数据在传输过程中出现差错,则丢弃该数据分段,并且向数据发送端发送一个非确认接收消息。

(3) 回到步骤(1)继续等待。

上述数据发送和接收过程如图 3-5 所示。然而,当传输过程中存在数据分段或者是反馈消息丢失的情况,可发现图 3-5 给出的数据重传流程陷入了"死锁",数据发送端无法收到接收端发出的反馈消息,从而一直处于"等待"状态,导致整个数据传输进程被"挂起"。

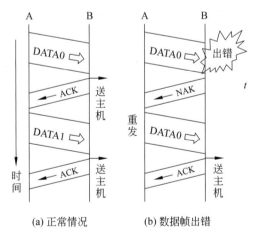

图 3-5 无数据丢失的数据重传流程

因此,为了避免这种情况的出现,当发送端发送数据分段时,需要启用一个超时定时器,当定时器达到重发时间而未收到反馈消息时,则不需要继续等待,重传该数据分段,并重置定时器时间,如图 3-6 所示。超时定时器设置的重发时间应仔细选择确定。若重发时间选得太短,则在正常情况下也会在对方的应答信息回到发送方之前就过早地重发数据。若重发时间选得太长,则会浪费时间。一般可将重发时间选为略大于"从发完数据帧到收到应答帧所需的平均时间"。

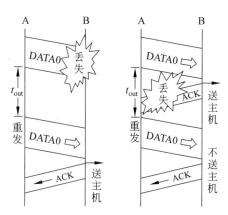

图 3-6　增加定时器的数据重传流程

　　然而,若只有上述机制,也不能完全保证数据的可靠传输。当出现反馈消息(假设消息中包含的是对数据分段正确接收的确认)丢失的场景,由于数据接收端现在无法识别重复的数据帧,因而在数据接收端收到的数据中出现了另一种差错——数据分段重复。要解决这个问题,必须为每一个数据分段编号,每发送一个新的数据分段就把它的发送序号加 1。若数据接收节点收到发送序号相同的数据分段,就表明出现了重复数据分段,这时应当丢弃重复的数据。注意,此时数据接收端还必须向数据发送端发送一个确认信息 ACK,因为接收端已经知道发送端还没有收到上一次发过去的确认信息 ACK。

　　序号所占用的比特数是有限的。因此,经过一段时间后,发送序号就会重复。对于停止等待协议,由于每发送一个数据分段就停止等待,因此用 1 比特来编号就够了。比特可以有 0 和 1 两种不同的序号。这样,数据分段中的发送序号就以 0 和 1 交替的方式出现在数据帧中。每发送一个新的数据分段,发送序号就和上次发送的不一样。用这样的方法就可以使接收方能够区分开新的数据分段和重发的数据分段了。

　　至此,"停止-等待"ARQ 协议的所有机制和步骤都已介绍完毕。其机制的核心是为数据分段编号,发送端发送一个数据包后等待接收端的确认消息,发送端的重传定时器超过提前设置的阈值时间或收到接收端发送的非确认消息(表示信息未成功接收),则触发重传,否则就发送新的数据分段。"停止-等待"ARQ 的方式能够避免数据丢失、重复或失序,实现数据的可靠传输。

　　"停止-等待"ARQ 协议实现简单,但在实际应用中却很少使用,因为这样的方式效率极低,极大浪费了网络/链路传输资源。

　　为了兼顾数据传输可靠性与资源有效性,在实际网络中更多使用连续 ARQ 协议,发送端可以在一定范围内连续发送,而不用发送一个数据分段后等待确认才能发送下一个数据分段,从而提升网络利用率。对于连续 ARQ 协议,根据其接收端发送确认信息的方式不同,又分为回退 N 步 ARQ 协议和选择重传 ARQ 协议,将在下述内容中详细叙述。

3.3.2　回退 N 步 ARQ 协议

　　回退 N 步 ARQ 协议称为 Go-Back-N(GBN),其核心思想是在发送端允许未收到接收端确认消息的分段,也可持续发送,为了限制其发送的速率,在发送端建立了发送滑动窗口,只有分段序号在发送滑动窗口中的数据才允许发送,发送端每收到一个确认,就把发送窗口向前滑动;在接收端,采用的是累积确认方式,即仅对按序到达的最后一个可确认的分段发送确认信息,表示到这个分段为止的所有分段都已经正确收到了。

在 GBN 中,当接收端收到不按序到达的数据分段时,将不会对接收到的不按序到达分段进行存储,而是直接丢弃,发送的确认信息仍然是当前接收端能够确认的按序到达的最后一个分段编号;当发送端收到多个重复的确认消息,或者是相应分段超时,则会重传当前未确认的最早的分段及其在发送窗口内已经发送过的 N 个数据分段,其过程如图 3-7 所示。

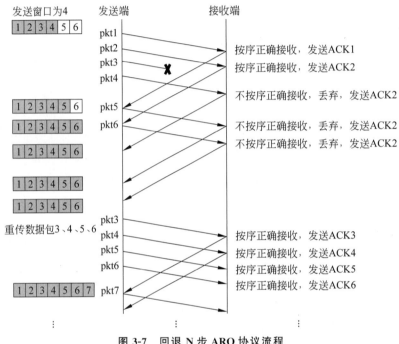

图 3-7　回退 N 步 ARQ 协议流程

从图 3-7 中可以看到,接收端由于只对按序到达的最后一个分段进行确认,当因数据丢失造成数据不按序到达时,接收端就会重复发送确认信息,并且丢弃不按序到达的数据帧;虽然不按序到达的数据分段 pkt4、pkt5、pkt6 均被丢弃了,但是在重传过程中,该分段都被重新传输了。由此可以看出,GBN 协议的本质是采用滑动窗口大于 1 的发送窗口,但接收端的接收窗口长度仅为 1。对于 GBN 协议,其发送端的定时器仅提供给当前发送窗口中未确认的最小编号的分段,而不用给所有分段都提供定时器。

总而言之,回退 N 步可以让发送端实现连续发送数据,是一种连续 ARQ 协议,其接收端处理方式简单,没有复杂的状态需要"记忆",因而其实现也较为容易。然而,在通信线路质量不好的情况下,若经常发生数据包丢失,回退 N 步的连续 ARQ 协议由于会经常回退并进行大量的重传,从而影响其数据传输的连续性和有效性。

3.3.3　选择重传 ARQ 协议

与回退 N 步 ARQ 协议一样,选择重传也是一种连续的 ARQ 协议,但与 GBN 在接收端的处理不同,选择重传允许不按序到达数据包的接收和确认,提升了数据传输的效率,但选择重传 ARQ 协议在接收端的处理也会比 GBN 复杂得多。

选择重传 ARQ 协议分别在收发两端定义两个滑动窗口,分别是发送窗口和接收窗口,只要在发送窗口规定的编号范围内的数据分段,均可以进行连续发送,对于接收窗口,若在接收窗口规定的编号范围内的数据分段被正确接收,即使该分段是不按序到达的,也可以给该数据分段发送确认信息。在发送端,发送窗口根据收到的确认信息情况按序进行滑动,即发送窗口的最左端一定是当前已发送但未收到确认信息的最小编号数据分段;在接收端,由于允许对不按序到达数据分段的确认,接收窗口内存在三种状态:第一种是不按序到达但已经发送了确认信息的数据分段;第二种是已发送但尚未收到的数据分段(如序号比已确认数据分段编号小的数据分段,说明已经发送了,但由于各种原因接收端尚未收到);第三种是在窗口范围内可允许被接收但尚未发送的数据分段。接收端滑动窗口需要保证数据按序递交给上层应用程序,因此接收端窗口的最左端一定是目前期待收到,但未正确收到的最小编号的数据分段。需要注意的是,与 GBN 协议不同,选择重传 ARQ 协议为每个数据分段均提供了超时时钟。因此,对于未接收到的分段,通过超时触发重传。选择重传 ARQ 协议具体流程如图 3-8 所示。

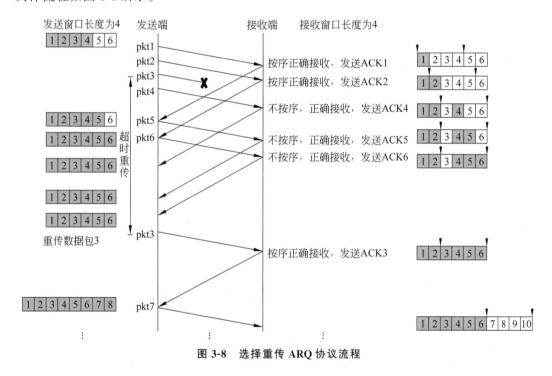

图 3-8 选择重传 ARQ 协议流程

值得注意的是,由于数据分段编号是循环使用的,假设采用 n 比特用于数据分段编号,即编号数为 2^n,假设发送窗口长度为 W_s,接收窗口长度为 W_r,则应满足 $W_s + W_r \leqslant 2^n$,且 $W_s \geqslant W_r$。

3.3.4 流量控制与拥塞控制

流量控制与拥塞控制是保证网络传输稳定可靠的重要机制。在一定程度上而言,流量控制是解决网络拥塞的方法之一,通过控制发送端的数据流量,能够很大程度上缓解网络拥塞,保障网络的可用性。然而,流量控制与拥塞控制在本质上有较大差别,本节将对流量控制与拥塞控制的概念和原理进行阐述。

1. 流量控制原理及基本方法

流量控制是在发送方和接收方之间调节数据传输速率的过程,以保证接收方能够及时处理和接收数据,防止数据丢失或溢出。在计算机网络中,当发送方发送数据的速率高于接收方处理数据的速率时,会出现流量不平衡的情况,这时就需要流量控制来调整数据发送的速率。

流量控制通常通过使用滑动窗口机制来实现。发送方维护一个发送窗口的大小,表示当前可以发送的数据量。接收方通过调整发送窗口的大小来告知发送方自己当前的处理能力。当发送方收到接收方的窗口大小信息后,会根据接收方的处理能力进行相应的调整,确保发送的数据不会超过接收方的处理能力,从而避免数据的丢失和溢出。

流量控制的原理包括了两种主要的方式,一种是基于速率的流量控制,另一种是基于容量的流量控制。基于速率的流量控制通过限制数据传输的速率来控制网络流量,例如限制某个接口的最大传输速率,从而达到控制网络流量的目的。而基于容量的流量控制则通过限制数据包的数量来控制网络流量,例如限制某个接口的最大数据包数量,从而达到控制网络流量的目的。

前文提到的 GBN 协议或选择重传 ARQ 协议,都能通过发送窗口大小实现流量控制。当然,除了控制发送端流量发送速率外,流量控制的技术手段还包括流量分级、流量整形等,流量分级指通过对不同类型的数据流进行分类和优先处理,来保证网络中重要数据的传输质量。流量整形指通过对数据包的发送时间进行调整,来平滑地控制数据的传输速率,避免突发的大流量对网络造成冲击。

2. 拥塞控制原理及基本方法

拥塞控制是在计算机网络中控制数据传输速率以避免网络拥塞的过程。当网络的数据流量过大,导致网络中的路由器和链路资源无法及时处理和传输数据时,就会出现拥塞。拥塞会导致网络质量下降,造成数据丢失、延迟增加和带宽浪费等问题。因此,拥塞控制是保证网络性能的关键机制。

与流量控制不同,拥塞控制是一个全局性的过程,涉及所有主机、所有路由器,以及与降低网络传输性能有关的所有因素。拥塞控制生效的前提,就是网络能够承受现有的网络负荷。对于拥塞控制措施,并不能真正等到网络出现大量拥塞时才进行控制,而需要对网络中业务传输质量指标进行监控,一旦业务传输质量指标出现了恶化,如出现了重传,就认为网络负载到达了一定的程度,需要采取相应的拥塞控制措施;否则,一旦网络出现了严重拥塞,即使采取了拥塞控制措施,也会造成网络性能大幅下降。拥塞控制与吞吐量的关系如图 3-9 所示。

在计算机网络中,拥塞控制通常通过使用拥塞窗口控制和网络反馈机制来实现。发送方维护一个拥塞窗口的大小,表示当前网络的拥塞程度。发送方根据接收到的网络反馈信息来调整拥塞窗口的大小,以控制数据发送的速率。当网络拥塞时,接收方会向发送方发送拥塞通知,发送方收到通知后会减小拥塞窗口的大小,从而降低数据发送的速率,以缓解网络拥塞的情况。

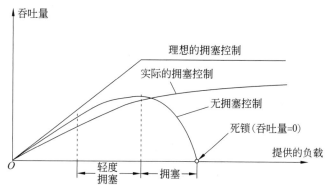

图 3-9　拥塞控制与网络吞吐量的关系

值得注意的是,流量控制和拥塞控制在计算机网络中都起着重要的作用,但是它们的目标和实现方式略有不同。

流量控制主要是为了保证接收方能够及时处理和接收数据,防止数据丢失或溢出。它是在发送方和接收方之间进行的,通过滑动窗口机制来调整数据的发送速率。

拥塞控制主要是为了避免网络拥塞,保证网络质量和性能。它是在发送方和网络之间进行的,通过拥塞窗口控制和网络反馈机制来调整数据的发送速率。

流量控制和拥塞控制都是通过动态地调整数据发送的速率来实现的,但是流量控制主要关注点在与发送方和接收方之间的数据流量平衡,而拥塞控制主要关注点在于网络中的拥塞状况和网络资源的利用情况。

3.4　传输控制协议 TCP

传输控制协议(Transmission Control Protocol,TCP)是互联网协议族的主要基础协议之一,是为了在不可靠的互联网络上提供可靠的端到端字节流传输而专门设计的传输协议。TCP 的正式定义由 1981 年 9 月的 RFC 793 给出,随着技术的发展,TCP 协议也在不断地完善和自我修正,满足飞速发展的互联网业务需求。其中重要的补充协议包括:RFC 1122 修复了原有协议中出现的漏洞和缺陷;RFC 1323 对 TCP 做了高性能扩展;RFC 2018 定义了选择性确认;RFC 2873 定义了为服务质量而重用的报文首部字段;RFC 2988 改进了重传计时器;RFC 3168 定义了显示拥塞通知。

总而言之,TCP 是传输层重要的基础协议,是当前诸多信息通信应用广泛采用的经典传输层协议。为了更好地了解 TCP 的各项关键机制,本节首先概述 TCP 的功能特征和关键机制要点;然后介绍 TCP 报文结构和 TCP 连接的建立和释放流程,并分两部分分别介绍 TCP 的可靠数据传输机制,包括 TCP 数据重传机制、TCP 流量控制和拥塞控制机制。

3.4.1　TCP 功能特征概述

TCP 是一种面向连接的传输层协议,能够为业务在不可靠网络上提供可靠的数据传输服务。为了实现数据传输的可靠性,相比于 UDP,TCP 在数据处理机制上更加复杂。

TCP 的主要特点如下。

（1）面向连接。为了保证收发双方能够为 TCP 数据传输做好资源准备，需要在开始数据传输前，提前建立 TCP 连接；并在数据传输结束后，释放 TCP 连接。

（2）双向通信。TCP 建立的是一个双向数据传输的通道，一旦 TCP 连接建立完成，允许收发双方在建立的连接上进行双向数据交互。

（3）基于流的数据传输方式。与 UDP 面向数据报文、不会对数据报文进行任何处理不同，TCP 是面向字节的，会将来自应用层的数据流进行编号，TCP 则把数据流分割成适当长度的报文段（Segment）。在接收方，接收端 TCP 会逐字节确认，保证数据流的正确接收和按序交付。

（4）数据分片。在发送端对用户数据进行分片，在接收端进行重组，由 TCP 确定分片的大小并控制分片和重组。

（5）数据校验机制。TCP 将保持它首部和数据的校验和，这是一个端到端的校验和，目的是检测数据在传输过程中的任何变化。如果收到分片的检验和有差错，TCP 将丢弃这个数据分段，出现差错的数据将会进行重发。

（6）到达确认机制。接收端接收到分片数据时，接收端会根据数据接收情况（数据是否出错）和分片数据序号向发送端发送一个确认。

（7）数据重传机制。TCP 在进行数据分段发送时启动定时器，若数据分段丢失导致超时，或因为接收端接收到不正确数据分段（如传输过程发生错误）发送重复确认指令时，发送端会重新发送该数据分段。

（8）流量控制机制。TCP 通过滑动窗口机制，能够根据接收端情况控制发送端数据发送速度，从而进行流量控制，避免接收端缓存溢出。

（9）拥塞避免机制。TCP 发送端维持一个拥塞窗口，该拥塞窗口大小采用"加性增加，乘性减小"（AIMD）方式，根据网络拥塞状况动态调整控制发送端数据发送速率，避免网络拥塞。

3.4.2　TCP 报文数据格式

TCP 报文是 TCP 间进行数据交互的基础数据格式。如图 3-10 所示，该图给出了 TCP 的数据报文格式，在该数据报文中，每一行按照 32 位进行排列。

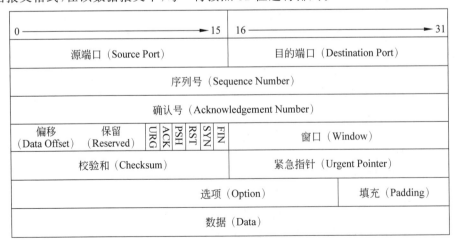

图 3-10　TCP 数据报文格式

（1）源端口（Source Port）：16 位的源端口字段包含初始化通信的端口号。源端口和 IP 地址的作用是标识报文的返回地址。

（2）目的端口（Destination Port）：16 位的目的端口字段定义传输的目的。这个端口指明接收方计算机上的应用程序接口。

（3）序列号（Sequence Number）：该字段用来标识 TCP 源端设备向目的端设备发送的字节流，表示在这个报文段中的第几个数据字节。序列号是一个 32 位的数。

（4）确认号（Acknowledge Number）：TCP 使用 32 位的确认号字段标识期望收到的下一个段的第一字节，并声明此前的所有数据已经正确无误地收到，因此，确认号应该是上次已成功收到的数据字节序列号加 1。收到确认号的源计算机会知道特定的段已经被收到。确认号的字段只在 ACK 标志被设置时才有效。

（5）数据偏移（Data Offset）：4 位字段，包括 TCP 头大小。由于首部可能含有选项内容，因此 TCP 首部的长度是不确定的。首部长度的单位是 32 比特或 4 个八位组。首部长度实际上也指示了数据区在报文段中的起始偏移值。

（6）保留（Reserved）：6 位置 0 的字段，为将来定义新的用途保留。

（7）标志位（Flag Bits）：共 6 位，每一位标志可以打开一个控制功能。

① URG（Urgent Pointer Field Significant，紧急指针字段标志）：表示 TCP 包的紧急指针字段有效，用来保证 TCP 连接不被中断，并且督促中间设备尽快处理这些数据。

② ACK（Acknowledgement Field Significant，确认字段标志）：取 1 时表示应答字段有效，即 TCP 应答号将包含在 TCP 段中；取 0 则反之。

③ PSH（Push Function，推功能）：这个标志表示 Push 操作。所谓 Push 操作就是在数据包到达接收端以后，立即送给应用程序，而不是在缓冲区中排队。

④ RST（Reset the Connection，重置连接）：这个标志表示连接复位请求，用来复位那些产生错误的连接，也被用来拒绝错误和非法的数据包。

⑤ SYN（Synchronize Sequence Numbers，同步序列号）：表示同步序号，用来建立连接。

⑥ FIN（No More Data From Sender）：表示发送端已经发送到数据末尾，数据传送完成，发送 FIN 标志位的 TCP 段，连接将被断开。

（8）窗口（Window）：目的主机使用 16 位的窗口字段告诉源主机能够接收的数据量大小。

（9）校验和（Checksum）：TCP 头包括 16 位的校验和字段用于错误检查。源主机基于部分 IP 头信息，TCP 头和数据内容计算一个校验和，目的主机也要进行相同的计算，如果收到的内容没有错误，两个计算应该完全一样，从而证明数据的有效性。

（10）紧急指针（Urgent Pointer）：紧急指针字段是一个可选的 16 位指针，指向段内的最后一字节位置，这个字段只在 URG 标志被设置时才有效。

（11）选项（Option）：至少 1 字节的可变长字段，标识哪个选项（如果有）有效。如果没有选项，这一字节等于 0，说明选项的结束。这一字节等于 1，表示无须再有操作；等于 2，表示下 4 字节包括源机器的最大长度（Maximum Segment Size，MSS）。

（12）填充（Padding）：加入额外的 0，以保证 TCP 头是 32 的整数倍。

从图 3-11 中可以看到，TCP 报文首部的固定部分是 20 字节，主要完成了 TCP 源端口和目的端口、进行 ARQ 协议的序号和确认号、首部长度及标识位、接收窗口长度、校验和等主要功能。

对于 TCP 报文而言,其数据部分具有最大的分段长度,若应用层报文超过了 TCP 最大分段长度,则需要对应用层报文进行拆分传输。TCP 的封装过程如图 3-11 所示。

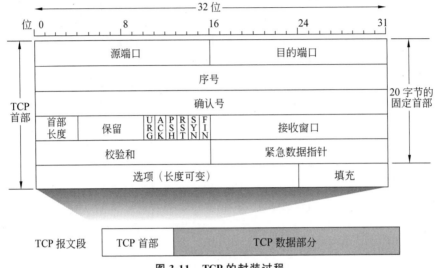

图 3-11　TCP 的封装过程

3.4.3　TCP 连接建立与释放流程

与 UDP 是无连接的传输方式不同,TCP 是一种面向连接的传输方式,即在进行 TCP 数据报文进行传输前,需要先建立 TCP 连接,通知收发双方做好本地资源准备;只有当 TCP 连接建立后,双方才开始进行 TCP 报文数据的交互;当通信完成后,再释放 TCP 连接。通过这样的方式 TCP 能够为应用层提供有保障的数据传输保障。本节将重点针对 TCP 连接的建立和释放流程进行阐述。

TCP 连接有三个阶段,即连接建立、数据传送和连接释放。传输连接的管理就是使传输连接的建立和释放都能正常地进行。连接建立的过程中要解决以下三个问题:①使每一方能够确知对方的存在;②允许双方协商一些参数(如最大报文段长度、最大窗口大小、服务质量等);③能够对传输层的实体资源(如缓存大小等)进行分配。

1. TCP 连接建立过程

TCP 连接建立过程一般分为三个步骤,因此 TCP 建立过程也称为"三次握手",握手的目的是确保双方的状态同步,并建立可靠的数据传输逻辑通道。TCP 连接建立流程如图 3-12 所示。

在图 3-12 中,客户端 A 需要与服务器 B 之间建立 TCP 连接,由客户端 A 先发送同步报文进行第一次握手,此时 TCP 报文中 SYN 标识位为 1,并将序列号置为一个随机数 x,表明客户端要请求建立 TCP 连接。

第二次握手是服务器端对客户端 SYN 信号的响应,具体过程为:服务器端收到客户端同步信号后,向客户端发送一个同步确认信号,此时 TCP 报文中 SYN 标识位为 1,ACK 标

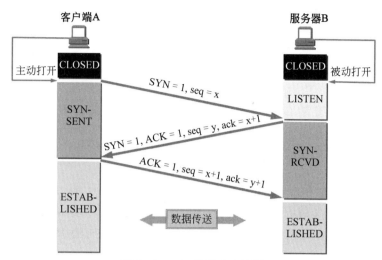

图 3-12　TCP 连接建立流程

识位也为 1,确认号为 x+1,并将序列号置为随机数 y。该信息表示服务器收到了客户端的请求,并准备建立 TCP 连接。

第三次握手是客户端对服务器端发送的同步确认信号的再次确认,具体过程为:客户端发送对同步确认信号的回复,TCP 报文中 ACK 标识位为 1,需要注意的是,由于 TCP 连接建立的同步过程已经完成,此时 SYN 位将不再置位。基于前面两个报文中交换的序列号,此时 TCP 报文中序列号为 x+1,确认号为 y+1。进行第三次握手的目的是表示客户端收到了服务器的响应,并确认可以建立连接。

2. TCP 连接释放过程

当完成 TCP 数据报文交互后,需要释放 TCP 连接,由于该过程需要收发双方进行四次交互,因此也将 TCP 连接释放过程称为"四次挥手",其流程如图 3-13 所示,挥手的目的是通知对方连接即将关闭,并确保双方都完成了数据传输。

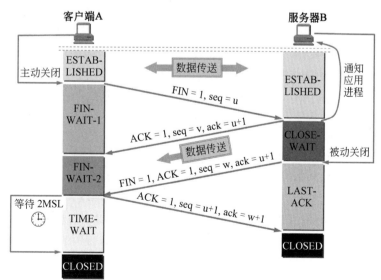

图 3-13　TCP 连接释放流程

第一次挥手：当客户端完成了 TCP 数据交互，则在 TCP 报文中将 FIN 进行置位，表示客户端将希望结束 TCP 连接，并在此消息后不再发送数据。

第二次挥手：服务器收到客户端的 FIN 信号后，向客户端发送一个 ACK 信号，表明收到了客户端结束 TCP 连接的请求；此时，服务器端若有数据还可以继续向客户端进行发送，而客户端将不再回复。

第三次挥手：当服务器也没有数据发送给客户端后，服务器向客户端发送一个 FIN 信号，服务器端准备释放 TCP 连接。

第四次挥手：客户端收到服务器的 FIN 信号后，向服务器发送一个 ACK 信号，表示收到了服务器的结束请求。

当完成四次挥手，服务器端收到确认报文后，就完成了 TCP 连接的释放，而客户端仍然需要等待两个最大分组生存时间（Maximum Segment Lifetime，MSL）后，才最终关闭 TCP 连接。需要注意的是，MSL 指一个 TCP 报文段从源主机传送到目的主机的最长时间。

3.4.4 TCP 的数据重传机制

为了提升数据传输的可靠性，TCP 采用了连续型 ARQ 协议。与 UDP 是面向报文的协议不同，TCP 是面向字节流的协议，即 TCP 不关心应用报文的边界，TCP 根据对方给出的窗口值和当前网络拥塞的程度来决定一个报文段应包含多少字节（UDP 发送的报文长度是应用进程给出的）。此外，在数据传输过程中，TCP 也是进行逐字节的传输确认，确保数据传输不重复、不丢失、不出错、按序到达。

由图 3-10 给出的 TCP 报文数据格式中可以看到，在报文中有两个字段，一个是序列号，另一个是确认号，这两个字段就是在 TCP 传输和确认消息中的字节编号信息。当然，对于确认号，只有在 TCP 报文中标识符 ACK 置位时才有效。对于 TCP 报文中序列号和确认号的使用如下。

（1）TCP 会对来自应用层的报文进行逐字节编号，并且会将本次 TCP 分段中首字节的编号填入 TCP 报文中的序列号字段。

（2）如果接收端正确接收 TCP 报文，则会发送确认消息，会将 ACK 标识符置位，并且此时的确认号应该为所收到数据分段的最后一字节的下一字节，即预计要收到的下一数据分段的首字节编号。例如，当前接收端当前收到的 TCP 数据分段的序列号为 1，该数据分段的长度为 100，则接收端应该确认的是该数据分段从 1 到 100 字节均已正确接收，但是在给发送端的确认消息中的确认号应该为 101，表示前 100 字节已正确接收到，期待接收到的下一数据分段的首字节编号为 101。通过这样的方式，既可以完成对正确接收报文的确认，又能同时指示下一数据分段的首字节。

TCP 在发送端维持一个发送窗口，使得发送数据时可以连续进行发送，但在接收端，TCP 采用的是累积确认机制。"累积确认"在这里有两方面的含义：一方面，TCP 仅对按序接收到的能确认的最小编号进行确认；另一方面，接收端可以一次性确认多个连续的数据分段，而不是对每个数据分段都单独发送确认。TCP 累积确认机制过程如图 3-14 所示。

由图 3-14 中可以看出，服务器 B 在收到两个数据分段后，统一进行确认消息回复，根据累计累积确认规则，当前可以确认的是编号为 120 前的 119 字节都已经接收到了，期望接收到的下一个数据分段的编号为 120，所以 ACK 中确认号为 120。发送端收到该消息后，虽然已经发送了两个数据分组,但从确认消息中读取确认号后,知道发送的两个数据分组均已经被正确接收,继续发送下一个数据分组,并且该分组的编号为 120。

可以看出,通过累计确认机制,TCP 可以提高传输效率和可靠性。发送方可以根据接收方的确认号来调整发送速率,避免网络拥塞。同时,接收方可以一次性确认多个数据包,减少确认的开销,提高传输效率。

TCP 中一般有两种情况触发重传,一种是超时重传,另一种是快速重传。超时重传即数据分组发送后在规定的时间没有收到确认消息,发送端自动进行数据分段重传。需要注意的是,TCP 中仅为当前尚未确认的编号最小的数据分段保留一个计时器,超时重传的示例如图 3-15 所示。

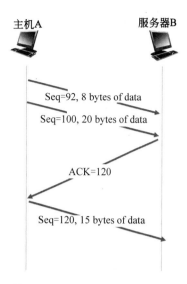

图 3-14　TCP 累积确认机制过程

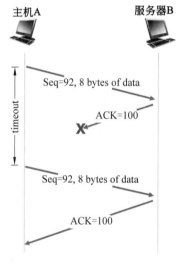

因数据分段丢失造成的超时重传

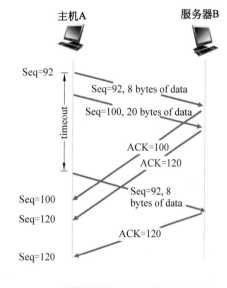
因信道延时原因造成的超时重传

图 3-15　TCP 中超时重传的示例

如图 3-15 所示,该图中给出了两个超时重传的示例,其中第一个因为数据分段的确认消息在传输过程中丢失,导致主机 A 无法收到确认消息,超时后重新传输。在另外一个例子中,则是由于信道造成的延时,导致在计时器规定时间内没有收到数据分段的确认消息,重传后,由于服务器 B 已经正确接收到了编号为 120 之前的数据分段,因此在收到编号为 92 的数据分段后,回复的确认消息中确认号仍然为 120,使得发送端可以发送编号为 120 及以后的数据分段。

触发 TCP 重传的另一种情况是快速重传,TCP 规定当发送端收到三次重复的确认信息,即三次 ACK 的确认号相同,则不用等待超时,直接重传确认信息中确认号指定的数据分段。快速重传的示例如图 3-16 所示。对于不按序到达的数据分段应该怎么处理,TCP 中没有进行明确说明,这依赖具体的实现方式。

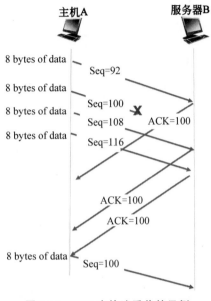

图 3-16　TCP 中快速重传的示例

从图 3-15 中因信道延时造成的超时重传可以看出,时钟的重传定时设置很关键,若设置时间过短,小于数据包交互的回还时延(Round Trip Time,RTT),则会造成频繁的超时重传,加重网络负担;若设置时间过长,则会导致网络难以及时发现网络链路变化,可能会造成网络拥塞。因此,重传定时器的时间设置非常关键,需要通过对 RTT 的测量及预测来进行重传定时器设置。

首先,采用指数加权平均方法对数据交互过程中的 RTT 值进行估计,这主要是用来对信道传输状况的衡量。假设估计的 RTT 值为 EstimateRTT,而每次传输后的 RTT 真实值为 SampleRTT,则可以得到:

$$EstimatedRTT = (1-\alpha) \times EstimatedRTT + \alpha \times SampleRTT$$

其中,α 是加权因子,用来调节估计值的平滑程度和变化情况。一般情况下取 $\alpha=0.125$。

进一步地,假设每次 RTT 估计值和实际测量值之间偏差的绝对值为 DevRTT,该值也是随着信道情况变动的,也采用加权指数平均法进行估计,可以得到:

$$DevRTT = (1-\beta) \times DevRTT + \beta \times SampleRTT - EstimatedRTT$$

其中,$\beta=0.25$。因此,重传定时器的时间 TimeoutInterval 设置为

$$TimeoutInterval = EstimatedRTT + 4 \times DevRTT$$

这样的设置使得重传定时器既考虑了信道及网络复杂变化对数据传输 RTT 的影响,又留下了一定的富余量,避免过短设置频繁触发超时重传。

3.4.5　TCP 流量控制

如 3.3.4 节所述,流量控制是接收端根据处理速度及缓存大小控制发送端数据发送速

率的过程。TCP 中采用了通过接收窗口大小控制发送端速率的机制，从而为 TCP 数据交互提供了流量控制。

图 3-17 给出了接收端数据缓存和接收窗口大小设置之间的关系，接收端通过接收窗口表征可用的缓存空间，从而调节发送端的发送速率。

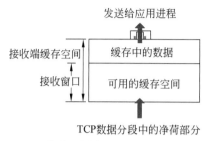

图 3-17　接收端缓存和接收窗口间的关系

图 3-18 给出了如何通过接收端窗口大小的调节控制发送端数据发送速率：假设主机 A 向主机 B 发送数据，在建立连接时，主机 B 告诉主机 A 其接收窗口 rwnd＝400 字节。随着数据传输进程，接收端根据自身缓存情况修改 rwnd 参数，控制发送端的发送速率。

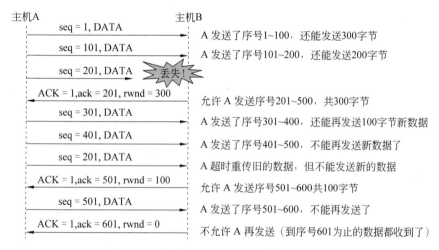

图 3-18　通过接收窗口进行流量控制的示例

3.4.6　TCP 拥塞控制

如 3.3.4 节所述，拥塞控制就是防止过多的数据注入网络中，这样可以使网络中的路由器或链路不致过载。与流量控制不同，拥塞控制是一个全局性的过程，需要网络中各终端设备根据网络状况进行数据发送速率调整。

TCP 拥塞控制是基于窗口方式的，发送端维持了一个称作拥塞窗口 cwnd（Congestion Window）的状态变量，拥塞窗口的大小取决于网络的拥塞程度，并且在动态地变化。结合接收窗口 rwnd，可以看到，主机在确定发送报文段的速率时，既要根据接收端的接收能力，又要从全局考虑不要使网络发生拥塞。因此，TCP 发送窗口大小为 min{cwnd，rwnd}。

经过十几年的发展，目前 TCP 主要包含四个版本：TCP Tahoe、TCP Reno、TCP

NewReno 和 TCP SACK。TCP Reno 在 TCP Tahoe 基础上增加了"快速恢复"算法。TCP NewReno 对 TCP Reno 中的"快速恢复"算法进行了修正,它考虑了一个发送窗口内多个数据包丢失的情况。

如图 3-19 所示,结合 TCP Tahoe 和 TCP Reno 在拥塞控制机制上的差异性,对 TCP 拥塞控制主要过程进行详细讲解,其主要过程分为四个阶段:慢启动、拥塞避免、快速重传和快速恢复。在进行讲解前,先对慢启动阈值(ssthresh)进行说明:当 cwnd 窗口大小达到该阈值时,cwnd 窗口增长进入一个线性缓慢增长阶段。

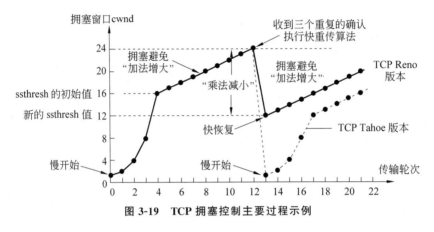

图 3-19 TCP 拥塞控制主要过程示例

1. 慢启动阶段

早期开发的 TCP 应用在启动一个连接时会向网络中发送大量的数据包,这样很容易导致路由器缓存空间耗尽,网络发生拥塞,使得 TCP 连接的吞吐量急剧下降。由于 TCP 源端无法知道网络资源当前的利用状况,因此新建立的 TCP 连接不能一开始就发送大量数据,而只能逐步增加每次发送的数据量,以避免上述现象的发生。具体地说,当建立新的 TCP 连接时,拥塞窗口 cwnd 初始化为 1,即 1 个最大数据分段大小(Maximum Segment Size,MSS)。源端按 cwnd 大小发送数据,每收到一个 ACK 确认,cwnd 就增加一个数据包发送量,这样 cwnd 就将随着回路响应时间(Round Trip Time,RTT)呈指数增长。需要注意的是,如果在这个阶段发生了拥塞(数据包超时或连续收到三次重复的 ACK),则 cwnd 窗口会减半(TCP Reno)或降为 1(TCP Tahoe),并重新开始慢启动过程。

2. 拥塞避免阶段

如果 cwnd>ssthresh,TCP 就执行拥塞避免算法,此时,cwnd 在每次收到一个 ACK 时只增加 1/cwnd 个数据包,这样,在一个 RTT 内,cwnd 将增加 1,所以在拥塞避免阶段,cwnd 不是呈指数增长,而是线性增长。如果在该阶段,数据发送端发现超时或收到三个重复的 ACK,即认为网络发生了拥塞(主要因为由传输引起的数据包损坏和丢失的概率很小(≪1%)),将慢启动阈值(ssthresh)设置为当前 cwnd 窗口大小的一半,cwnd 窗口大小变为检测到拥塞前的 cwnd 窗口的一半并进入快速恢复阶段(TCP Reno 版本),或 cwnd 窗口大小置为 1 并进入慢启动阶段(TCP Tahoe 版本)。

3. 快速重传算法

快速重传是当 TCP 源端收到三个重复的 ACK 副本时,即认为有数据包丢失,则源端重传丢失的数据包,而不必等待 RTO 超时。

4. 快速恢复阶段

TCP Tahoe 版本中没有快速恢复阶段。快速恢复兼顾了拥塞控制和数据传输效率。快速恢复是基于管道模型（pipe model）的数据包守恒原则（conservation of packets principle），即同一时刻在网络中传输的数据包数量是恒定的，只有当"旧"数据包离开网络后，才能发送"新"数据包进入网络。如果发送方收到一个 ACK，则认为已经有一个数据包已经正确传输，于是将拥塞窗口 cwnd 加 1，在快速恢复阶段，cwnd 窗口大小为线性增长模式。

3.5　本章小结

本章介绍了传输层的基本功能和服务，传输层是为应用进程间提供端到端数据传输逻辑通道，并介绍了两种典型的传输层协议 UDP 及 TCP：UDP 是面向用户报文、无连接的传输层协议；TCP 是面向字节流、有连接的传输层协议。本章着重介绍了 UDP 及 TCP 的报文格式，并着重对校验和、TCP 连接建立和释放过程进行了讲解。此外，针对 TCP 提供的可靠数据传输服务，本章介绍了可靠数据传输机制，并对 TCP 数据重传、流量控制和拥塞控制机制进行了介绍。

本章需要读者重点掌握 UDP 及 TCP 的特点及数据报文格式，并了解 TCP 数据重传、拥塞控制等关键机制。

习题

3-1　请说明传输层提供的服务和作用。

3-2　对于音视频等具有实时需求的业务，试说明为什么大多采用 UDP 作为传输层的承载协议？

3-3　简述 UDP 与 TCP 的主要特征和差异。

3-4　某应用在传输层采用了 UDP，但该应用希望实现可靠的数据传输，请问是否有可能？请简述理由。

3-5　对于 UDP，假设仅对 UDP 头部进行校验和，源端口号为十六进制的 A0 45，目的端口号为十六进制的 06 32，报文长度字段为十六进制的 00 1D，请给出校验和字段的二进制表达。

3-6　在"停止等待"自动请求重传协议中，为什么需要在发送端设置超时计时器？如果不设计，会出现什么问题？

3-7　请简述可靠数据传输的基本原则。

3-8　在正常网络中，为什么不采用"停止等待"自动请求重传协议？这样做会对网络性能造成什么样的影响？

3-9　为什么 TCP 不能通过两次握手建立连接，而需要进行三次握手后才能建立连接？

3-10　一个 TCP 首部的数据信息用十六进制表示为 0x 1D 36 01 15 60 5F A9 07 00 00 00 00 70 02 40 00 C1 29 00 00，对照 TCP 报文结构，试回答：①源端口号和目的端口号各是多少？②发送的序列号是多少？确认号是多少？

3-11　主机 A 与主机 B 之间建立了 TCP 连接进行通信,序号从 0 开始,假设当前主机 B 向主机 A 发送了两个 TCP 报文,其序号分别是 80 和 110,试问:①第一个 TCP 报文的数据净荷为多少字节? ②主机 A 收到第一个 TCP 报文后发回的消息中 ACK 标志为应该是多少? 确认号应该是多少? ③如果主机 A 针对第一个 TCP 报文(已正确被主机 A 接收)发送给主机 B 的确认报文丢失了,但是主机 A 针对第二个 TCP 报文正确接收后发送的确认报文到达了主机 B,这个报文号应为多少? 此外,主机 B 会重传第一个报文吗? 为什么?

3-12　假设链路的带宽为 100Mbps,主机 A 和主机 B 间的传播时延为 10ms,TCP 的发送窗口为 66835B,那么链路可能达到的最大吞吐量是多少? 信道的利用率大致是多少?

3-13　请简述拥塞控制与流量控制的不同之处。

3-14　请简述"回退 N 步"ARQ 与选择重传 ARQ 之间的差别。

3-15　在 TCP 的拥塞控制中,什么是慢开始、拥塞避免、快重传和快恢复算法? 每一种算法的作用是什么?

第4章 网 络 层

第 3 章中介绍了传输层依赖网络层的主机到主机的通信服务,提供进程到进程的通信。网络层是 OSI(开放系统互连)模型的第三层,介于传输层与数据链路层之间,主要负责在不同的网络之间传输数据包(或称为分组),确保数据包能够从源端主机传输到目的端主机。

本章概述网络层的主要功能,在介绍网络层主要服务类型、网络协议、路由器工作原理的基础上,重点描述网络层通信协议 IPv4 和 IPv6 的报文格式以及 IPv6 扩展报头作用;介绍 IP 地址及配置方法;讲解内部网关及外部网关的路由协议及工作原理;介绍用于传送网络控制信息的 ICMP 报文格式,以及邻节点发现协议的工作过程。

4.1 网络层概述

网络层在网络通信中扮演着至关重要的角色,主要负责数据包的路由和转发。这是网络通信的核心功能之一,可确保数据包能够跨越不同的网络,从源主机准确地到达目的主机。

4.1.1 网络层功能

网络层处理的主要问题是如何在源端主机和目的端主机之间选择一条合适的路径(即路由选择),并根据 IP 报文中的目的 IP 地址来决定如何将其发送到目的地。

如图 4-1 所示,假设主机 H1 向 H5 发送信息,网络层进行如下操作:检查主机 H1 和主机 H5 的 IP 地址,根据路由表选择最佳路径;封装数据包,H1 中的网络层将来自其传输层的报文段封装成一个数据包(即一个网络层的分组),然后将该数据包向相邻路由器 A 发送,并通过多个路由器传输到目标地址;在接收方主机 H5,网络层接收来自其相邻路由器 E 的数据包,对数据包解封装,提取出传输层报文段,并将其向上交付给 H5 的传输层进行处理。路由器的主要作用是将数据包从输入链路转发到输出链路,在源主机与目的主机之间建立传输路径,完成数据包转发。

网络层的主要功能包括路由选择和转发、数据包的封装和解封装,以及流量控制和拥塞控制。

1. 路由选择和转发

(1) 路由选择。当分组从发送方流向接收方时,网络层负责根据这些分组的目的 IP 地址选择最佳的传输路径,即路由决策。这通常涉及查找路由表,以确定数据包应该被发送到哪个下一跳地址。路由选择是确保数据包能够成功从源主机传输到目的主机的重要过程。网络层使用路由协议(如 RIP、OSPF、BGP)学习和维护路由表,决定数据包的转发路径。

(2) 转发。当一个分组到达路由器的一条输入链路时,路由器必须将该分组转发到适当的输出链路。每台路由器具有一张路由转发表,路由表包含目标网络、下一跳地址和输出链路接口等信息,用于指导数据包的转发。路由器通过检查到达分组头部字段中的目的地

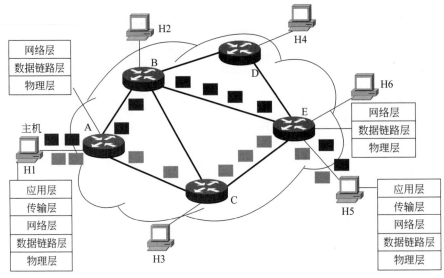

图 4-1　网络连接示例

址转发分组,根据目的地址在路由器的路由表中查询,将该分组转发到路由器的输出链路接口。

　　需要注意的是,转发和路由选择的含义是不同的。转发是将分组在路由器中从一个输入链路接口转发到适当的输出链路接口的过程。路由选择指网络范围数据传送的过程,决定分组从源到目的地所采取的端到端路径。

2. 数据包的封装和解封装

　　(1) 封装(encapsulation)。在发送端,当数据从高层传输到网络层时,网络层在来自传输层的数据前添加 IP 头部信息,封装形成一个 IP 数据包(包括 IP 包头和数据载荷),如图 4-2 所示。IP 头部信息包括源 IP 地址、目标 IP 地址、总长度、标识符、TTL(生存时间)、协议类型、校验和等字段。

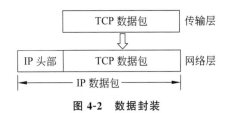

图 4-2　数据封装

　　(2) 解封装(decapsulation)。当数据包到达目标设备时,在接收端,网络层会对 IP 数据包解封装,移除 IP 头部信息,将数据载荷传递给上层(传输层)处理。

3. 流量控制和拥塞控制

　　虽然流量控制更多地与数据链路层相关,但网络层也参与一定程度的流量控制。网络层能够管理网络流量,可以通过拥塞控制机制来避免网络拥塞,这些机制包括限制发送速率、丢弃部分数据包或使用特定的拥塞控制算法。通过流量控制和拥塞控制算法,可以优化网络资源的使用,提高网络传输效率。

4.1.2　主要网络层协议

网络层协议主要包括互联网协议 IP、互联网控制报文协议 ICMP、地址解析协议 ARP、反向地址解析协议 RARP、互联网组管理协议 IGMP。

1. 互联网协议 IP

互联网协议(Internet Protocol,IP)是网络层的核心协议,用于实现大规模、异构网络之间的通信和数据传输。IP 向上层提供统一的 IP 数据报,屏蔽了物理网络的差异,向传输层提供网络连接和源主机到目的主机的数据传送服务。

IP 有两个版本,即 IPv4 和 IPv6。

(1) IPv4。

IPv4(Internet Protocol version 4)是互联网协议的第 4 个版本,也是第一个被广泛部署的版本。它构成了当今互联网的基础,为网络上的每一台设备分配了一个独一无二的地址,即 IPv4 地址。IPv4 使用 32 位(4 字节)地址,理论上可以支持大约 43 亿个唯一的地址。然而,随着互联网的快速发展和设备的激增,IPv4 地址空间已经接近耗尽。

(2) IPv6。

IPv6(Internet Protocol version 6)是互联网协议的第 6 个版本,用于替代广泛使用的 IPv4 协议。IPv6 的设计目的是解决 IPv4 面临的主要问题,包括地址耗尽、安全性、传输效率以及服务质量(QoS)等。

2. 互联网控制报文协议 ICMP

ICMP(Internet Control Message Protocol)即互联网控制报文协议,主要用于在 IP 主机、路由器之间传递差错和控制信息,是 IP 的补充。ICMP 的主要功能包括差错报告、网络诊断、路由和邻节点发现等。ICMP 有两个版本——ICMPv4 和 ICMPv6,分别为 IPv4 和 IPv6 的 ICMP。ICMPv6 涵盖了 IPv4 中 ICMP、ARP 和 IGMP 的功能。

3. 地址解析协议 ARP 和反向地址解析协议 RARP

地址解析是指将逻辑地址(网络层 IP 地址)转换为物理地址(数据链路层 MAC 地址)的过程,主要目的是在 IP 地址和物理地址之间建立映射关系,从而确保数据包能够正确地从源设备传输到目标设备。地址解析协议(Address Resolution Protocol,ARP)用于根据 IP 地址获取相应的 MAC 地址。当发送方设备知道目标设备的 IP 地址但不知道其 MAC 地址时,它会发送一个 ARP 请求到网络上的所有设备,询问哪个设备拥有该 IP 地址。拥有该 IP 地址的设备会响应这个 ARP 请求,并提供自己的 MAC 地址。这样,发送方设备就可以使用这个 MAC 地址来封装数据包,并将其发送到目标设备。

反向地址解析与地址解析相反,它是将物理地址(MAC 地址)转换为逻辑地址(IP 地址)的过程。反向地址解析协议(Reverse Address Resolution Protocol,RARP)的主要作用是允许局域网上的物理机器在只知道自己的物理地址(MAC 地址)的情况下,能够请求并获取其 IP 地址。

4. 互联网组管理协议 IGMP

互联网组管理协议(Internet Group Management Protocol,IGMP)是网络层负责 IP 组播成员管理的协议。IGMP 的主要功能是在网络中的主机和与其直接相邻的组播路由器之间建立、维护组播成员关系,使一组联网设备能够共享相同的 IP 地址并接收相同的消息。

具体来说,IGMP 允许设备加入一个多播组,而指向该 IP 地址的任何数据包都将到达共享该 IP 地址的所有设备。

4.2 网络层服务类型

网络层服务类型主要分为两种:面向连接的虚电路服务(Virtual Circuit Service)和无连接的数据报服务(Datagram Service)。这两种服务在网络层提供了不同的数据传输方式,用以满足不同的通信需求。它们在建立连接和数据传输方式上存在显著区别。

4.2.1 面向连接的虚电路服务

面向连接的虚电路服务是在双方通信之前先建立网络层连接,即逻辑连接,称为虚电路(Virtual Circuit,VC),并通过预先建立的虚电路来提供面向连接的通信服务。图 4-3 为虚电路服务中分组传输示意图。

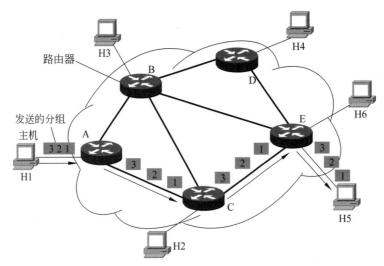

图 4-3 虚电路中分组传输示意图

1. 虚电路服务特点

虚电路是一种面向连接的通信服务,它需要在数据传输之前建立一条虚拟的通信路径,类似电话系统中的物理电路,但实际上是逻辑上的连接。在两个节点或应用进程之间建立起一个逻辑上的连接后,就可以在两个节点之间依次发送每一个分组,接收端收到分组的顺序与发送端的发送顺序一致。虚电路提供了一种有序、可靠的通信方式,适用于对时延和可靠性要求较高的应用,如语音通信和视频传输。

虚电路网络服务特点如下。

(1)面向连接。虚电路在数据传输之前需要建立连接,数据传输过程中需要保持连接状态,直到数据传输完成并释放连接。

(2)有序性。由于连接是预先建立的,分组沿着固定的路径传输,因此接收端收到的分组顺序与发送端发送的顺序一致。如图 4-3 所示,主机 H1 要传输数据到主机 H5,预先建立虚电路连接,H1 发送的分组 1、2、3 在该路径上按序传输并到达主机 H5。

（3）可靠性。虚电路协议通常包括检错纠错和自动重传请求机制,以确保数据传输的可靠性。

2. 虚电路服务工作原理

（1）建立连接。在开始通信之前,必须在网络中建立虚拟电路,需要在源主机和目的主机之间的每一个交换机上建立"连接状态",包括确定路径、分配资源和建立通信参数。连接经过的每个交换机中都保存了虚电路 VC 表。每个 VC 表记录包括虚电路标识符(VCI)、输入端口、输出端口以及输出分组的 VCI。

（2）数据传输。一旦虚电路建立,数据就可以按照预定的路径进行传输。数据包沿着虚电路传递,在数据传输过程中,每个分组都携带 VCI,交换机根据 VCI 将分组转发到正确的输出端口。由于连接是预先建立的,交换机不需要为每个分组重新选择路径,从而提高了数据传输的效率。

（3）释放连接。通信结束后,必须释放虚电路,释放相关资源,以便网络中的资源可以被其他通信使用。

3. 虚电路服务优缺点

虚电路网络服务具有以下优点。

（1）可靠的端到端数据传输。

虚电路服务是面向连接的,网络能够保证分组总是按照发送顺序到达目的站,且不丢失、不重复,提供可靠的端到端数据传输。

（2）减少额外开销。

目的端地址仅在连接建立阶段使用,之后每个分组只需使用短的虚电路标识 VCI,这减少了分组控制信息部分的比特数,从而降低了额外开销。

（3）简化的路由选择。

路由选择仅在虚电路建立时进行,之后每个分组只需要按照既定路由传输,减少节点不必要的通信处理。

（4）分组传输时延小。

由于分组在传输过程中不需要重新排序,因此传输时延相对较小。

虚电路网络服务具有以下缺点。

（1）建立和释放连接需要额外的时间和资源。

虚电路服务在数据传输前必须建立连接,这增加了通信的复杂性,并可能引入额外的延迟。

（2）依赖单一路由。

属于同一条虚电路的分组总是按照同一路由进行转发,在该路由出现故障时,所有通过该路由的虚电路都将受到影响。

（3）故障恢复复杂。

当网络中的某个节点或某条链路出现故障时,所有经过该节点或链路的虚电路都将遭到破坏,且必须重新建立连接,这增加了故障恢复的复杂性和时间成本。

（4）灵活性较差。

相对于数据报服务,虚电路服务的灵活性较差,无法根据网络状况动态调整路由。

4.2.2 无连接的数据报服务

数据报服务是网络层提供的不需要建立连接的数据传输服务方式。在这种方式下,数据被分割和封装成多个数据包(分组),每个数据包都携带足够的信息(如源地址、目的地址等),以便网络能够独立地将它们传输到目的地。图 4-4 为数据报网络分组传输示意图。

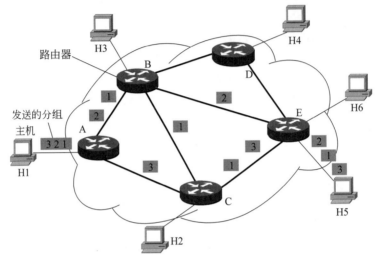

图 4-4 数据报网络分组传输示意图

1. 数据报服务特点

数据报(datagram)服务是一种无连接的数据传输服务,其特点如下。

(1)无须建立连接。数据报网络在网络层提供无连接服务,即发送方和接收方之间不需要事先建立连接,每个分组都是独立传输的。

(2)独立传输。每当源主机要发送一个分组,就为该分组加上目的主机地址,该分组进入网络后,路由器使用分组的目的主机地址转发分组。每个分组都作为一个独立的数据包在网络中传输,分组可通过路由选择机制经由不同的路径到达目的主机。由于分组可能选择不同的路径,且网络状况可能变化,因此分组可能出现乱序和丢失的情况。如图 4-4 所示,主机 H1 要传输数据到主机 H5,主机 H1 分组 1、2、3 在网络中独立传输,经过不同的路径,无序到达主机 H5。

(3)效率高。由于无须建立连接,数据报网络具有较高的传输效率。

2. 数据报服务工作原理

(1)数据包生成。当源主机需要发送数据时,会将数据分成多个较小的分组,并为每个分组添加头部信息,包括源地址、目的地址等。

(2)转发过程。分组被发送到网络中后,每个路由器都会根据分组的目的地址在其转发表中查找适当的输出链路接口,并通过该接口将分组转发到下一个路由器。

(3)接收过程。当分组到达目的主机时,目的主机会根据分组中的控制信息对数据进行重组和恢复,以还原出原始数据。

3. 数据报服务优缺点

数据报服务具有以下优点。

（1）无须建立连接。

数据报服务不需要在传输数据之前建立连接，因此可以立即发送数据，减少了建立连接的时延。

另外，由于没有固定的连接，发送方和接收方可以灵活地与其他节点进行通信，适用于动态变化的网络环境。

（2）独立性。

每个分组都携带完整的源地址和目的地址信息，可以独立地在网络中传输。这意味着一个分组的传输不会受到其他分组的影响，即使某个分组丢失或出错，也不会影响其他分组的传输。

此外，每个分组在传输过程中，都会根据网络当前的状态和目标地址选择最佳的路由进行传输。这种灵活的路由选择机制可以提高数据传输的效率。

（3）高效性。

数据报模型可以支持多路径传输，即同一个数据报的不同分组可以通过不同的路径到达目的地。这可以提高数据传输的可靠性和容错性。

（4）易于实现和维护。

数据报服务的实现相对简单，不需要复杂的连接管理机制。由于分组传输具有独立性，因此当网络中的某个节点出现故障时，不会影响到其他节点的正常通信，这使得网络的维护变得更加方便和快捷。

数据报服务作为一种重要的网络通信方式，具有其独特的优点，但同样也存在以下缺点。

（1）分组到达顺序的不确定性。

在传输过程中，每个分组都是独立处理的，它们可能沿着不同的路径到达目的地，这导致分组的到达顺序可能与发送顺序不一致。在接收端，各分组需要重新排队，这增加了处理的复杂性，并可能影响到数据的实时性和完整性。

（2）可靠性较低。

数据报服务本身不提供端到端的可靠性保证。如果某个分组在传输过程中丢失或损坏，接收方通常不会收到通知，也无法要求重传。这要求上层协议（如 TCP）来提供额外的可靠性机制，增加了实现的复杂性。

（3）路由选择复杂。

每个分组都需要进行独立的路由选择，这意味着网络中的每个路由器都需要对到达的分组进行路由计算，以决定其下一跳的目的地。这增加了路由器的处理负担，并可能导致路由选择的延迟和不确定性。

虽然数据报服务在传输效率和成本方面具有优势，但其可靠性相对较低，需要接收方具有较强的错误处理和恢复能力。在实际应用中，数据报服务适用于对传输效率要求较高、对可靠性要求相对较低的场景。互联网的设计使用无连接的数据报服务，将复杂的网络处理功能置于网络边缘（用户主机和传输层）。例如，在互联网中，采用无连接的 IP 传输数据包，提供一种无连接的尽力而为的数据报服务。此外，许多实时性要求较高的应用（如视频流、语音通话等）也采用了类似数据报服务的无连接服务模型，以满足低延迟、高效率的传输需求。

综上可见,网络层提供的这两种服务各有优缺点,适用于不同的网络环境和通信需求。面向连接的虚电路服务提供了可靠的传输保证,但建立和维护连接的开销较大;无连接的数据报服务则具有较高的传输效率,但可靠性相对较差。

4.3 IPv4

互联网协议 IP 的第 4 个版本 IPv4,是第一个被广泛部署的网络层重要协议,它在互联网的发展中发挥了重要作用。

4.3.1 IPv4 数据报格式

IPv4 数据报(IP 分组)结构主要由数据报的首部(报头或分组头)和数据两部分组成,如图 4-5 所示。其中,首部又包含多个固定字段和可选字段,前一部分是固定长度,共 20 字节,是所有 IP 数据报必须具有的;固定长度 20 字节之后的是一些可选字段,其长度是可变的,可以根据需要定义,最长为 40 字节。

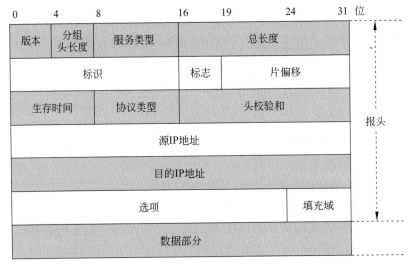

图 4-5 IPv4 数据包结构

IP 数据包中的关键字段含义如下。

(1)版本(4 位):表示所使用的 IP 的版本号,其值为 4 表示 IPv4。

(2)分组头长度(4 位):表示以 4 字节为单位的分组头长度,最小值 5,最大值 15。

(3)服务类型(8 位):指示上层协议对处理当前分组所期望的服务质量(QoS)。该字段已被重新定义为 DiffServ(区分服务)字段,用于网络流量的分类和优先级处理。

服务类型字段由 4 位的服务子类型(延迟、吞吐量以及可靠性)与 3 位的优先级构成(用于分配优先级)。

优先级:3 位,设置了分组的重要性,取值越大数据越重要,取值范围为 0(正常)~7(网络控制)。

延迟字段:1 位,取值为 0(正常)、1(期待低的延迟)。

流量字段：1 位，取值为 0(正常)、1(期待高的流量)。

可靠性字段：1 位，取值为 0(正常)、1(期待高的可靠性)。

成本字段：1 位，取值为 0(正常)、1(期待最小成本)。

未使用：1 位。

(4) 总长度(16 位)：以字节为单位的数据报的总长度，即由报头加上数据的总长。该字段长 16 位，因此 IP 数据报最大长度为 65535 字节。然而，由于链路层的 MTU(最大传输单元)限制，超过 MTU 的数据报在传输过程中会被分片。

(5) 标识、标志与片偏移：这三个字段与数据报的分片、组装相关。

① 标识(identification)(16 位)：用于标识或区分不同的 IP 数据包，特别是在数据包分片时，为一个数据包的所有分片分配一个相同标识 ID 值。

② 标志(flags)(3 位)：包含三个标志位，分别是保留位(未使用)、DF(Don't Fragment，不分片)和 MF(More Fragments，更多分片)。DF=0 表示允许数据包分片，DF=1 表示不允许分片；MF=1 表示后面还有分片，MF=0 表示最后一个分片。

③ 片偏移(fragment offset)(13 位)：表示数据包分片后，某个分片在原数据包中的相对位置，以 8 字节为单位。

(6) 生存时间(TTL)(8 位)：表示 IP 数据包在网络中的生存时间，用于设置数据包在互联网络的传输过程中可以经过的最多的路由器跳数，每通过一个路由器该值减 1，若该字段减为 0 时，该数据包将被路由器丢弃。

(7) 协议类型(8 位)：表示数据部分使用的上层协议类型，即数据部分是哪一个高层协议封装的报文，并在接收端交给该高层协议处理。例如，协议类型域值为 6，则表明数据部分要交给传输层的 TCP 处理；值为 7 表明数据部分是传输层的 UDP 报文；值为 1 表明 IP 包的数据部分是 ICMP 报文。

(8) 头校验和(16 位)：用于帮助路由器检验收到的 IP 数据包首部在传输过程中是否发生错误，保证数据包首部的数据完整性。头校验和计算方法如下：将首部中的每 2 字节当作一个数，用反码运算对这些数求和，该和的反码存放在头校验和字段中。路由器对每个收到的 IP 包计算其头校验和，如果数据包首部中携带的校验和与计算得到的校验和不一致，则检测出差错，将其丢弃。TCP/IP 网络在传输层与网络层都执行差错检测，不同的是，网络层只对 IP 包首部计算校验和，而 TCP/UDP 校验和是对整个 TCP/UDP 报文段进行校验。

(9) 源 IP 地址与目的 IP 地址(32 位)：IPv4 数据包中源地址和目的地址长度都是 32 位，分别表示发送数据的源主机与接收数据的目的主机的 IP 地址。当某源主机生成一个数据包时，在源 IP 地址字段中插入源主机的 IP 地址，在目的 IP 地址字段中插入其最终目的地的主机地址。

(10) 选项(0~40 字节)：通过该字段可以扩展 IP 报文头，用于提供额外的功能，如路由选择、时间戳等。选项字段增加了处理的复杂性，因数据报头长度不固定，这样就不能预先确定载荷数据字段的起始位置。此外，有些数据包要求处理选项，而有些则不要求，因此路由器处理 IP 数据包所需的时间变化很大。IPv6 首部中已去掉了 IP 选项，采用定长报头。

(11) 数据(有效载荷)：IP 数据包承载的报文类型由报头中协议类型域的值决定。数据字段可以是要交付给目的主机传输层报文（例如 TCP 报文或 UDP 报文），也可以是承载其他类型的数据，例如 ICMP 报文。

4.3.2　IPv4 数据包分片与重组

1. 分片

分片指当 IP 数据包的大小超过了网络链路能够承载的最大数据量（MTU）时，为了确保数据包能够成功传输，IP 层路由器会对该数据包进行分片处理，将其分割成多个较小的数据包（称为分片）。

链路层数据帧能够承载的最大数据量称为最大传输单元（Maximum Transmission Unit，MTU）。MTU 与链路层帧的最大有效载荷有关，不同的网络类型有不同的 MTU 值。例如，以太网帧的最大有效载荷是 1500 字节，则其链路 MTU 的长度为 1500 字节。

分片过程如下。

（1）识别与分割。

IP 层在发送数据包前会检查其大小是否超过了 MTU。如果超过，则根据 MTU 的大小和 IP 数据包的内容，使用特定的算法将其分割成多个较小的分片。

（2）添加分片信息。

每个分片都会保留原始数据包的标识（identification）字段，以确保接收端能够识别它们属于同一个原始数据包。分片偏移（fragment offset）字段用于指示每个分片在原始数据包中的相对位置。标志（flags）字段中的 MF 位用于指示是否还有后续分片，而 DF 位则用于控制是否进行分片，若数据包过大，则直接丢弃并发送 ICMP 差错报文。

分片后的每个数据包都成为独立的 IP 包，具有自己的 IP 首部，并在网络上独立传输。

2. 重组

接收端在收到分片后，会根据分片中的信息（如标识、分片偏移和标志字段）将它们重新组合成原始的数据包。重组过程会验证数据的完整性和顺序，以确保数据的准确性。每个分片都有一个新的 IP 首部，包含标识符、片偏移和更多片段（MF）标志位等信息。

【例】 假设一个 5000B 的原 IPv4 数据报（报头 20B，没有选项字段）到达一台路由器，且必须通过以太网 MTU 为 1500B 的数据链路传送。需要如何对该 IP 数据包进行分片？

有效载荷为 5000B−20B=4980B，该数据包中的数据在 MTU 为 1500B 的数据链路传送需要被分为 4 个独立的片，每个片都是一个独立的 IP 分组，在链路中传输。

第 1 个分片的大小不能是 1500B，只能是 1496B（8B 整数倍），其中有效载荷仅占 1476B（因报头占 20B）。

第 2 个分片的数据部分也是 1476B。

第 3 个分片中数据部分也是 1476B。

第 4 个分片中数据部分为 552B。

4.3.3　IPv4 地址

IP 地址是用于在网络中标识每个设备的逻辑地址。IPv4 地址的长度为 32 位二进制数，分为 4 个 8 位字节，用点分十进制表示（如 192.168.1.1）。

1. IPv4 地址分类

IP 地址分类是早期 IPv4 地址分配时采用的一种方案,主要是为了更好地管理和分配 IP 地址空间。根据地址的前几位,IPv4 地址被分为五大类:A 类、B 类、C 类、D 类和 E 类。常用的 A、B、C 类用于单播地址,D 类用于组播,E 类保留用于实验和将来使用。图 4-6 为 IP 地址分类结构。A 类地址的第一位为 0;B 类地址的前两位为 10;C 类地址的前三位为 110;D 类地址的前四位为 1110;E 类地址的前五位为 11110。

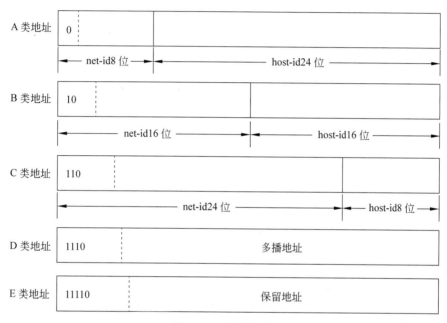

图 4-6 IP 地址分类

每类地址都由两个固定长度的字段组成,其中一个字段是网络号 net-id,标识互联网中主机(或路由器)所连接到的一个特定网络,另一个字段是主机号 host-id,标识该主机(或路由器)。

IP 地址 ::={<网络号>, <主机号>}

1) A 类地址

(1) 范围:1.0.0.0 到 126.255.255.255。

(2) 默认子网掩码:255.0.0.0。

(3) 特点:第 1 字节用于网络部分,剩余 3 字节用于主机部分。适用于大型网络,网络号长度为 7 位,从理论上可以有 $2^7=128$ 个网络,网络 0 和 127 有特殊用途,因此可以分配给 126 个网络;主机号长度为 24 位,因此每个 A 类网络的主机 IP 地址数理论上为 $2^{24}=16\,777\,216$,但主机 IP 地址为全 0 和全 1 的两个地址保留用于特殊目的,实际允许连接 16 777 214 台主机。

2) B 类地址

(1) 范围:128.0.0.0 到 191.255.255.255。

(2) 默认子网掩码:255.255.0.0。

(3) 特点:前 2 字节用于网络部分,剩余 2 字节用于主机部分。适用于中型网络,B 类地址可以分配给 16 384 个网络,每个网络可以容纳 65 534 台主机。

3) C 类地址

(1) 范围:192.0.0.0 到 223.255.255.255。

(2) 默认子网掩码:255.255.255.0。

(3) 特点:前 3 字节用于网络部分,最后 1 字节用于主机部分。适用于小型网络,C 类地址可以分配给 2 097 152 个网络,每个网络可以容纳约 254 台主机。

4) D 类地址

(1) 范围:224.0.0.0 到 239.255.255.255。

(2) 用途:组播地址。

5) E 类地址

(1) 范围:240.0.0.0 到 255.255.255.255。

(2) 用途:保留地址,用于实验或将来使用。

6) 特殊的 IP 地址

网络地址和广播地址是特殊的 IP 地址。网络地址是子网掩码中主机位全为 0 的 IP 地址,表示为 0.0.0.0,通常用于默认路由或表示"不确定"的网络地址。而广播地址是子网掩码中主机位全为 1 的 IP 地址,表示为 255.255.255.255,用于向同一子网内的所有主机发送消息。

2. 子网划分

传统分类 IP 编址不够灵活,存在地址浪费。固定的 3 种 IP 网络规模为:C 类适合少于 255 台主机的网络;B 类适合介于 255~65 535 台主机的网络;A 类适合超过 65 535 台主机的网络。因此,只有两三台主机的网络,也至少要用 256 个 IP 地址,A、B 类地址浪费更严重,少有包含多达上万台主机的大型 IP 网络。

子网划分是将一个大网络划分为多个小网络(子网)的过程。通过划分子网,可以更好地管理和组织网络设备,有助于提高网络的管理效率;不同子网之间可以通过路由器进行隔离,限制广播域的范围,增强网络安全;此外,划分子网能减少广播流量,从而提高网络传输效率。

子网划分是将 IP 地址的主机号部分进一步划分成子网部分和主机部分,从而细分网络。

    IP 地址 ::= {<网络号>, <子网号>, <主机号>}

从一个 IP 数据包的首部无法判断源主机或目的主机所连接的网络是否进行了子网划分。使用子网掩码(Subnet Mask)可以找出 IP 地址中的子网部分。

1) 子网掩码

子网掩码又称为网络掩码、地址掩码,用于屏蔽 IP 地址的一部分以区别网络标识和主机标识,指明一个 IP 地址中哪些位标识的是主机所在的子网,以及哪些位标识的是主机地址。子网掩码必须与 IP 地址一起使用,以实现对网络地址和主机地址的划分。

子网掩码的主要作用是通过逻辑运算将 IP 地址划分为网络地址(net-id)和主机地址(host-id),从而允许路由器正确判断任意 IP 地址是否属于本网段,并据此进行路由决策。

2）子网掩码的表示方法

子网掩码为 32 位二进制数,由连续的 1 和 0 组成,连续的 1 表示网络部分 net-id,连续的 0 表示主机部分 host-id。

子网掩码通常用点分十进制表示,例如,A 类地址的默认子网掩码为 255.0.0.0,B 类地址的默认子网掩码为 255.255.0.0,C 类地址的默认子网掩码为 255.255.255.0。

根据实际需要,网络管理员可以自定义子网掩码以划分不同大小的子网。例如,通过增加子网掩码中 1 的位数,可以进一步细分子网,减少每个子网中的主机数量。

3）子网掩码的计算方法

子网掩码的计算通常涉及子网大小和子网数量的确定。一种常见的计算方法是:首先根据需求确定需要划分的子网数量,根据子网数量计算出子网掩码中需要增加的 1 的位数,即借用的主机位数($2^n \geqslant$ 需要的子网数量);然后计算新的子网掩码,即在原子网掩码的基础上,加上借用的位数,得到新的子网掩码;最后,根据新的子网掩码计算每个子网的主机数量(注意要减去"不确定"的网络地址和广播地址),并确定每个子网的地址范围。

【例】　假设有一个 B 类网络 132.168.0.0/16,如果将其划分为 4 个子网,请给出子网掩码及子网的地址范围。

根据网络地址 132.168.0.0/16,可知原网络子网掩码为 255.255.0.0。

若划分为 4 个子网,可以借用主机部分的一些位来创建子网,这里需要借用 2 位,因为 $2^2 = 4$(表示需要的子网数)。则划分子网后的网络子网掩码为 255.255.192.0(原来的 16 位网络位＋借用的 2 位＝18 位)。

划分后的子网如下。

子网 1:132.168.0.0/18。地址范围:132.168.0.0 到 132.168.63.255。

子网 2:132.168.64.0/18。地址范围:132.168.64.0 到 132.168.127.255。

子网 3:132.168.128.0/18。地址范围:132.168.128.0 到 132.168.191.255。

子网 4:132.168.192.0/18。地址范围:132.168.192.0 到 132.168.255.255。

3. IPv4 地址分配

IP 地址分配是网络管理中的一个关键任务,它确保每个设备在网络中都有一个唯一的 IP 地址。动态主机配置协议(DHCP)和网络地址转换(NAT)是两种常见的 IPv4 地址分配和管理技术。

1）DHCP

动态主机配置协议(Dynamic Host Configuration Protocol,DHCP)是一种用于在 IP 网络中自动分配 IP 地址和其他网络配置参数的协议。DHCP 为客户端分配地址的方法有三种:手工配置、自动配置、动态配置。

其工作原理如下。

(1) 发现阶段。

当一个新设备(DHCP 客户端)连接到网络时,它会发送一个 DHCP 发现(Discover)广播报文,用来寻找可用的 DHCP 服务器。

(2) 提供阶段。

DHCP 服务器接收到 Discover 消息后,会检查其地址池,并向客户端发送一个 DHCP Offer 报文,提供一个可用的 IP 地址和其他配置信息(如子网掩码、默认网关、DNS 服务器等）。

（3）选择阶段。

如果客户端接收到来自多台 DHCP 服务器发来的 DHCP Offer 报文，则 DHCP 客户端从中选择某一 DHCP 服务器提供的 IP 地址，然后以广播方式向所有 DHCP 服务器发送应答 DHCP Request 消息，该报文中包含所选定的 DHCP 服务器提供的 IP 地址。

（4）确认阶段。

DHCP 服务器接收到 DHCP 客户端发送的 DHCP Request 消息后，DHCP 客户端所选择的 DHCP 服务器如果确认将地址分配给该客户端，会向该客户端发送 DHCP Acknowledgment(ACK)消息，确认 IP 地址分配，并提供最终的配置信息。

客户端收到服务器返回的 DHCP ACK 确认报文后，会以广播方式发送地址解析报文（ARP），探测是否有主机使用服务器分配的 IP 地址，如果在规定时间内没有收到回应，并且客户端上不存在与该地址同网段的其他地址，客户端才使用分配的 IP 地址配置其网络接口进行通信。否则，客户端会以单播的方式发送 DHCP Decline 报文给 DHCP 服务器，并重新申请 IP 地址。

（5）租约更新。

DHCP 服务器向 DHCP 客户端出租的 IP 地址一般都有一个租借期限，期满后 DHCP 服务器便会收回出租的 IP 地址。如果 DHCP 客户端要延长其 IP 租约，则必须更新其 IP 租约。在租约期满前，客户端可以发送 DHCP Request 消息请求续租，DHCP 服务器将延长 IP 地址的租约时间。如果许可，DHCP 服务器回应 DHCP ACK 报文；否则回应 DHCP NAK 报文。

DHCP 优点体现为自动配置、集中管理和灵活性。

自动化配置：DHCP 自动分配 IP 地址和其他网络参数，减少了手动配置的工作量。

集中管理：管理员可以在 DHCP 服务器上集中管理和监控网络设备的 IP 地址分配情况。

灵活性：支持动态分配、手动分配和自动分配等多种地址分配方式。

但 DHCP 也有缺点，例如单点故障和安全性。如果 DHCP 服务器出现故障，网络中的新设备将无法获取 IP 地址。DHCP 协议本身缺乏安全机制，容易受到恶意攻击。

2）NAT

NAT(Network Address Translation，网络地址转换)是一种将私有 IP 地址转换为公有 IP 地址的技术，通常用于私有网络与公有互联网之间的通信。它允许多个私有网络设备共享一个或多个公有 IP 地址，从而节省公有 IP 地址资源。

其工作原理如下。

（1）私有到公有地址转换。

当私有网络中的设备发起外部连接时，NAT 路由器将私有 IP 地址和端口号转换为公有 IP 地址和新的端口号，并记录映射关系。

（2）公有到私有地址转换。

当外部连接响应到达 NAT 路由器时，NAT 路由器根据记录的映射关系，将公有 IP 地址和端口号转换回私有 IP 地址和端口号，并将数据包转发给内部设备。

NAT 类型包括静态 NAT、动态 NAT、端口地址转换(PAT)。

① 静态 NAT：每个私有 IP 地址映射到一个固定的公有 IP 地址,适用于需要固定 IP 地址的场景。

② 动态 NAT：从公有 IP 地址池中动态分配公有 IP 地址给私有 IP 地址,适用于公有 IP 地址有限的场景。

③ 端口地址转换(PAT)：又称为网络地址端口转换(NAPT)或端口复用,多个私有 IP 地址共享一个公有 IP 地址,通过端口号区分不同的连接,广泛用于家庭和小型企业网络。

NAT 的优点是允许多个私有设备共享一个或多个公有 IP 地址,减少了公有 IP 地址的需求;其隐私和安全性好,隐藏内部网络结构,外部设备无法直接访问内部设备,提高了网络安全性;支持多种 NAT 类型,适应不同的网络需求。

NAT 的缺点是增加了网络配置和管理的复杂性,此外 NAT 需要对数据包进行地址转换,增加了处理开销,影响网络性能。

在实际网络地址分配中,DHCP 和 NAT 通常结合使用。DHCP 用于动态分配内部网络设备的私有 IP 地址,而 NAT 用于将这些私有 IP 地址转换为公有 IP 地址,从而允许内部设备访问互联网。

4.4　IPv6

随着互联网的快速发展,IPv4 地址资源逐渐枯竭,严重制约了因特网的应用和发展。IPv6 的引入不仅极大地扩展了地址空间,还提供了更高的安全性、更好的移动性支持以及更高效的路由机制,为因特网的未来发展奠定了坚实的基础。

4.4.1　IPv6 的主要特点

IPv6 数据包格式相较于 IPv4 进行了简化和优化,固定长度的头部减少了路由器处理数据包的复杂性。IPv6 提供了更大的地址空间和多种扩展头部,支持更高级的功能和服务质量。

以下是 IPv6 的一些关键特性和优势。

(1) 更大的地址空间。IPv6 使用 128 位地址,这提供了几乎无限的地址空间(大约 3.4×10^{38} 个地址),相比之下,IPv4 只有 32 位地址,IPv6 极大地扩展了互联网设备的连接能力。

(2) 简化报文头部格式。IPv6 报文头部字段只有 8 个(包括版本号、流标签、载荷长度、下一个头部、跳数限制、源地址、目的地址),相比 IPv4 的 12 个字段更加简洁,有利于加快报文转发和提高吞吐量。此外,IPv6 使用一系列固定格式的扩展头部取代了 IPv4 中可变长度的选项字段,简化了路由器对报文的处理过程。

(3) 安全性提高。IPv6 集成了 Internet 协议安全标准(IPSec),提供了身份认证和隐私保护等安全特性,从而增强了数据传输的安全性。

(4) 地址自动配置。IPv6 支持无状态地址自动配置(Stateless Address Autoconfiguration, SLAAC)和动态主机配置协议版本 6(DHCPv6),这些机制使得设备可以自动获得 IP 地址和其他网络配置信息,而不需要人工干预,使得网络的管理更加方便和快捷。

(5) 更高的路由效率。IPv6 的地址结构使得路由更加高效。IPv6 地址被设计为具有层次性,这有助于减小路由表的大小,提高路由效率。

(6) 支持服务质量(QoS)。IPv6 提供了更好的支持来区分不同类型的数据包,从而允许网络管理员根据需求为不同类型的流量提供不同的优先级和服务质量。

4.4.2 IPv6 数据包格式

如图 4-7 所示,IPv6 数据包由固定长度的基本报头(40 字节)和有效载荷构成,其中,有效载荷最大为 65 535B,由 0～N 个扩展报头和高层协议数据(上层协议封装的数据包)组成。

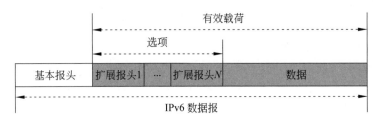

图 4-7 IPv6 数据包格式

IPv6 数据包可以没有扩展报头,也可以有一个或多个扩展报头,扩展报头可以具有不同的长度。IPv6 报头格式的设计体现了其简化处理和提高效率的特点,通过固定大小的基本报头和灵活的扩展报头机制,更好地支持了 QoS、数据流区分、安全性等高级功能。

1. 基本报头

IPv6 报头格式相较于 IPv4 更为简洁,并采用固定长度,如图 4-8 所示。

图 4-8 IPv6 基本报头格式

IPv6 基本报头固定大小为 40 字节,包含以下 8 个字段。

(1) 版本(4 位):字段值为 6,表示使用 IPv6 协议。

(2) 服务类型(8 位):与 IPv4 的服务类型字段类似,用于标识 IPv6 数据包的服务类别或优先级,主要应用于服务质量(QoS)管理。

(3) 流标识(Flow Label)(20 位):IPv6 中的新增字段,用于标识属于同一业务流的包。一个节点可以同时作为多个业务流的发送源。流标签和源节点地址唯一标识了一个业务流,支持资源预留,使得中间网络设备可以更加高效地处理数据流,并保证指定的服务质量。在 IPv6 网络中,从源节点到目的节点,以单播或多播方式传输的数据将被封装在多个 IPv6 分组中,多个分组组成一个"流";属于同一个"流"的分组具有相同流标记,在经过网络中多个转发路由器时,都要得到报头中"服务类型"要求的 QoS 服务。

(4) 载荷长度(16 位):表示 IPv6 有效载荷的长度,即 IPv6 基本报头以外的长度,包括扩展报头和上层协议数据单元。该字段最大能表示的长度为 65 535 字节,若超过此值,则通过逐跳选项扩展报头中的超大有效载荷选项来表示。

(5) 下一个报头(8 位):定义了下一个报头是一个扩展头字段还是上层协议数据。如果存在扩展报头,"下一个报头"值表示下一个扩展报头的类型;如果不存在扩展报头,"下一个报头"值表示有效载荷是哪个高层协议的数据。例如,如果载荷是传输层 TCP 数据包,则"下一个报头"值为 6;如果载荷是传输层 UDP 数据包,则"下一个报头"值为 17;如果载荷是 ICMP 报文,则"下一个报头"值为 58。RFC 1700 对 IPv6 基本报头中"下一个报头"值及其表示的含义进行了定义。

(6) 跳数限制(Hop Limit)(8 位):类似于 IPv4 中的生存时间 TTL 字段,表示 IP 数据包所能经过的路由器转发数(最大跳数)。每经过一个节点路由设备对数据包进行一次转发之后,该数值减 1,当跳数限制字段的值减为 0 时,路由器向源节点发送"超时"ICMPv6 差错报告报文,并丢弃该数据包。

(7) 源地址(128 位):表示源主机的 IPv6 地址,必须是 IPv6 单播地址。

(8) 目的地址(128 位):表示目的主机的 IPv6 地址,这个地址可以是一个单播、组播或任意点播地址。在多数情况下,目的地址字段值为最终目的节点地址;如果存在路由扩展报头,目的地址字段值可能为下一个转发路由器的地址。

2. 扩展报头格式

IPv6 将 IPv4 报头中选项的功能都放在扩展报头中,由路径两端的源站和目的站的主机来处理。除了逐跳选项报头,其他报头在传输过程中都不被路由器处理,中间路由器只处理固定长度的基本报头,这样提高了路由器的处理效率。扩展报头被置于 IPv6 基本报头和上层协议数据单元之间,一个 IPv6 报文可以包含 0 个、1 个或多个扩展报头。如图 4-9 所示,基本报头与扩展报头都有"下一个报头"字段,"下一个报头"字段表示紧接着它的下一个扩展头的类型,最后一个扩展报头的"下一个报头"字段指出载荷的高层协议类型。

扩展报头的主要字段如下。

(1) 下一个报头(8 位):与基本报头的"下一个报头"字段作用相同,指明下一个扩展报头(如果存在)或上层协议的类型。

(2) 报头长度(8 位):表示选项长度以 8 字节为单位的计数。

(3) 选项:长度可变但必须为 8 位的整数倍,由选项类型(8 位)、选项长度(8 位)与选项数据三部分组成。

3. 扩展报头类型

RFC 中定义了多个 IPv6 扩展报头,常见的扩展报头类型如下。

(1) 逐跳选项报头(Hop-by-Hop Options Header):用于在传送路径上的每跳转发指定发送参数,传送路径上的每台中间路由器都要读取并处理该字段。

(2) 目的选项报头(Destination Options Header):携带了一些只有目的节点才会处理

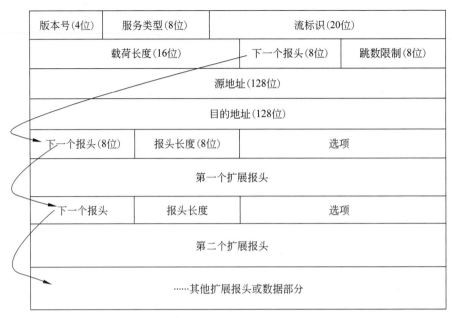

图 4-9 IPv6 扩展报头

的信息。

（3）路由报头（Routing Header）：用于 IPv6 源节点列出到目的节点的路径中所应"访问"的一个或多个中间节点。

（4）分片报头（Fragment Header）：用于分片，在 IPv6 中，只有源节点可以对数据包进行分片，中间路由器不能分片。

（5）认证报头（Authentication Header）：用于认证 IPv6 分组，保障数据的完整性和身份认证。发送 IPv6 分组前，发送方用认证密钥对 IP 分组做计算，计算的认证信息存放在认证报头中，发送到接收方。接收方用自己保存的认证密钥对接收到的 IPv6 分组做相同的计算。若结果与认证报头中的认证信息相同，可证明未被篡改。

（6）封装安全载荷报头（Encapsulating Security Payload Header）：由 IPSec 使用，指明数据载荷已经加密，并为已获得授权的目的节点提供足够的解密信息。

每一个扩展报头长度各不相同，但是必须是 8 字节的整数倍，第 1 字节都是"下一个报头"字段，该字段值说明下一个扩展报头的类型。如果有多个扩展报头，则按逐跳选项报头、目标选项报头、路由报头、分片报头、认证报头与封装安全载荷报头的顺序出现。

1）逐跳选项报头

逐跳选项报头允许数据包在传输路径上的中间节点（如路由器）都能够读取并处理该头部中的信息，以便在整个传输路径上对 IP 数据包进行特定操作。逐跳选项报头包含报文传输经由路径上的每个节点都必须检查的选项数据。逐跳选项报头紧随在 IPv6 基本报头之后，基本报头中"下一个报头"字段值为 0，表示其后的扩展报头为逐跳选项报头，是中间路由器唯一要处理的一个扩展报头。

逐跳选项报头结构如图 4-10 所示，由 8 位的下一个报头、8 位扩展报头长度与 8 位整数倍长的选项组成。选项由选项类型（8 位）、选项长度（8 位）和选项数据组成。

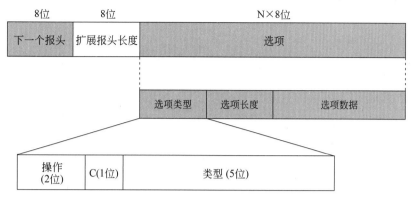

图 4-10 逐跳选项报头结构

选项类型由操作、C(改变路由)、类型组成。

(1) 操作(2 位)：表示对节点不能识别选项时的处理方法；00 跳过这个选项；01 丢弃该分组；10 丢弃该分组，如果目的地址为单播或多播地址，向源节点发送 ICMPv6 参数错误报文；11 丢弃该分组，如果目的地址不是多播地址，向源节点发送 ICMPv6 参数错误报文。

(2) C(改变路由)：表示当前处理选项的节点是否能够改变分组到达目的节点的路由，当 C＝1 时，可以改变，否则不能改变。

(3) 类型(5 位)：表示选项的类型，例如巨型净荷选项的类型值为 194，路由器警告选项类型值为 5。

巨型净荷选项指明数据包的净荷长度超过 IPv6 的 16 位载荷长度字段。只要数据包的载荷超过 65 535 字节(其中包括逐跳选项头)，就必须包含该选项。此时，该分组的基本报头有效载荷长度被置为 0，在巨型载荷选项域中保存载荷长度。如果节点不能转发该包，则必须回送一个 ICMPv6 出错报文。

路由器警告选项用来通知路由器，IPv6 数据包中的信息希望能够得到中间路由器的查看和处理，即使这个包是发给其他某个节点的。

2) 路由报头

路由报头用于确定分组从源节点到达目的节点的过程中经过的路由器，此扩展头指明数据包在到达目的地途中将经过哪些路由器，包含分组沿途经过的各节点的地址列表。当前面报头的"下一个报头"字段值为 43 时，表示其后的扩展报头为路由报头，其结构如图 4-11 所示。

(1) 下一个报头(8 位)：含义与 IPv6 基本报头中的"下一个报头"字段相同。

(2) 扩展报头长度(8 位)：表示该扩展报头的长度，以 8 字节为单位。其长度不包括前 8 字节。

(3) 路由类型(8 位)：RFC 2460 定义了路由报头中路由类型为 0 表示自由源路由，即每个路由器可以经过一次，也可以是多次。

(4) 剩余路由字段(8 位)：表示在到达最终目的地的传送途中所必须经过的节点数目。在传输过程中，分组每经过一个指定的路由器就需要减 1，并且将该值记入段剩余值字段。在到达目的节点时，段剩余值应该为 0。

(5) 保留域(32 位)：置为全 0，用于未来使用。可以使整个分组的长度为 8 的整数倍

图 4-11　路由扩展报头结构

字节。

（6）地址向量表字段：可变长，其长度应该保证整个源路由选择扩展报头的长度是 8 字节的整数倍。在路由类型为 0 的源路由选择扩展报头中，由 n 个 IPv6 地址组成的地址向量表，给出了 IPv6 分组需要经历的中间路由器的 IPv6 地址。

3）分片报头

不同于 IPv4，IPv6 中路由器不负责对过长分组进行拆分，对分组的拆分工作由发送分组的源节点完成。

在 IPv6 网络中，分组从源节点到目的节点需要通过一条路径来传输。一条路径是由多个链路组成的。由于不同的链路所采用的协议不同，可能有不同的链路 MTU，而路径最大传输单元 PMTU 必须等于路径中最小的一个链路 MTU。

如果上层协议提交的有效载荷大于 PMTU，则源节点需对载荷拆分，分片报头用于数据分组的拆分与重组。当前面报头的"下一个报头"值为 44 时，表示其后的扩展报头为分片报头，其结构如图 4-12 所示。

下一个报头 （8位）	保留域 （8位）	分片偏移 （13位）	保留位 （2位）	M （1位）
标识（32位）				

图 4-12　分片报头结构

（1）分片偏移：以 8 字节为单位，指出该分片的起始字节在原分组中的位置。

（2）M(More Fragment)：在最后的分片中置 0，表示最后一个分片，M＝1 则表示后面还有同一分组的分片。

（3）标识(32 位)：由发送节点赋值，标识该分片所属的原分组。

4.4.3　IPv6 地址

随着 IPv4 地址的日益枯竭，IPv6 的应用越来越广泛。许多网络设备、操作系统和应用程序都支持 IPv6，并且越来越多的互联网服务提供商(ISP)开始提供 IPv6 服务。IPv6 的应用不仅限于固定网络，还包括移动网络、物联网等领域。

1. IPv6 地址格式

IPv6 地址长度为 128 位,比 IPv4 的 32 位地址空间增加了 2^{96} 倍,几乎提供了无限的地址空间,可以有效解决 IPv4 地址耗尽的问题。

IPv6 地址由 8 组用冒号(:)分隔的十六进制数字组成,每组包含 4 个十六进制位,例如 2001:0db8:85a3:0000:0000:8a2e:0370:7334。由于 IPv6 地址空间很大,地址表示法可能会变得复杂,因此 IPv6 允许缩写,使得地址更短。例如,连续的零可以省略,并使用双冒号(::)代替,但双冒号在一个地址中只能出现一次。

2. IPv6 地址类型

IPv6 定义了多种类型的地址,包括单播地址、多播地址和任播地址。

1) 单播地址

单播地址用于标识单个网络接口。数据包发送到单播地址时,只会传送到该地址对应的唯一接口。单播地址包括全球单播地址、链路本地地址、本地唯一地址。

(1) 全球单播地址(Global Unicast Address,GUA):用于唯一标识互联网中的设备或一个网络接口。

范围:2000::/3。

用途:类似于 IPv4 的公有地址,用于互联网中的设备。

全球单播地址结构如下。

① 前缀(Prefix):全局路由前缀,通常由 ISP 分配。

② 子网 ID(Subnet ID):本地子网标识,用于在本地网络中划分子网。

③ 接口 ID(Interface ID):设备接口标识,通常基于 MAC 地址生成。

(2) 链路本地地址(Link-Local Address):用于同一链路上的设备通信。

范围:FE80::/10。

用途:仅在同一链路(物理或逻辑网络段)上有效,用于自动配置和邻居发现。

结构:FE80::/64 + 接口 ID。

(3) 本地唯一地址(Unique Local Address,ULA):用于站点内部通信,不用于互联网路由。

范围:FC00::/7。

用途:类似于 IPv4 的私有地址,用于本地网络,不用于互联网路由。

结构:FC00::/7 + 全局 ID + 子网 ID + 接口 ID。

2) 多播地址

多播地址(Multicast Address)用于多播通信,标识一组网络接口,数据包发送到多播地址时,会传送到该组中的所有网络接口。

范围:FF00::/8。

用途:用于多播通信,如视频流传输、会议等。

结构:FF + Flag + Scope + Group ID。

多播地址结构中包括如下字段。

① IPv6 多播地址的前缀是 FF00::/8。这意味着多播地址的前 8 位(即第一个十六进制数)都是 FF。

② 标志字段(Flag):前缀之后的是 4 位的标志字段(Flag)。目前,这个字段中只使用

了最后一位(前三位必须置 0)。当该位值为 0 时,表示当前的多播地址是由 IANA(互联网地址指派机构)所分配的一个永久分配地址。当该值为 1 时,表示当前的多播地址是一个临时多播地址(非永久分配地址)。

③ 范围字段(Scope):范围字段也是一个 4 位的字段,用于定义多播数据包在网络中发送的范围。其可能的取值和含义如表 4-1 所示。

表 4-1 范围字段(Scope)取值及含义

字 段 值	含 义
0	保留
1	接口本地范围(Interface-Local Scope)
2	链路本地范围(Link-Local Scope)
3	基于单播前缀的地址(Unicast-Prefix-Based Address)
4	管理本地范围(Admin-Local Scope)
5	站点本地范围(Site-Local Scope)
6	未分配
7	汇聚点标记(Rendezvous Point Flag)
8	组织本地范围(Organization-Local Scope)
9-D	未分配
E	全局范围(Global Scope)
F	保留

④ 多播组 ID(Group ID):接下来的 112 位用于表示多播组 ID(Group ID)。然而,根据 RFC 2373 的建议,目前仅使用该 112 位的最低 32 位作为组 ID,将剩余的 80 位都置 0。这样,每个多播组 ID 都映射到一个唯一的以太网组播 MAC 地址(RFC 2464)。

例如,一个 IPv6 多播地址为 FF02::1:FF00:0/104,这个地址中,FF 是多播地址的前缀,表示这是一个多播地址;接下来的部分是标志字段和范围字段,标志字段 0 表示当前的多播地址是由 IANA 所分配的一个永久分配地址;范围字段 2 表示链路本地范围,最后的部分(1:FF00:0)与多播组 ID 相关,并且可能包含了请求节点多播地址的特殊格式。

3)任播地址

IPv6 任播地址(Anycast Address)用于标识一组网络接口,这些接口通常位于处在不同地理位置但提供相同或相似服务的节点上。当数据包发送到任播地址时,网络会根据路由协议和度量标准选择距离源节点最近的一个接口进行传输,从而实现就近接入和负载均衡。

IPv6 任播地址是从单播地址空间中分配的,因此其结构与单播地址相似。然而,任播地址并不具有特殊的格式前缀来区分它们与其他类型的地址。相反,任播地址的识别和管理通常依赖网络配置和路由协议。

3. IPv6 地址分配

IPv6 地址的分配负责为用户终端和网络设备配置 IPv6 地址。IPv6 支持地址自动配置,可以大大简化网络配置过程,提高配置效率。

1）无状态地址自动配置

SLAAC 是一种基于 IPv6 邻居发现协议（NDP）的自动配置机制。当 IPv6 设备连接到网络时，它会监听来自路由器的路由通告（RA）报文。RA 报文中包含了网络的前缀信息，IPv6 设备可以使用这些信息结合自身的接口 ID（通常基于 MAC 地址生成）来自动配置一个完整的 IPv6 地址。这种方式不需要服务器维护设备的状态信息，因此被称为"无状态"地址自动配置。

2）DHCPv6

DHCPv6 是动态主机配置协议 DHCP 的 IPv6 版本，它提供了一种集中管理 IPv6 地址和其他网络配置信息的方式。DHCPv6 服务器可以维护一个地址池，并根据客户端的请求分配 IPv6 地址、子网前缀、DNS 服务器地址等配置信息。DHCPv6 支持有状态和无状态两种分配模式。

（1）有状态 DHCPv6：在这种模式下，DHCPv6 服务器为客户端分配完整的 IPv6 地址和其他配置信息，并维护客户端的状态信息（如地址租约）。

（2）无状态 DHCPv6：虽然称为"无状态"，但实际上 DHCPv6 服务器仍然会向客户端提供某些配置信息（如 DNS 服务器地址）。

3）前缀代理（Prefix Delegation）

在大型网络中，ISP（互联网服务提供商）通常会使用前缀代理（Prefix Delegation）技术来分配一个 IPv6 地址前缀给网络，然后在该前缀下分配具体的 IPv6 地址给网络中的设备，从而实现了地址的层次化管理和分配。这种分配方式可以确保地址的唯一性和有效性。

在实际应用中，网络管理员可以根据网络的规模、需求和安全要求等因素来选择合适的地址分配方式和管理机制。

4.5 路由与路由选择协议

路由器是网络层的关键设备，负责在不同网络之间转发数据包，并根据目的地址选择最佳的传输路径。在网络通信中，"路由"是一个网络层的术语，它指的是从某一网络设备（如源主机或路由器）出发去往某个目的地的路径。这个路径的选择是基于路由表中的信息来决定的，路由表是若干条路由信息的集合体，每条路由信息也称为一个路由项或一个路由条目。

4.5.1 路由器结构与工作原理

路由器是连接不同网络的设备，是网络层路由的核心设备。通过路由器可以实现不同网络之间的互联。路由器主要功能是通过运行路由协议，维护并更新路由表，根据路由表中的信息来决定数据包的转发路径，实现数据包的跨网络传输，将数据包从源网络传送到目标网络，具体功能如下。

（1）数据包转发：路由器接收到数据包后，会检查数据包的 IP 头部信息，特别是目的 IP 地址，然后根据路由表选择最佳路径将数据包转发到下一个路由器或目标主机。

（2）路由表维护：路由器通过运行路由协议（如 RIP、OSPF、BGP 等）与其他路由器交换路由信息，这些信息用于构建和维护路由表。路由表中包含了目的网络地址、下一跳地址、接口等信息,用于指导数据包的转发。

（3）错误检测与纠正：路由器能够检测数据包的错误,并根据需要进行纠正或丢弃错误的数据包。当网络发生拥塞时,路由器还可以采取措施减轻网络负载,如丢弃一些不那么重要的数据包。

1. 路由器结构

路由器是具有多个输入输出端口、专门用于实现路由和转发功能的计算机系统。路由器结构如图 4-13 所示。路由器由两大部分组成：路由选择部分（控制部分）和分组转发部分。路由选择部分（控制部分）的核心构件是路由选择处理机,其任务是根据采用的路由选择协议构造出路由表,定期和相邻路由器交换路由信息,更新和维护路由表。分组转发部分由三部分组成：一组输入端口、交换结构、一组输出端口。

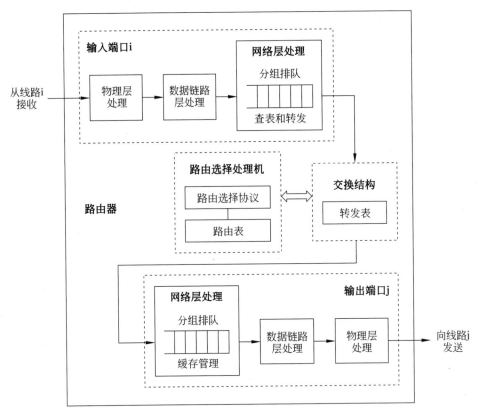

图 4-13　路由器结构

1）输入端口

每个输入/输出端口都包含三个模块,对应于物理层、数据链路层和网络层的处理模块。

输入端口在物理层进行比特的接收,在数据链路层按照链路层协议接收发送分组的帧,去除帧的首部和尾部,将分组送到网络层的处理模块。网络层处理分组头部信息,若接收到的分组是路由器之间交换路由信息的分组（如 RIP、OSPF 分组）,则把这种分组送交路由选择处理机;若接收到的是数据分段,则按照分组首部中的目的地址查找转发表,根据查找结果,分组经过交换结构到达合适的输出端口。当一个分组在查找转发表时,从这个输入端口又收到其他分组,则新到达分组就必须在队列中排队等待。

2) 交换结构

交换结构是路由器的核心组件,负责在输入端口和输出端口之间转发数据包,根据转发表对分组进行处理,将某个输入端口进入的分组从一个合适的输出端口转发出去。交换结构的类型包括总线型、交叉开关型、共享存储型等结构。

3) 输出端口

输出端口从交换结构接收分组,当交换结构传送的分组的速率超过输出链路的发送速率,等待发送的分组就必须缓存在队列中。若分组处理的速率赶不上分组进入队列的速率,队列满时,丢弃后面进入的分组;分组进入数据链路层后,数据链路层将数据包重新封装成帧,给分组加上链路层的首部和尾部;接着传入物理层,物理层将帧转换为物理信号,并通过物理介质传送到下一跳路由器或目标网络。

4) 路由选择处理器

路由选择部分的核心构件是路由选择处理器,路由处理器负责路由决策和管理,包括运行路由协议(如 RIP、OSPF、BGP),建立和更新路由表等。

2. 路由表的形成

路由表是路由器进行路径选择的重要依据。路由表的形成主要有以下几种方式。

(1) 直连路由:当为路由器接口配置好 IP 地址后,路由器会自动将该接口的 IP 地址网段加入路由表中,形成直连路由。这种方式是自动的,不需要人工干预。

(2) 静态路由:静态路由是由网络管理员手动配置的路由信息。它适用于网络结构相对简单、路由变化不大的情况。静态路由的缺点是缺乏灵活性,当网络结构发生变化时需要手动更新路由表。

(3) 动态路由:动态路由是通过动态路由协议自动学习的路由信息。路由器会周期性地或在网络拓扑发生变化时与其他路由器交换路由信息,从而更新自己的路由表。这种方式能够自动适应网络结构的变化,提高网络的灵活性和可靠性。

3. 路由器工作原理

路由器的工作原理包括数据包接收、路由选择、数据包转发和路由表维护等过程。

1) 数据包接收

路由器的每个输入端口接收来自连接设备的数据包,对数据包进行解封装和错误检测,提取出 IP 数据包。

2) 路由选择

路由器检查 IP 数据包头部的目的地址。根据目的地址查找路由表,确定下一跳路由器或目标网络接口。如果存在多条路径,根据路由协议和度量标准选择最佳路径。

3) 数据包转发

当数据包到达路由器时,路由器会根据数据包的目的地址和路由表中的信息来决定数据包的转发路径。如果数据包的目的地址与路由器的某个接口直接相连,则路由器将数据包直接转发到该接口;如果数据包的目的地址需要通过其他路由器才能到达,则路由器会根据路由表中的信息,将数据包转发到下一跳路由器。

4) 路由表维护

路由表是路由器存储路径信息的关键数据结构。路由器通过静态配置和动态路由协议维护路由表。

每个路由表条目通常包含以下信息：目标网络的 IP 地址、目标网络的子网掩码、到达目标网络的下一跳路由器的 IP 地址、转发数据包的物理接口、生存时间(TTL)等。

4.5.2 路由选择协议的分类

路由协议(Routing Protocol)是一种计算机网络协议，用于确定数据包在多个网络中的传输路径。它是网络中实现数据包路由的核心机制之一，它不仅负责确定数据包传输的路径，还要根据网络的拓扑结构动态地调整数据包传输的路径，以保证数据包能够快速、稳定地传输。

路由协议可以根据不同的分类标准进行分类。

(1) 按照工作原理分类：距离向量路由协议(Distance Vector Routing Protocol)和链路状态路由协议(Link State Routing Protocol)。

(2) 按照路由表的更新方式分类：静态路由协议和动态路由协议。

(3) 按照支持的协议类型分类：单播路由协议和多播路由协议。

(4) 按照协议的作用范围分类：内部网关协议(IGP)和外部网关协议(EGP)。

下面介绍这些分类协议。

1. 距离向量路由协议

距离向量路由协议(DVRP)也称为"按跳数计算的路由算法"，其原理是：每个节点都维护到达目的节点所需的距离，每次更新将本节点到所有其他节点的距离向量发送给相邻节点，相邻节点再将其发给相邻节点，直到所有节点的距离向量被更新。最终每个节点都得到了到达目的节点的最短距离。

常见的距离向量路由协议是路由信息协议(Routing Information Protocol，RIP)。

2. 链路状态路由协议

链路状态路由协议(LSRP)也被称为"基于状态的路由算法"，其原理是每个节点都把自己的链路状态信息发送给相邻节点，相邻节点保存下来并传递给其他相邻节点。当所有节点都交换完成链路状态信息之后，每个节点通过计算最短路径算法得到网络的最短路径。

常见的链路状态路由协议有开放最短路径优先协议(Open Shortest Path First，OSPF)、IS-IS(Intermediate System to Intermediate System)协议。

3. 静态路由协议

在静态路由协议中，网络管理员手动配置路由表，然后路由器依据配置的路由表进行数据包的转发。静态路由协议的缺点是不灵活，不能及时响应网络拓扑结构的变化。

4. 动态路由协议

动态路由协议可以根据网络拓扑结构的变化自动调整路由表，路由表的计算是通过运行路由协议来完成的。动态路由协议虽然比静态路由协议更复杂，但是具有灵活、自适应、可靠的优点。常见的动态路由协议有 BGP、OSPF、IS-IS、RIP 等。

5. 单播路由协议和多播路由协议

单播路由协议指进行单播转发的路由协议。多播路由协议指进行多播转发数据包传输的路由协议。

6. 内部网关协议和外部网关协议

因特网规模庞大，路由表处理和维护复杂，为此，因特网将整个互联网分为许多较小的自治系统(Autonomous System,AS)。AS 内部路由选择协议称为内部网关协议(Interior Gateway Protocol,IGP),IGP 是在 AS 内部部署、用于 AS 内部路由器之间通信的协议,如 RIP、OSPF 和 IS-IS 等。AS 与 AS 之间的路由协议称为外部网关协议(EGP),用于确定分组在不同的自治系统之间的路由,如边界网关协议 BGP。

4.5.3 内部网关协议 RIP

RIP 协议,全称为 Routing Information Protocol(路由信息协议),是一种基于距离矢量算法的内部网关协议,使用跳数(hop count)作为衡量指标,主要用于局域网和小规模互联网络中的路由选择。它通过定期广播路由表维护和更新路由信息。

1. RIP 路由协议工作原理

RIP 路由协议工作原理如下。

(1) 路由器将其路由表中的信息广播给相邻的路由器。

(2) 相邻路由器收到信息后,根据收到的距离值和自身的路由表进行更新。

(3) 每个路由器使用距离向量算法计算到达目标网络的最短路径。

(4) 路由器之间周期性地交换更新信息,以便及时更新路由表。

RIP 协议要求网络中的每一个路由器都要维护从它自己到其他每一个目的网络的距离记录。路由器周期性地向外发送路由刷新报文,路由刷新报文主要内容是由若干(V,D)组成的表,其中矢量 **V** 表示该路由器可以到达的目的网络或目的主机,D 表示该路由器到达目的网络或目的主机的跳步数。其他路由器在接收到某个路由器的(V,D)报文后,根据收到的路由更新报文,选择跳数最少的路径更新其路由表。路由信息协议 RIF 适用于相对较小的自治系统,一般小于 15 跳步数。

2. 路由更新

RIP 路由器通过广播路由更新报文,与相邻路由器交换路由信息。更新报文包括该路由器的整个路由表。以下是 RIP 路由更新的过程。

(1) 初始化:路由器启动时,广播请求报文,请求相邻路由器发送其路由表。

(2) 定期更新:路由器每 30s 广播其路由表给相邻路由器。

(3) 触发更新:当路由表中的某条路径信息发生变化时,立即广播路由更新报文(触发更新机制)。

RIP 路由器通过以下机制维护路由表的稳定性和一致性。

(1) 计时器:每条路径有一个计时器,默认 180s。如果 180s 内没有收到该路径的更新信息,则将跳数设为 16(不可达)。

(2) 垃圾回收计时器:路径被标记为不可达后,再等待 120s 以允许其他路由器更新其路由表,然后将该路径从路由表中删除。

(3) 水平分割(Split Horizon)防止路由环路的技术:由于路由器可能收到它自己发送的路由信息,即在运行 RIP 的网络中,希望路由器从某个接口收到的路由信息不会再从该接口发送给路由信息的发送者。这样不仅能够阻止路由环路的产生,还可以减少因路由器更新路由信息而消耗的链路带宽资源。

(4) 毒性逆转(Poison Reverse):进一步防止路由环路,当路径不可达时,向相邻路由器广播该路径的跳数为 16,利用这种方式可以精简对方路由表的无用路由。

3. RIP 优缺点

RIP 的优点是协议简单,易于配置和实现,资源占用低,适用于小型网络,消耗较少的网络带宽和计算资源。

RIP 的缺点是收敛速度慢、最大跳数限制、缺乏灵活性。在大型网络中收敛速度较慢可能导致路由不稳定;最大跳数为 15,限制了网络的规模和复杂度;缺乏灵活性,无法根据多种度量标准选择最佳路径,只能根据跳数选择。

RIP 适用于小型网络,配置简单,但在大型网络中可能存在收敛速度慢和路由环路的问题。

4.5.4　内部网关协议 OSPF

最短路径优先 OSPF(Open Shortest Path First)是一种链路状态路由协议,广泛应用于大型复杂的 IP 网络中。OSPF 被设计为内部网关协议,用于单个自治系统(AS)内的路由选择。

OSPF 协议基于 Dijkstra 的最短路径优先(SPF)算法。它比距离矢量路由协议复杂得多,但基本功能和配置却很简单。链路状态协议从网络或者网络的限定区域内的所有其他路由器处收集信息,最终每个链路状态路由器上都有一个相同的有关网络的信息,并且每台路由器都可以独立地计算各自的最优路径。

1. OSPF 报文类型

OSPF 定义了五种主要报文类型,用于不同的功能。

(1) Hello 报文:用于邻居发现和维持邻居关系。

(2) 数据库描述报文(Database Description Packet,DBD):用于描述链路状态数据库中的条目。

(3) 链接状态请求报文(Link State Request Packet,LSR):请求特定的链路状态信息。

(4) 链路状态更新报文(Link State Update Packet,LSU):包含链路状态广告(LSA),用于路由信息更新。

(5) 链路状态确认报文(Link State Acknowledgment Packet,LSAck):确认接收到的 LSU 报文。

2. OSPF 的工作原理

OSPF 工作过程示意图如图 4-14 所示。路由器通过发送 Hello 报文发现相邻路由器;每一个路由器用数据库描述报文和相邻路由器交换本数据库中已有的链路状态摘要信息;当链路状态发生变化时,路由器使用链路状态请求报文,向对方请求发送自己所缺少的某些链路状态项的详细信息;通过一系列的报文交换,建立全网同步的链路状态数据库。

OSPF 详细工作过程如下。

(1) 邻节点发现和维护。

OSPF 路由器通过发送 Hello 报文来发现其链路上的所有邻节点,这里的邻节点是指启用了相同的链路状态路由协议的其他任何 OSPF 路由器。

Hello 报文包含路由器 ID、Hello 间隔、Dead 间隔、区域 ID、邻节点列表等信息。路由器收到 Hello 报文后,检查兼容性(如区域 ID、认证等)。如果兼容,建立邻居关系并进入 Init 状态,然后交换数据库描述(DBD)报文。

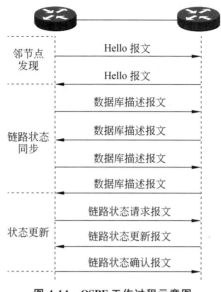

图 4-14 OSPF 工作过程示意图

这些小型 Hello 数据包持续在两个邻接的邻居之间互换,以此实现"保持激活"功能来监控邻节点的状态。如果路由器不再收到某邻节点的 Hello 数据包,则认为该邻节点已无法到达,该邻居关系破裂。

(2) 链路状态数据同步。

邻居关系建立后,每一个路由器用数据库描述分组(DBD)和相邻路由器交换本数据库中已有的链路状态摘要信息。其中包含与该路由器直连的每条链路的相关信息,包括邻节点 ID、链路类型和带宽等。

如果路由器发现自己缺少某些链路状态信息,会发送链路状态请求(LSR)报文请求获得这些信息,路由器通过链路状态更新(LSU)报文发送其链路状态信息。接收方通过链路状态确认(LSAck)报文确认收到 LSU 报文。

(3) 链路状态信息泛洪。

每台路由器将链路状态数据库描述报文 DBD 泛洪到所有邻节点,然后邻节点将收到的所有 DBD 存储到数据库中。接着,各个邻节点将 DBD 泛洪给其他邻节点,直到区域中的所有路由器均收到那些 DBD 为止。每台路由器会在本地数据库中存储邻节点发来的 DBD 的副本。

(4) 构建链路状态数据库。

每台路由器使用数据库构建一个完整的拓扑图并计算通向每个目的网络的最佳路径。就像拥有了地图一样,路由器拥有关于拓扑中所有目的地以及通向各个目的地的路由的详图。路由器使用 Dijkstra 算法计算从自己到其他路由器的最短路径,生成 SPF 树(通向每个网络的最佳路径),并更新路由表。

在使用链路状态泛洪过程将自身的 DBD 传播出去后,每台路由器都将拥有来自整个路由区域内所有链路状态路由器的 DBD,都可以使用 SPF 算法来构建 SPF 树。

3. OSPF 的优缺点

OSPF 协议使用最短路径优先(SPF)算法,能够快速计算出最优路径;通过区域划分,支持大型网络的扩展和管理；支持多路径负载均衡，提高网络利用率。OSPF 定义了多种链路状态广告（LSA），能够灵活描述不同类型的路由信息。

OSPF 协议缺点是配置和管理相对复杂，链路状态数据库和 SPF 计算需要较高的内存和 CPU 资源。

OSPF 作为一种高级的链路状态路由协议，广泛应用于各种规模的 IP 网络中。它的快速收敛、分层架构和多路径支持等特点，使其成为大型复杂网络的首选路由协议。

4.5.5　外部网关协议 BGP

边界网关协议（Border Gateway Protocol，BGP）是一种用于自治系统（AS）之间的路由选择协议，属于外部网关协议。BGP 采用了路径向量（path vector）路由选择方法。

在配置 BGP 时，每一个自治系统 AS 的管理员要选择至少一个路由器作为该 AS 的"BGP 发言人"；BGP 发言人之间要交换路由信息，先建立 TCP 连接，在此连接上交换 BGP 报文，利用建立的 BGP 会话来交换路由信息。每个 BGP 发言人除了必须运行 BGP 外，还必须运行该自治系统所使用的内部网关协议 OSPF 或 RIP。图 4-15 表示 BGP 发言人和自治系统的关系示意图。BGP 所交换的网络可达性信息是到达目的网络所经过的一系列 AS。当 BGP 发言人互相交换了网络可达性的信息后，各 BGP 发言人就根据所采用的策略从收到的路由信息中找出到达各 AS 的最佳路由。

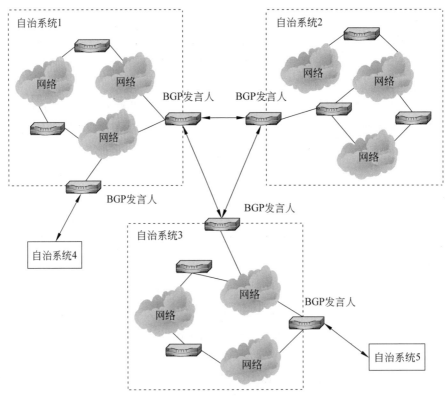

图 4-15　BGP 发言人和自治系统的关系示意图

1. BGP 报文类型

BGP 路由选择协议在执行过程中经历了打开、更新、保活、通知、路由刷新报文。

(1) 打开报文(Open):用于建立 BGP 发言人与相邻的另一个 BGP 发言人之间的连接关系。相邻 BGP 发言人在接收到 Open 消息并协商成功后,将发送保活报文(Keepalive)确认并保持连接的有效性。确认后,两个 BGP 发言人之间可以进行更新 Update、通知 Notification、保活 Keepalive 和路由刷新 Route-Refresh 消息的交换。通过 TCP 建立 BGP 连接时,会先发送 Open 消息。

(2) 更新报文(Update):用于在 BGP 发言人之间交换路由信息。Update 消息可以发布多条属性相同的可达路由信息,也可以撤销多条不可达路由信息。连接建立后,当有路由需要发送或路由变化时,发送 Update 消息通告对方。

(3) 通知报文(Notification):当 BGP 检测到错误状态时,就向相邻 BGP 发言人发出 Notification 消息,发送检测到的差错,之后 BGP 连接会立即中断。

(4) 保活报文(Keepalive):BGP 发言人会周期性地向相邻 BGP 发言人发出 Keepalive 消息,用来确认打开报文和周期性地证实相邻边界路由器的存在,保持 BGP 连接的有效性。

(5) 路由刷新报文(Route-Refresh):用于请求相邻 BGP 发言人重新发送路由信息。

2. BGP 工作过程

在 BGP 刚开始运行时,BGP 边界路由器与相邻的边界路由器交换整个 BGP 路由表,在以后只需要在发生变化时更新有变化的部分。

BGP 所交换的网络可达性信息就是要到达某个网络所要经过的一系列的自治系统 AS;BGP 交换路由信息的节点数量级是自治系统数的量级,比这些自治系统中的网络数少很多。

因为 BGP 的传输层协议是 TCP,所以在 BGP 发言人之间建立连接之前,首先进行 TCP 连接。BGP 邻居间会通过 Open 报文协商相关参数,建立起 BGP 发言人之间的关系。建立连接后,BGP 发言人之间交换整个 BGP 路由表。BGP 会发送 Keepalive 报文来维持邻居间的 BGP 连接,BGP 不会定期更新路由表,但当 BGP 路由发生变化时,会通过 Update 报文更新路由表。当 BGP 检测到网络中的错误状态时(例如收到错误报文时),BGP 发送 Notification 报文进行报错,BGP 连接会随即中断。

BGP 发言人之间交互过程中存在 6 种状态:空闲(Idle)、连接(Connect)、活跃(Active)、Open 报文已发送(Open-Sent)、Open 报文已确认(Open-Confirm)和连接已建立(Established)。

(1) Idle 状态:BGP 拒绝任何进入的连接请求,是 BGP 初始状态。

(2) Connect 状态:BGP 等待 TCP 连接的建立完成后再决定后续操作。

(3) Active 状态:BGP 将尝试进行 TCP 连接的建立,是 BGP 的中间状态。

(4) Open-Sent 状态:BGP 等待对等体的 Open 报文。

(5) Open-Confirm 状态:BGP 等待一个 Notification 报文或 Keepalive 报文。

(6) Established 状态:BGP 对等体间可以交换 Update 报文、Route-Refresh 报文、Keepalive 报文和 Notification 报文。

BGP 发言人双方的状态必须都为 Established,BGP 邻居关系才能成立,双方通过 Update 报文交换路由信息。

3. BGP 的优缺点

BGP 是一种在自治系统之间交换路由信息的协议,主要用于互联网中自治系统之间路由信息的交换。

BGP 的优点如下。

(1) 无须更新所有的路由器:当网络拓扑结构发生变化时,只需要通知边界路由器即可,减少了广播风暴的发生。

(2) 可以指定特定的路由路径:可以根据需要设置优先路径,实现负载均衡或者高优先级的备份路径。

(3) 可靠的路由更新:BGP 有复杂的路由策略,可以确保路由的可靠性和安全性。

(4) 支持认证和加密:BGP 提供认证机制,可以防止路由攻击和路由泄露。

BGP 的缺点主要为配置复杂和可能引起路由不稳定。BGP 配置相对于静态路由或 RIP 等协议来说较为复杂;在网络拓扑结构复杂或网络变化频繁时,可能导致路由不稳定或不正确的路由选择。

4.6 互联网控制报文协议 ICMP

为了提高 IP 数据报交付成功的机会,在网络层使用了互联网控制报文协议(Internet Control Message Protocol,ICMP),ICMP 主要用于在 IP 网络中传递控制信息和错误消息,是 IP 的补充。ICMP 的两个版本 ICMPv4 和 ICMPv6 分别用于 IPv4 和 IPv6 的 ICMP。IPv4 报头的协议字段值为 1,表示该报文携带了 ICMPv4 报文;IPv6 基本报头中"下一个报头"字段值为 58,表示有效载荷是 ICMPv6 数据包。

4.6.1 ICMP 功能

ICMP 允许主机或路由器报告差错情况和提供有关异常情况的报告。ICMP 是网络层协议,但是它的报文不是直接传送给数据链路层,而是将 ICMP 报文作为 IP 数据包的数据载荷部分,加上 IP 头封装成 IP 数据包再传送到数据链路层。

ICMP 是一种面向无连接的协议,用于在 IP 主机、路由器之间传递控制消息和差错报告信息。ICMPv6 实现 IPv4 中 ICMP、ARP 和 IGMP 的功能。ICMPv6 的主要功能是向源节点报告关于目的地址传输 IPv6 包的错误和信息,具有差错报告、网络诊断、邻节点发现和多播实现等功能。

ICMP 在网络安全、故障诊断和网络管理等方面具有极其重要的意义,常用于以下几方面。

(1) 网络故障诊断:通过 ICMP 报文中的错误和控制信息,可以快速发现网络中的故障和异常情况,如路由问题、防火墙配置错误等。

(2) 网络管理:ICMP 协议可以用于动态地选择和管理路由路径,优化网络性能和减少数据包的延迟和丢失。

(3) 网络控制:通过 ICMP 报文中的重定向和路由请求等类型,可以控制网络中的数据流向和路由选择。

(4) 安全检测和攻击防御:通过检测和记录网络中的 ICMP 数据包,可以快速发现和防御各种攻击行为,如 Ping 洪水攻击、Smurf 攻击等。

4.6.2 ICMP 报文格式和类型

ICMP 报文格式如图 4-16 所示,由 ICMP 报头和 ICMP 数据组成。ICMP 报头长度为 4 字节(32 位),共有三个字段:类型(8 位)、代码(8 位)、校验和(16 位)。

类型字段值表示不同的 ICMP 报文类型;代码字段从属于类型字段,对同一类型的报文进行了更详细的分类;校验和字段用于数据报传输过程中的差错控制。

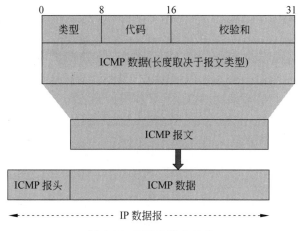

图 4-16　ICMP 报文格式

从功能上划分,ICMP 报文可分为两大类:有关 IP 数据报传递的 ICMP 差错报文和信息配置的 ICMP 信息报文(查询报文)。

ICMPv4 和 ICMPv6 报文类型不同,本书以 ICMPv6 为例介绍各种类型的报文。ICMPv6 类型字段值在 0～127 之间为差错报文,值在 128～255 之间为信息报文。表 4-2 给出了常用的报文类型及其对应的类型字段值。

常见的 ICMPv6 差错报告报文包括目的不可达、分组过大、超时、参数错误。ICMPv6 信息报文分为三大类:诊断、多播组管理、邻节点发现。用于诊断的报文包括回送请求和回送应答报文;用于多播组管理的报文包括多播组侦听查询报文、多播组侦听报告报文、多播组侦听完成报文;用于邻节点发现的报文包括路由器请求报文、路由器公告报文、邻节点请求报文、邻节点公告报文、路由重定向报文。

表 4-2　报文类型及类型值

ICMPv6 报文类型		类　型　值
差错报文	目的不可达	1
	分组过大	2
	超时	3
	参数错误	4

ICMPv6 报文类型			类 型 值
信息报文	诊断	回送请求	128
		回送应答	129
	多播组管理	多播组侦听查询	130
		多播组侦听报告	131
		多播组侦听完成	132
	邻节点发现	路由器请求	133
		路由器公告	134
		邻节点请求	135
		邻节点公告	136
		路由重定向	137

4.6.3 ICMPv6 差错报文

ICMPv6 差错报文是 IPv6 用于指示数据报错误的一种机制。当发送一个 IPv6 数据报文时，如果在数据传输过程中出现问题，那么路由器会发送一个 ICMPv6 差错报文给源节点。

在 ICMPv6 差错报文中，最常见的有以下几种类型。

1. 目的不可达

检查目的地址是否正确，网络是否可达，路由是否配置正确。路由器或主机发送该报文，用于对分组不能传送到目的地址的差错报告。目的不可达(Destination Unreachable)报文的 ICMPv6 报头类型字段值为 1。

ICMPv6 报头中不同代码值表示不同的目的不可达原因，例如：

代码值为 0 表示没有到目的的路由，路由器无法转发；

代码值为 1 表示路由器或防火墙的管理策略禁止与目的节点通信；

代码值为 3 表示目的地址不可达，因链路或无法解析到链路层地址；

代码值为 4 表示端口不可达，已到达目的节点但是不能递交给 TCP 或 UDP 端口，例如端口没有开放。

2. 分组过大

当路由器转发一个分组时，如果发现分组的长度大于准备转发该分组的出口链路最大传输单元(MTU)，会丢弃该分组，并向源节点发送"分组过大"报文。

分组过大报文格式如图 4-17 所示，类型值为 2，代码值为 0，ICMP 数据部分记录在出现分组过大错误时链路 MTU，以及被丢弃分组内容。

在 IPv6 网络中，分组从源节点到目的节点需要通过一个路径来传输。一个路径由多个链路组成。由于不同的链路所采用的协议不同，可能有不同的链路 MTU，而路径最大传输单元(简称 PMTU)必须等于路径中最小的一个链路 MTU，分组过大报文可以用于 IPv6 的

类型(=2)	代码(=0)	校验和
路由器发送接口的链路 MTU		
被丢弃分组的部分内容		

图 4-17　分组过大报文格式

PMTU 发现,其过程如下。

(1) 发送主机假定到达目的节点的 PMTU 等于发送分组的链路 MTU。

(2) 发送主机向目的节点发送长度等于假定 PMTU 值的分组。

(3) 如果路径上有任何路由器的接口链路的 MTU 小于分组的 PMTU,将向发送节点返回 ICMP 分组过大的报文,并丢弃该分组,ICMP 分组过大的报文包含了发送失败节点的接口链路 MTU。

(4) 发送主机再用 ICMP 分组过大的报文 MTU 值作为达到目的节点的 PMTU 重试,直到没有 ICMP 分组过大的报文返回,或收到节点返回的确认分组,那么最后一次发送的 PMTU 值是可行的。

由于 IPv6 头中不支持分段,正在执行 PMTU 发现的节点只是简单地在自己的网络链路上向目的地发送允许的最长分组。如果一条中间链路无法处理该长度的分组,尝试转发 PMTU 发现包的路由器将向源节点回送一个 ICMPv6 分组过大出错报文。然后源节点将发送另一个较小的包。这个过程将一直重复,直到不再收到 ICMP 分组过大出错报文为止,然后源节点就可以使用最新的 MTU 作为 PMTU。

图 4-18 为 PMTU 发现过程示意图。源主机 A 通过光纤分布式接口(FDDI)网络、帧中继和以太网向目的主机 B 发送数据包。每个数据链路都有其特定的最大传输单元(MTU)大小,这是发送方和接收方之间交换信息时需要考虑的一个重要参数。在图中,源主机 A 使用 FDDI 接口发送了数据包,数据包的 MTU 值为 4352 字节,路由器 R1 准备转发到帧中继链路上时,由于数据包 MTU 值大于链路的 MTU 值(1592B),该分组被丢弃,并且路由器 R1 向源主机 A 发送 ICMP 分组过大差错报文,该报文中记录了链路的 MTU 为 1592B。源主机收到分组过大报文后获得链路 MTU,再次发送 MTU 为 1592B 的分组,到达路由器 R2,由于链路 MTU 为 1500B,该分组被丢弃,并且路由器 R2 向源主机 A 发送 ICMP 分组过大差错报文,该报文中记录了链路的 MTU 为 1500B。之后,源主机 A 收到分组过大报文后获得链路 MTU,再次发送 MTU 为 1500B 的分组,该分组成功被目的主机 B 接收。

3. 超时

超时报文的类型字段值为 3。

若代码字段值为 0,表示数据包传送过程中超过了跳数的限制值。IPv6 报头中的跳数限制字段值在发送过程中减至 0 时,路由器将丢弃该分组,并向发送该分组的源节点发送超时报文,通知源节点其报文在传输过程中发生错误。

若代码字段值为 1,表示分组重组超时的时候会发送超时报文给源站点。接收端若在收到第 1 个分片后 60s 内还没有收到全部分片,则丢弃所有分片,并发送代码为 1 的超时报文给源站点。

4. 参数错误

当路由器或主机接收到一个分组的基本报头或扩展报头出现错误,而不能继续处理时,

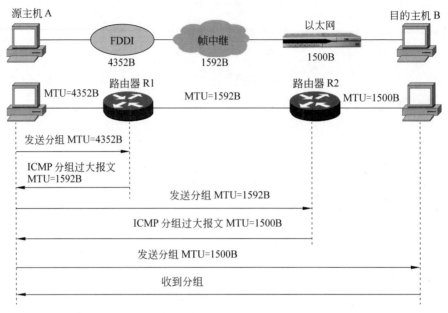

图 4-18　PMTU 发现过程

路由器将丢弃该分组，并发送"参数错误"报文。

ICMPv6 参数错误的类型字段值为 4。

若代码字段值为 0 则表示错误的报头字段；若代码字段值为 1 则表示不可识别的下一报头类型；若代码字段值为 2 则表示不可识别的 IPv6 的扩展头选项。

4.6.4　ICMPv6 诊断报文

诊断报文用来检查目的地址是否能够到达，用于实现网络连通性测试 Ping 与路径跟踪 Tracert 等功能。

诊断报文包括回送请求报文和回送应答报文，通常用于诊断网络连接。诊断报文格式如图 4-19 所示。

类型	代码	校验和
标识		序列号
数据		

图 4-19　诊断报文格式

（1）回送请求报文（Echo Request，Type＝128）。用于探测目标节点可达性，向目标节点发送回送请求报文，以使目标节点立即发回一个回送应答报文。这种报文通常用于网络诊断，如 Ping 操作。回送请求报文的类型字段值为 128，代码字段的值为 0。标志符（Identifier）和序列号（Sequence Number）字段由发送方主机设置，用于将即将收到的回送应答报文与发送的回送请求的报文进行匹配，例如发送的回送请求分组的报文序列号是 1，回复的回送应答报文序列号也是 1。

（2）回送应答报文（Echo Reply，Type＝129）。当收到一个回送请求报文时，ICMPv6

会用回送应答报文响应。回送应答报文的类型字段的值为 129,代码字段的值为 0。标志符和序列号字段的值设置为与回送请求报文中的相应字段相同。

ICMP 回送请求/应答报文对是 Ping 功能的基础。Ping 命令是一种测试网络连接和目的主机是否能够到达的通用方法。

Tracert 命令使用 ICMPv6 的回送请求报文、超时报文以及回送应答报文,追踪数据包在网络中的路径,帮助确定数据包在网络中经过的每一跳路由。

如图 4-20,源主机 A 先发送跳数限制值为 1 的回送请求报文,第一个收到的路由器 R1 将跳数限制减一为 0 的分组丢弃,并向源节点发送超时报文,报文中选项包含路由器地址。接下来源主机 A 发送跳数限制值为 2 的回送请求报文,第 2 个收到的路由器 R2 将跳数限制减一为 0 的分组丢弃,并向源节点发送超时报文,报文中选项包含路由器地址。继续执行以上过程,直至到达目的节点,目的主机 B 返回回送应答报文,这样源主机 A 可以获得目的主机 B 的路径列表。

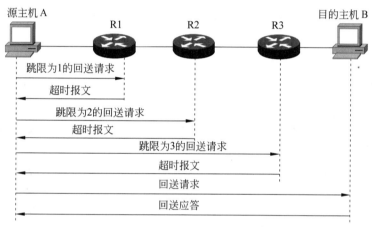

图 4-20 Tracert 工作过程示意图

4.6.5 邻节点发现协议与 ICMPv6 报文

邻节点发现协议(Neighbor Discovery Protocol,NDP)包括一组 ICMPv6 信息报文,用于实现地址解析、地址自动配置、邻居可达性检测和重定向功能。邻节点发现协议取代了 IPv4 中使用的 ARP、IGMP 功能。

1. 邻节点发现协议的基本功能

(1)地址解析。主机通过发送邻节点请求报文来查询目标节点的链路层地址。目标节点通过邻节点通告报文响应,提供其链路层地址。

(2)邻节点可达性检测。主机通过定期发送邻节点请求报文,验证邻节点的可达性。邻节点通过邻节点通告报文响应,确认其可达。

(3)重复地址检测。节点在配置新的 IPv6 地址时,发送邻节点请求报文检查是否有其他节点使用该地址。如果没有收到邻节点通告报文,则地址没有被使用,可以安全使用。

(4)路由器发现。主机通过发送路由器请求报文来请求路由器发送路由器通告报文。路由器定期发送路由器发送路由器通告报文,提供网络配置信息。

（5）前缀发现。主机通过接收路由器通告报文中的前缀信息，自动配置 IPv6 地址。

（6）重定向。路由器通过重定向报文，通知主机采用更优的路由。

2. NDP 的 ICMPv6 信息报文

（1）路由器请求报文（类型值 133）。该消息由主机向本地路由器发出，用来请求路由器发送路由器通告消息。

（2）路由器通告报文（类型值 134）。路由器以多播方式向所在链路发送，通告其存在性及其相关的配置参数，如前缀、MTU 和其他参数。该消息发送有两种方式，一种是非请求、周期性的路由器通告；另一种是收到主机发出的路由器请求后作为应答发出。

（3）邻节点请求报文（类型值 135）。节点发送邻节点请求消息来请求获得邻节点的链路层地址，用于地址解析和邻节点可达性检测。

（4）邻节点通告消息（类型值 136）。节点在收到邻节点请求消息或链路层地址改变时，发送邻节点通告消息，向邻节点通告自己的链路地址信息。

（5）重定向消息（类型值 137）。路由器发送重定向消息告诉主机重新定向它发送分组到目的节点的路径，通知主机存在更优的路由。

1）路由器请求报文

当主机接入网络时，首先激活网络接口，主机将立即发送一个路由器请求报文，请求本地链路的路由器发出带有各种路由器信息的路由器公告报文。图 4-21 为路由器请求报文格式。

类型	代码	校验和
保留(4字节)		
选项		

图 4-21　路由器请求报文格式

路由器请求报文的类型字段值为 133；代码字段值为 0；校验和（16 位）用于检验消息完整性；保留字段 4 字节设置为 0；选项字段为源链路层地址，如果链路层采用以太网，则该选项为发送主机接口的 MAC 地址。接收报文的路由器从报文中可以得到源主机的链路层地址。当路由器应答请求报文时，不需要使用多播地址，直接向提出请求的节点发送路由器通告报文。

路由请求报文被封装在 IPv6 数据报中，发送路由请求报文 IPv6 分组基本报头中，源 IP 地址是发送主机接口的链路本地地址，或者是未指定地址（::），目的 IP 地址为链路本地所有路由器的多播地址（FF02::2）。

2）路由器通告报文

路由器周期性地发送路由器通告报文（每 5 分钟发送一个）。另一种情况是主机可以主动向路由器发送路由器请求报文，路由器一旦收到路由器请求报文，将立即发送路由器通告报文。节点根据路由器通告报文更新路由器的信息。路由器通告报文包括主机配置需要的一些信息，例如链路地址、链路 MTU、链路网络前缀、地址自动配置等。路由器通告报文格式如图 4-22 所示。

类型字段的值为 134；代码字段必须置为 0。

最大跳数（8 位）：与 IPv6 基本报头的跳数限制字段的值一致。

类型	代码		校验和	
最大跳数	M	O	保留	路由器生存时间(s)
可到达时间(ms)				
重传时间(ms)				
选项代码	选项长度		选项	

图 4-22　路由器通告报文格式

校验和字段：保存整个 ICMPv6 报文的校验和。

M：管理地址配置标志。M 值为 1 表示除了使用无状态自动地址配置,还必须用有状态的地址自动配置协议 DHCPv6 来获得地址。

O：其他状态配置标志。O 值为 1 表示使用有状态的地址自动配置协议 DHCPv6 来获得其他自动配置项目,如 MTU、前缀等。

路由器生存时间：此路由器作为默认路由器的有效时间(单位为 s)。

可到达时间：指定节点可达时间(单位为 ms)。

重传时间：指定重传定时器的值(单位为 ms)。

选项：包含源链路层地址选项、MTU 选项、前缀信息选项等。不同选项类型的选项代码、选项长度和内容不同。选项代码为 1 表示该选项内容为源链路层地址选项;选项代码为 5 表示该选项内容为链路的 MTU 大小。选项代码为 3 定义了该链路的网络前缀,链路可拥有多个前缀,所以可以包含多个这种类型的选项。

发送路由通告 ICMPv6 报文的 IPv6 分组基本报头中,源 IP 地址是路由器发送接口的链路本地地址,目的 IP 地址为链路本地所有节点的多播地址(FF02::1)。

3) 邻节点请求报文

邻节点请求报文由主机节点发出,解析链路上其他 IPv6 主机接口的 MAC 地址,检查邻节点是否可以到达。

邻节点请求报文可用于地址解析 ARP 功能,邻节点请求报文一般以多播的形式发送,主机收到邻节点请求报文,检查该报文中的 IPv6 地址。如果主机地址与请求报文的地址匹配,则发送邻节点通告报文(该报文包含主机数据链路层地址)。

邻节点请求报文也可以用于探测目的主机连通性,邻节点请求报文以单播 IPv6 分组的形式发送。如果发送者收到了应答的邻节点通告报文,则认为目的地址可达;否则认为目的主机不可达。

在地址自动配置中,邻节点请求报文可用于重复地址检测。

邻节点请求报文的结构如图 4-23 所示。类型字段值为 135;代码字段为 0;保留字段 4 字节设置为 0;目的地址字段为目的节点的 IPv6 地址;链路层地址选项字段为发送该报文的源主机 MAC 地址。

4) 邻节点通告报文

邻节点公告报文应答邻节点请求报文,或主动发送未经请求的邻节点公告报文通告链

类型	代码	校验和
保留(4字节)		
目的地址		
链路层地址选项		

图 4-23　邻节点请求报文格式

路层地址的改变。

邻节点通告报文的结构如图 4-24 所示。

类型			代码	校验和
R	S	O	保留(4字节)	
目的地址				
目的链路层地址				

图 4-24　邻节点通告报文格式

类型字段的值为 136;代码字段值为 0。

路由 R 标志位,R=1 表示路由器发送该报文。

请求 S 标志位,S=1 表示是对邻节点请求报文的响应。

覆盖 O 标志位,O=1 表明收到该报文的主机应该用可选项字段中的目的数据链路层地址,更新当前邻节点高速缓存表的链路层地址。

目的地址:对于请求通告报文,是邻节点请求报文中的目的地址;对于非请求通告,表示发出报文节点的地址。

目的链路层地址:发出邻节点公告报文节点的链路层 MAC 地址。

发送邻节点通告 ICMPv6 报文的 IPv6 分组基本报头中,源 IP 地址是发送接口的 IP 地址。目的 IP 地址有两种情况:如果是响应请求,则是发送请求者的 IP 地址,如果发送者 IP 地址是未指定地址,则为所有节点多播地址;如果邻节点通告是主动发送的,则目的 IP 地址为所有节点多播地址。

5) 重定向报文

重定向报文由路由器向主机节点发出,通知主机对于指定的目的节点有一个更好的路由。

重定向报文的结构如图 4-25 所示。类型字段值为 137;代码字段值为 0;下一跳地址字段为更好的第一跳地址;目的地址字段为引起路由器发送重定向报文的目的主机地址;选项字段是下一跳链路层地址。

类型	代码	校验和
保留		
下一跳地址		
目的地址		
选项		

图 4-25　重定向报文格式

4.6.6 多播组管理报文

多播组管理报文用于管理和控制 IPv6 网络中的多播组成员身份。这些报文是多播监听发现(Multicast Listener Discovery,MLD)协议的一部分,MLD 协议用于管理网络中主机和路由器之间的多播通信,在主机与路由器之间交换多播组成员信息,使路由器能发现连接的子网上所有主机的多播地址和特定多播地址的组成员。MLD 代替了 IPv4 的 IGMP,定义了在主机和路由器之间交换的一系列报文,路由器使用这些报文来发现它所连接的子网上所有主机的多播地址。

MLD 定义了如下三种关键的 ICMPv6 信息报文类型。

(1)多播组侦听查询(类型 130)。支持 IPv6 多播的路由器使用多播组侦听查询报文查询多播组的成员身份,用于发现在直连的链路上哪些多播地址有接收者。多播组侦听查询分为一般查询报文和特定多播地址查询报文:一般查询是路由器周期性地查询一个子网中的所有主机,是否存在多播组成员;特定多播地址查询是路由器在子网的所有主机中查询一个指定的多播组成员。

(2)多播侦听报告(类型 131)。处于侦听状态的节点在接收到指定多播地址的多播分组时,会立即使用多播监听报告报文来报告它侦听的地址,或者是响应多播组侦听查询报文。

(3)多播侦听完成(类型 132)。用于通知本地路由器,子网上对应于指定多播地址的多播组中,已经没有任何组成员了。当响应最后一个多播组侦听查询报文的组成员离开多播组时,它会发送多播侦听完成报文。

上面三种多播组管理报文的结构是相同的,如图 4-26 所示。

类型	代码	校验和
最大响应延时		保留
多播地址		

图 4-26 多播组管理报文格式

最大响应延时:表示节点从多播侦听查询到响应允许的最大延迟时间(单位为 ms)。

多播地址字段:被送往某个多播组地址的目的主机,该字段值与 IPv6 的目的主机地址字段相同,对所有多播组进行组成员查询时,目的节点是所有节点的地址,此时多播地址为未指定地址(::)。

习题

4-1 网络层的作用是什么?

4-2 简述网络层与传输层的关系。

4-3 网络层提供虚电路和数据报服务有什么区别?简述各自的优缺点。

4-4 假设有一个 C 类网络 192.168.1.0/24,需要划分成 8 个子网,请给出划分子网后的子网掩码,每个子网的地址范围是什么?

4-5 IPv6 地址类型有哪几种?

4-6　简述 IPv4 与 IPv6 数据报报头结构。

4-7　简述 RIP、OSPF 和 BGP 路由协议的主要特点。

4-8　什么是路径最大传输单元 PMTU？IPv6 中如何获得网络 PMTU？

4-9　如何利用 ICMPv6 报文实现路径跟踪？

4-10　简述邻节点发现协议的功能，ICMPv6 中哪些报文能用于邻节点发现？

第 5 章　数据链路层

本章首先介绍数据链路层的功能,理解其差错控制和流量控制方法;然后着重介绍共享介质的多路访问控制协议,以及以太网和交换局域网等目前最流行的有线局域网技术。尽管无线局域网属于链路层范围,但本书将在第 8 章无线及移动通信中对其进行详细介绍。

5.1　数据链路层概述

数据链路层利用不可靠的物理链路向网络层提供可靠的数据链路,实现网络中两个相邻节点之间的无差错数据传输。

5.1.1　数据链路与帧

物理链路(物理线路)是由传输介质与设备组成的。原始的物理传输线路指没有采用高层差错控制的基本的物理传输介质与设备。数据链路(逻辑线路)构建在一条物理线路之上,通过一些规程或协议来控制这些数据的传输,以保证被传输数据的正确性。实现这些规程或协议的硬件和软件加到物理线路,就构成了数据链路,即从数据发送点到数据接收点所经过的传输途径。当采用复用技术时,一条物理链路上可以有多条数据链路。

运行链路层协议的设备称为节点(node),节点包括主机、路由器、交换机和 Wi-Fi 接入点。沿着通信路径连接相邻节点的通信信道称为链路(link)。数据链路层负责将数据报从一个节点通过链路传输到另一个物理连接的相邻节点。为了将一个数据报从源主机传输到目的主机,数据报必须通过沿端到端的路径来传输,一个路径由多条链路组成,此外还必须有控制规程(协议)来控制数据的传输。数据报可以在不同的链路传输,每段链路可以采用不同的链路层协议,例如,可以在第一段链路采用以太网技术,在中间链路采用帧中继技术,在最后一段链路采用 802.11 无线以太网技术。

图 5-1 所示网络中,移动终端 A 发送数据报到服务器 B,该数据报将经过 6 段链路:移动终端 A 到无线接入点之间的无线链路(Wi-Fi),无线接入点与交换机之间的以太网链路,交换机与路由器之间的链路,两台路由器之间的链路,路由器与第二层交换机之间的链路,交换机和服务器 B 之间的以太网链路。在通过特定的链路时,传输节点将数据报封装在链路层帧中,并将该帧传送到链路中。

数据链路层将数据报封装成帧,帧是数据链路层的传送单位,它将网络层的分组封装成帧,每一帧包括帧头、净荷(网络层的分组,IP 数据报)、帧尾,如图 5-2 所示。帧头包含 MAC 地址信息,以识别原主机和目标主机的 MAC 地址。

5.1.2　数据链路层功能

数据链路层是 OSI 参考模型中的第二层,介于物理层和网络层之间。数据链路层在物

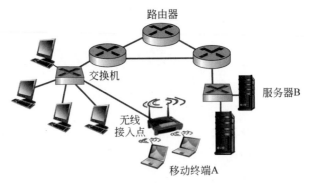

图 5-1　数据传输的不同数据链路

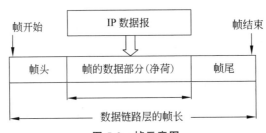

图 5-2　帧示意图

理层提供的服务的基础上向网络层提供服务,其最基本的服务是将源自网络层的数据可靠地传输到相邻节点的目标主机网络层。其主要作用是加强物理层传输原始比特流的功能,将物理层提供的可能出错的物理连接改造成为逻辑上无差错的数据链路,使之对网络层表现为一条无差错的链路。

如图 5-3 所示,节点 A 的数据链路层把网络层传送来的 IP 数据报封装成帧,添加帧头和帧尾信息,然后将其传送给物理层的数据单元。帧头包括地址和其他控制信息,这一级的地址指的是网络中接收帧的相邻节点的物理地址。这些地址随着帧在从源节点到目的节点的路由上所经过不同的节点而发生变化。到达目的节点后,若节点 B 的数据链路层收到的帧无差错,则从收到的帧中提取出 IP 数据报交给网络层,否则丢弃这一帧。数据链路层不必考虑物理层如何实现比特传输的细节,甚至可以更简单地设想好像是沿着两个数据链路层之间的水平方向把帧直接发送给对方。

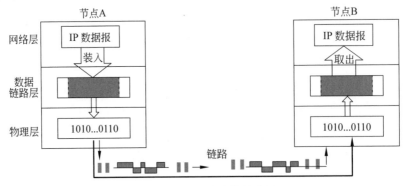

图 5-3　数据链路层帧的传输

数据链路层的功能如下。

（1）链路管理。

链路层对数据报传输提供了不同级别的服务，从无连接、无确认服务到可靠的面向连接服务。链路管理负责数据链路的建立、维持和释放，主要用于面向连接的服务，为网络层提供链路服务。通信前，必须首先确认对方已处于就绪状态（如发送一个询问帧），并交换一些必要的信息以对帧序号初始化，然后才能建立连接。在传输过程中则要维持该连接，传输完毕后则要释放连接。

（2）封装成帧与帧同步。

数据链路层将数据报封装为数据帧，增加头部和尾部信息，然后以帧为单位发送、接收和校验数据。此外，为了能在接收方收到的比特流中明确区分出一帧，发送方必须建立和区分帧的边界（起始和终止），保证发送方与接收方帧同步。

（3）差错控制。

数据链路层中通过检错与纠错实现对物理层传输原始比特流的功能加强，在链路层实现数据可靠传输。当接收到数据帧后，接收数据的一方对其进行检验，如果发现错误，则通知发送方重传。

（4）流量控制。

根据接收站的接收情况，发送数据的一方实时地进行传输速率控制，避免发送数据过快，接收方来不及处理，使缓冲区溢出而丢失数据。

5.1.3 数据链路层协议

数据链路层服务和规范是按基于各种技术的多种标准和各协议所应用的介质定义的。数据链路层中的工作协议和服务是由工程组织（如 IEEE、ANSI 和 ITU）和通信公司描述的。工程组织设置公共开放式标准和协议，通信公司可能设置和使用私有协议以利用新的技术进步和市场占有。数据链路层进程将在软件和硬件中执行。该层中的各协议的实施位置为连接设备和物理网络的网络适配器电子元件。

最典型的数据链路层协议是 IEEE（Institute of Electrical and Electronics Engineers，美国电气和电子工程师协会）开发的 802 系列规范，IEEE 802 LAN/MAN 标准专用于以太网局域网、无线局域网（WLAN）、无线个人区域网（WPAN）和其他类型的局域网和城域网。为了使数据链路层能更好地适应多种局域网标准，IEEE 802 系列规范将数据链路层拆成两个子层：逻辑链路控制层（Logic Link Control，LLC）和介质访问控制层（Media Access Control，MAC）。与接入传输媒体有关的内容都放在 MAC 子层，而 LLC 子层则与传输媒体无关，不管局域网采用何种协议，对 LLC 子层来说都是透明的。

LLC 子层负责建立和维护两台通信设备之间的逻辑通信链路；用户的数据链路服务通过 LLC 子层为网络层提供统一的接口。LLC 子层获取网络协议数据（通常是 IPv4 或 IPv6 数据包）并加入第二层控制信息，帮助将数据包传送到目的节点。

MAC 子层控制多个信息通道复用一个物理介质，负责数据封装和介质访问控制。它提供数据链路层寻址，并与各种物理层技术集成。最常用的方法是使用适配器（即网卡）来实现数据链路协议。MAC 子层提供对网卡的共享访问与网卡的直接通信。网卡在出厂前会被分配唯一的由 12 位十六进制数表示的 MAC 地址（物理地址），MAC 地址可提供给高层,以在同一个局域网中的两台设备之间建立逻辑链路。

IEEE 802 参考模型已成为局域网的标准,以太网已经成为局域网的主流技术,在局域网市场中已取得了垄断地位,由于因特网发展很快而 TCP/IP 体系中经常使用的局域网只有 DIX Ethernet V2(世界上第一个局域网产品——以太网规范),因此现在 802 委员会制定的逻辑链路控制子层 LLC(即 802.2 标准)的作用已经不大了,很多厂商生产的适配器上仅装有 MAC 协议而没有 LLC 协议。在 DIX Ethernet V2 基础上,IEEE 制定了 802.3 标准,DIX Ethernet V2 标准与 IEEE 的 802.3 标准只有很小的差别,因此可以将 802.3 局域网简称为以太网。

IEEE 802 委员会公布了许多标准,目前主要协议如下。

(1) 802.1:802 协议概论,其中 802.1A 规定了局域网体系结构,802.1B 规定了寻址、网络互联与网络管理。

(2) 802.2:LLC 协议。

(3) 802.3:以太网的 CSMA/CD(Carrier Sense Multiple Access/Collision Detect,载波监听多路访问/冲突检测) 协议,其中 802.3i 规定了 10Base-T 访问控制方法与物理层规范,802.3u 规定了 100Base-T 访问控制方法与物理层规范,802.3ab 规定了 1000Base-T 访问控制方法与物理层规范,802.3z 规定了 1000Base-SX 和 1000Base-LX 访问控制方法与物理层规范。

(4) 802.4:令牌总线(TokenBus)访问控制方法与物理层规范。

(5) 802.5:令牌环访问控制方法。

(6) 802.6:城域网访问控制方法与物理层规范。

(7) 802.7:宽带局域网访问控制方法与物理层规范。

(8) 802.8:FDDI 访问控制方法与物理层规范。

(9) 802.9:局域网上的语音/数据集成规范。

(10) 802.10:局域网安全互操作标准。

(11) 802.11:无线局域网(WLAN)标准协议。

(12) 802.12:100VG-Any 局域网访问控制方法与物理层规范。

(13) 802.14:协调混合光纤同轴网络的前端和用户站点间数据通信的协议。

(14) 802.15:无线个人网技术标准,其代表技术是蓝牙技术。

(15) 802.16:无线 MAN 空中接口规范。

5.2 差错控制和流量控制

实际通信中,差错的产生主要是由于线路本身电气特性所产生的随机噪声(热噪声)、信号振幅、频率和相位的衰减或畸变、电信号在传输介质上的反射回音效应、相邻线路的串扰、外界的电磁干扰和设备故障等因素造成的。为保证无差错通信,需要通信系统提供一种发现错误和纠正错误的机制。

5.2.1　差错检测方法

数据链路层差错检测和纠正技术主要针对的是比特差错(比特在传输过程中可能会产生差错:1 可能会变成 0,而 0 也可能变成 1)。对一个节点发送到一个相邻节点的帧,检测是否出现比特差错并纠正。

数据链路层使用差错校验码来检测数据在传输过程中是否产生了比特差错。

在发送节点,将待发送数据附加若干比特的差错校验码,一起发送到链路。这里的数据包括网络层传来的数据报,以及链路级寻址信息、序列号和其他字段,保护范围包括数据的所有字段。

在接收节点,接收包含数据和差错校验码的比特序列。如果发生传输比特差错,收到数据和差错校验码可能与发送的数据和差错校验码不同。接收方根据收到的数据和差错校验码,判断收到的数据是否和初始的数据位相同,以判断数据的传输是否正确。若正确则解封取出数据报,交给网络层;若出错则进行差错处理。接收方利用收到的数据位按照规则来计算差错校验码,判断计算的差错校验码是否与收到的差错校验码相同,相同则无错误,不相同则有错误。

常见的差错检测技术包括奇偶校验方法、校验和方法,以及循环冗余校验。

(1) 奇偶校验。在待发送的数据后面添加 1 位奇偶校验位,使整个数据(包括所添加的校验位在内)中 1 的个数为奇数(奇校验)或偶数(偶校验)。

如果系统有奇数位发生误码,则奇偶性发生变化,可以检查出误码;如果有偶数位发生误码,则奇偶性不发生变化,不能检查出误码,产生漏检。

因此,奇偶校验仅能检测奇数个的错误,漏检率比较高,仅适用于异步的数据传输,计算机网络的数据链路层一般不采用这种检测方法。

(2) 校验和。校验和是在数据通信领域和数据处理的过程中,用来进行校验的一组数据项的总和。校验和差错检测基本思想是求数据的总和,将数据总和作为校验码发送到网络接收端。

在发送方,将数据的每 2 字节当作一个 16 位的整数,可分成若干整数;对所有 16 位的整数求和;对得到的和逐位取反,作为检查和,放在报文段首部,一起发送。

在接收方,对接收到的信息(包括校验和项)按与发送方相同的方法求和。如果结果全为 1,则收到的数据无差错;如果结果中有 0,则收到的数据出现差错。

校验和位数比较少,分组开销小,但是差错检测能力弱,适用于对所传数据的准确性要求不是特别高的情况,因此,校验和方法更适用于传输层(差错检测用软件实现,该方法简单、快速)。

(3) 循环冗余校验(Cyclic Redundancy Check,CRC)。CRC 是一种检错能力很强的检错方法,漏检率极低,在数据通信中利用广泛,可以任意选定校验字段和信息字段的长度。CRC 校验的原理是在数据码之后拼接校验码,并将原信息与校验码一同发送到接收端。

上面三种差错检测方法中,奇偶校验能力最弱,通常用于简单的串口通信;校验和通常用于网络层及其之上的层次,要求简单快速的软件实现方式;CRC 校验能力最强,通常用于数据链路层的差错检测,一般由适配器硬件实现。

5.2.2 CRC 原理

CRC 编码也称为多项式编码,把要发送的比特序列看作系数是 0 或 1 的一个多项式,对比特序列的操作看作多项式运算。在代数编码理论中,为了便于计算,把码组中各码元当作一个多项式的系数,即把 $(a^{n-1}, a^{n-2}, \cdots, a^1, a^0)$ 长度为 n 的码组表示成

$$T(x) = a^{n-1}X^{n-1} + a^{n-2}X^{n-2} + a^1X + a^0$$

例如,101011 这个比特序列,如果用多项式表示,每个比特作为多项式的系数,则为 $X^5 + X^3 + X^1 + 1$。

CRC 差错检测的基本思想为:收发双方约定一个生成多项式 $G(x)$(其最高阶和最低阶系数必须为1),发送方基于待发送的数据和生成多项式计算出差错检测码,在待传输数据帧的末尾加上校验位一起传输,使带校验位的帧的多项式能被 $G(x)$ 整除;接收方收到后,用生成多项式 $G(x)$ 除以带校验位的帧,若有余数,则产生了误码。

设发送节点要把数据 D(m 比特)发送给接收节点。校验位计算算法如下。

(1) 发送方和接收方先共同选定一个生成多项式 $G(x)$($r+1$ 比特),最高有效位(最左边)是 1。设 $G(x)$ 为 r 阶,则在数据帧的末尾加 r 个 0,即 $D \times 2^r$,使帧为 $m+r$ 位,相应多项式为 $x^r M(x)$。

(2) 按模 2 除法,用生成多项式 $G(x)$ 的各项系数构成的位串作为除数,去除对应于 $x^r M(x)$ 的位串,余数为 $R(x)$。(注:模 2 除法,加法没有进位,减法没有借位。加法和减法都等同于异或运算。)

(3) 将对应于 $x^r M(x)$ 的位串与余数 $R(x)$ 进行异或运算,结果就是要传送的带校验和的多项式 $T(x)$,$T(x) = x^r M(x) + R(x)$,亦即发送方传送带校验位的帧为 $D \times 2^r$ xor R(D 为待传输数据,R 是由 $D \times 2^r$ 除以 $G(x)$ 位串的余数)。

在接收方,用生成多项式 $G(x)$ 去除接收到的 $T(x)$($m+r$ 比特),如果余数不为 0,则传输发生差错;如果余数为 0,则传输正确,去掉尾部 r 位,得到所需数据 D。

CRC 编码可以用软件实现,但通常用硬件实现 CRC 的编码、译码和判错。

数学分析表明,当 $G(x)$ 具有某些特点时,才能检测出各种不同错误。为了能对不同场合下的各种错误模式进行校验,已经研究出了几种 CRC 生成多项式的国际标准,常见的有 8 位、16 位、32 位生成多项式 G;8 位 CRC(CRC-8)用于 ATM 信元首部的保护;32 位 CRC(CRC-32)用于大量链路层 IEEE 协议。

CRC-8 生成多项式为 $G(X) = X^8 + X^5 + X^4 + 1$。

CRC-16 生成多项式为 $G(X) = X^{16} + X^{12} + X^5 + 1$。

CRC-32 生成多项式为 $G(X) = X^{32} + X^{26} + X^{23} + X^{22} + X^{16} + X^{12} + X^{11} + X^{10} + X^8 + X^7 + X^5 + X^4 + X^2 + X + 1$。

【例 5-1】 考虑 CRC 算法。假设生成多项式 $G(X) = X^3 + 1$($r = 3$),数据有效负载(D)是 101110,则与该数据有效载荷相关的 CRC 位如何计算?实际发送的帧是什么?

解 $G(x)$ 为 3 阶,首先取 D 值 101110,乘以 2^3,即在帧的低位端加上 3 个 0,则帧为 9 位,101110000。然后,用模 2 算法将这个数字除以生成多项式位串 $G = 1001$。除法后的最后余数 R 是 CRC 位,则实际发送的帧 $T(x)$ 为 101110011。计算结果如下。

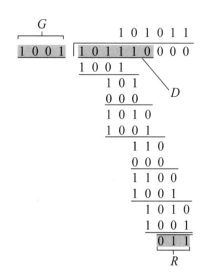

值得注意的是，在数据链路层若仅使用循环冗余校验 CRC 差错检测技术，则只能做到对帧的比特进行差错检验，并不能保证数据链路层向网络层提供"可靠传输"的服务。通常传输差错除了比特差错外，可能收到的帧并没有出现比特差错，但却出现了帧丢失、帧重复或帧失序。OSI 要求数据链路层做到可靠传输，在 CRC 检错的基础上，增加了帧按序编号、确认和重传机制。收到正确的帧就要向发送端发送确认。发送端在一定的期限内若没有收到对方的确认，就认为出现了差错，需要进行重传，直到收到对方的确认为止。这种方法在早期的数据链路层协议中曾经起到很好的作用。但现在通信线路的质量已经大大提高了，由通信链路质量问题引起差错的概率已经大大降低。因此，因特网广泛使用的数据链路层协议都不使用确认和重传机制。如果在数据链路层传输数据时出现了差错并且需要进行改正，则由上层协议（传输层的 TCP）来完成纠错任务。

5.2.3 流量控制

由于收发双方各自使用的设备工作速率和缓冲存储空间的差异，可能出现发送方发送能力大于接收方接收能力的现象，如若此时不对发送方的发送速率（即链路上的信息流量）作适当的限制，前面来不及接收的帧将被后面不断发送来的帧"淹没"，造成帧的丢失，从而出错。因此，流量控制实际上是对发送方数据流量的控制，使其发送速率不超过接收方能够处理的能力。流量控制并不是数据链路层所特有的功能，许多高层协议中也提供流量控制功能，数据链路层的流量控制是点对点的，控制的是相邻两节点之间数据链路上的流量；而传输层的流量控制是端到端的，控制的是从源主机到目的主机之间端的流量。

流量控制需要通过某种反馈机制使发送方知道接收方是否能跟上发送方，即需要有一些规则使得发送方知道在什么情况下可以接着发送下一帧，在什么情况下必须暂停发送，要等待收到某种反馈信息后继续发送。常用的流量控制方法是停止等待（stop and wait）和滑动窗口（sliding window）等机制。

停止等待机制指每发送完一个帧就停止发送，等待对方的确认，在收到确认后再发送下一个帧，传输效率较低。

滑动窗口机制是发送方在收到确认帧前可以发送若干帧。发送方允许连续发送的帧的序号,称为发送窗口,用来对发送方进行流量控制,发送窗口的大小代表在还未收到对方确认信息的情况下发送方最多还可以发送多少个数据帧;接收方允许接收帧的序号,称为接收窗口,用于控制可以接收哪些数据帧。只有收到的数据帧的序号在接收窗口内时,才允许将该数据帧收下,否则将其丢弃。窗口在数据传输过程中根据控制向前滑动,只有接收窗口向前滑动,同时接收方发送了确认帧时,发送方收到确认帧后,发送窗口才有可能向前滑动,从而控制数据传输过程,并对发送方在收到接收方的确认之前能够传输的帧数目进行了限制。

5.3 介质访问控制协议

目前网络中的链路可分为两类:一类是点对点链路,即链路两端各一个节点,一个发送数据、另一个接收数据,如点对点协议 PPP;另一类是广播链路,即多个节点连接到一个共享的广播信道,广播信道中的每个节点都可能发送和接收数据帧,如果多个节点同时向共享信道发送数据,会导致信道中的信号相互干扰,使数据帧不能正确接收,因此,需要解决如何协调多个发送和接收节点对共享广播信道的访问,即多路访问控制问题,相关技术称为多路访问协议。广播链路常用于局域网中,如早期的以太网和无线局域网。数据链路层中介质访问控制(MAC)子层,用于实现广播链路中的信道分配,解决信道争用问题。

5.3.1 MAC 协议

理想的 MAC 协议是给定速率为 R bps 的广播信道,期望当只有一个节点传输数据时,它可以以速率 R 发送;当有 M 个节点期望发送数据时,每个节点发送数据的平均速率是 R/M。介质访问实现完全分散控制,无须特定节点协调。

目前已有的 MAC 协议有三种类型,分别是信道划分 MAC 协议、随机访问 MAC 协议和轮转 MAC 协议。

1. 信道划分 MAC 协议

采用多路复用技术把信道划分为小片(时隙),给节点分配专用的小片。目前主要的信道划分协议包括时分多路接入(TDMA)、频分多路接入(FDMA)、码分多路接入(CDMA)等。

(1) 时分多路接入的基本思想是将时间划分为时间帧,每个时间帧再划分为 N 个时隙(长度=分组传输时间),分别分配给 N 个节点。每个节点只在固定分配的时隙中传输,周期性接入信道。TDMA 的特点是能避免冲突,将链路资源进行公平分配,每个节点专用速率 R/N bps;但是节点速率有限(R/N bps),当其他节点没有数据要传输时,需要发送数据的节点也不能充分利用链路资源。因此,TDMA 的效率不高,节点必须等待其传输时隙到来时才能发送数据。

(2) 频分多路接入的基本思想是将总信道带宽划分为若干频带(带宽为 R/N),分别分配给 N 个节点,每个站点分配一个固定的频带,无空闲传输频带。FDMA 的特点是可以避免冲突,实现链路资源的公平分配;但是,每个节点可以占用的带宽有限(R/N),效率不高。

(3) 码分多路接入(CDMA)的基本思想如下:每个节点分配一个唯一的编码,每个节点用其唯一的编码对发送的数据进行编码,允许多个节点"共存",信号可叠加,即可以同时传输数据。

2. 随机访问 MAC 协议

随机访问协议的基本思想是信道不划分。当节点要发送分组时,利用信道全部数据速率 R 发送分组。发送数据前,节点间没有协调,两个或多个节点同时传输会产生冲突。在发生冲突时,采用冲突恢复机制,冲突的每个节点分别等待一个随机时间,再重发,直到帧(分组)发送成功。

随机访问 MAC 协议需要定义如何检测冲突,以及如何从冲突中恢复。目前典型随机访问协议有 ALOHA 协议、载波监听多路访问协议(Carrier Sense Multiple Access, CSMA)、带冲突检测的载波监听多路访问协议(CSMA with Collision Detection,CSMA/CD)、冲突避免的载波监听多路访问协议(CSMA with Collision Avoidance,CSMA/CA)。

ALOHA 是夏威夷大学研制的一个无线电广播通信网,采用星型拓扑结构,使地理上分散的用户通过无线电来使用中心主机。中心主机通过下行信道向其他主机广播分组;非中心主机通过上行信道向中心主机发送分组(可能会冲突,无线电信道是一个公用信道)。

目前以太网广泛使用的是 CSMA/CD 协议,无线以太网 802.11 中采用的协议是 CSMA/CA,将在 5.3.2 节和 5.3.3 节详细介绍。

3. 轮转 MAC 协议

轮转链路访问控制协议的基本思想是让节点轮流使用信道,包括轮询协议和令牌传递协议两种。

(1) 轮询方法是主节点轮流"邀请"从属节点发送数据。轮询协议要求首先从连入共享信道的节点中选择一个作为主节点,其余节点为从节点。主节点以循环的方式轮询每个节点。例如主节点首先向节点 1 发送一个报文,告诉它(节点 1)最大能够传输多少帧。如果节点 1 有数据要发送,则最多可发送允许的最大帧数;然后主节点会继续询问节点 2、节点 3。轮询的优点是消除了随机访问的碰撞问题;其缺点是引入了额外的开销,如果主节点有故障,整个信道都不能工作。

(2) 令牌传递协议的基本思想是控制令牌依次从一个节点传递到下一个节点,只有获得令牌的节点才能够发送数据。令牌是一个小的特殊帧,在节点之间以某种固定的次序进行传递。当一个节点收到令牌时,如果有数据帧要传输,则发送允许的最大帧数,然后把令牌转发给下一个节点;如果没有数据帧要传输,则立即向下一个节点转发该令牌。令牌传递协议的缺点是存在令牌开销和等待延迟,以及单节点故障可能会使整个信道崩溃等问题。

5.3.2　CSMA/CD 协议

多路访问协议的目的是协调多个节点在共享广播信道上的传输,避免多个节点同时使用信道,发生冲突(指两个以上的节点同时传输帧,使接收方收不到正确的帧),产生互相干扰。

载波监听多路访问(CSMA)协议的设计思想是:某个节点在发送帧之前,先监听信道。若信道空闲,则该节点开始传输数据帧;若信道忙,即有其他节点正向信道发送帧,则该节点推迟发送,随机等待一段时间,然后侦听信道。

在 CSMA 协议中,节点没有进行冲突检测,即使发生了冲突,节点仍继续传输帧。但该帧已经被破坏,是无用的帧,信道传输时间被浪费。因此,研究者进一步提出了带冲突检测的 CSMA 机制,即 CSMA/CD 协议。该机制设计了"载波侦听"和"冲突检测"两个规则。

CSMA/CD 协议的基本原理是在传输数据帧的同时进行冲突检测,即节点传输数据同时侦听信道,如果检测到有其他节点正在传输帧,发生冲突,立即停止传输,并用某种方法来决定何时再重新传输。CSMA/CD 协议设计的目的是缩短无效传送时间,提高信道的利用率。CSMA/CD 协议的特点是控制原理简单,控制流程容易实现(代价小),但是当节点多时,碰撞频繁,信道利用率低,属竞争型、有冲突协议。

以太网通过分布式、随机争用型介质访问控制方法 CSMA/CD 来协调各节点数据传输有序地运行。

1. 数据发送流程

数据发送流程如图 5-4 所示。发送节点执行"载波侦听,冲突检测,冲突处理,延迟重发"的过程。

(1) 载波侦听。

节点要通过总线发送数据时,先通过载波侦听来确定总线是否空闲。以太网物理层规定发送的数据采用曼彻斯特(Manchester)编码方式,Manchester 编码每一位的中间有一跳变,从低到高跳变表示 1,从高到低跳变表示 0,因此节点可通过判断总线电平是否跳变来确定总线的忙闲状态,总线上没有电平跳变则总线空闲,否则总线忙。节点要发送数据帧,并且此时总线处于空闲状态,则该节点可以启动发送。

(2) 冲突检测。

节点发送数据的同时要进行冲突检测,从物理层看,冲突检测指总线上同时出现两个或以上发送信号,叠加后的信号波形将不等于任何一个节点发送的信号波形。常见的冲突检测方法有两种:一种是比较法,发送节点在发送帧的同时,将其发送信号波形与从总线上接收到的信号波形进行比较,若相同则说明没有发生冲突;另一种是编码违例判断法,两个按照 Manchester 编码的无关信号叠加后一般不会再符合其编码规则,因此节点可检查从总线上接收到的信号波形是否符合 Manchester 编码规则,从而判定是否产生冲突。

冲突窗口是以太网组网技术的重要参数之一。冲突窗口,也称为争用期,是节点发送数据后可以检测到冲突的最长时间,指从发送站发送数据到网络上最远的站之间两倍的信号传播时间 2τ,其中 $\tau = D/V$,D 为总线的最大长度,V 是电磁波在介质中的传播速度。如果超过时间 2τ 没有检测到冲突,就肯定没有发生冲突,因此定义 2τ 为冲突窗口。由于以太网的物理层协议对总线的最大长度作了规定,电磁波在介质中的传播速度也是确定的,因此冲突窗口值也是确定的。IEEE 802.3 协议给出 10Mbps 以太网的冲突窗口为 $51.2\mu s$。对于 10Mbps 以太网,在冲突窗口内可发送 512 比特,即 64 字节,也就是说在发送数据时,若前 64 字节没有发生冲突,则后续的数据就不会发生冲突。

(3) 冲突处理。

当发现冲突时,继续发送若干比特的拥塞信号,使网络中所有节点都能检测出冲突并立即丢弃冲突帧,进入停止发送随机延迟重发流程。以太网协议规定一帧的最大重发数 16,如果小于 16,允许节点随机延迟再重发;如果超过 16,认为线路故障。也就是说,当冲突次数超过 16 时,表示发送失败,放弃该帧发送。

(4) 延迟重发。

当允许节点随机延迟再重发时,为了公平解决信道争用问题,需要确定延迟发送时间。

常用截止二进制指数后退延迟算法计算延迟重发时间。

$$t = R \times a$$

其中，t 为节点重新发送需要的后退延迟时间，a 为冲突窗口值，R 为 $[0, 2^k - 1]$ 区间的随机数。限定 k 的范围，$k = \min(n, 10)$。如果重发次数 $n < 10$，则取 $k = n$；如果重发次数 $n \geqslant 10$，则 k 取值为 10。该帧经过 n 次冲突后，第 n 次重发延迟在 $\{0, 1, \cdots, 2^k - 1\}$ 中随机选取一个 R 值，则延迟重发时间为 R 倍冲突窗口值。

例如，如果冲突窗口为 $51.2\mu s$，假设目前只发生了 1 次碰撞，则从 $\{0, 1\}$ 中等概率选择一个值作为 R 的值，假设这里选择的是 1，则等待时间为 $51.2\mu s$；假设目前发生了 4 次碰撞，则从 $\{0, 1, \cdots, 15\}$ 中等概率选择一个值作为 R 的值，假设这里选择的是 6，则等待的时间为 $6 \times 51.2\mu s$；最大可能延迟时间为 1023 个时间片，后退延迟时间为 $52.4ms$。到后退延迟时间之后，节点将重新判断总线忙或闲的状态，重复发送流程。当冲突次数超过 16 时，表示发送失败，放弃该帧发送。

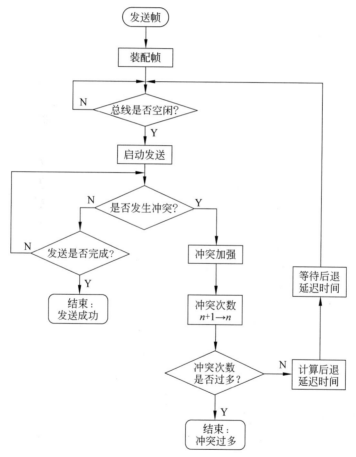

图 5-4　数据发送流程

2. 数据接收流程

以太网中任何一个节点发送数据都要采用 CSMA/CD 方法争取总线使用权。当节点获得总线发送数据帧后，其他节点都必须处于接收状态。也就是说，如果不出现冲突，网上只能有一个是发送节点，而所有其他节点均执行接收流程。数据接收流程如图 5-5 所示。

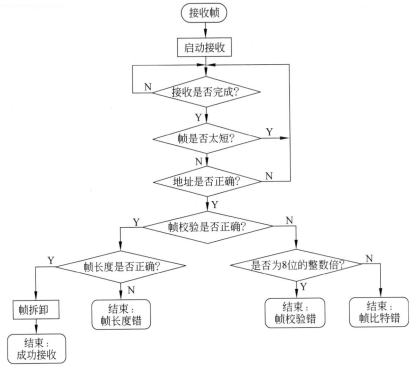

图 5-5　数据接收流程

当一个节点接收数据帧后，首先判断接收帧长度。IEEE 802.3 协议对帧的最小长度做了规定（以太网帧的最小长度为 64B）。如果接收帧长度小于规定的帧最小长度，则表明发生冲突，立即丢弃，节点重新进入等待接收状态。如果没有发生冲突，则检查帧的目的地址。如果帧的目的地址为单一节点的物理地址，并且是本节点地址，则接收该帧；如果目的地址是组地址，并且接收节点属于该组，则接收该帧；如果目的地址是广播地址，也接收该帧；如果目的地址不符，则丢弃该帧。

接收节点进行地址匹配后，如果确认是应该接收的帧，则进行 CRC。以太网协议将接收出错分为帧校验错、帧长度错、帧比特错等三种情况，并向高层报告错误类型。

（1）如果 CRC 正确，则进一步检测帧长度（46～1500B）是否正确。如果 CRC 与数据长度都正确，则将帧中的数据送往高层，表明成功接收；如果 CRC 正确，但是数据长度不对，则通告"帧长度错"，并进入结束状态。

（2）如果帧 CRC 发现错误，则该判断接收帧长度是否为 8 位的整数倍。若是，则表示传输过程中没有发生比特差错，记录"帧校验错"，并进入结束状态；如果帧长度不是 8 位的整数倍，则报告"帧比特错"，并进入结束状态。

5.3.3　CSMA/CA 协议

冲突检测机制对于有线局域网来说易于实现，但是在无线局域网中很难实现，因为在无线环境下，不能假定所有的站点都能互相侦听到，无线网络适配器上接收信号的强度往往会远小于发送信号的强度,难以通过比较发射信号与接收信号进行冲突检测;此外,无线局域网中存在"隐藏站"问题和"衰减"问题,导致无线站点无法检测到所有冲突。

IEEE 802.11 的 MAC 层主要功能是对无线环境的访问控制,可以在多个接入点上提供漫游支持,同时提供了数据验证与保密服务。MAC 层支持无争用服务与争用服务两种访问方式。无争用服务的系统中存在着中心控制节点,中心控制节点具有点协调功能(Point Coordination Function,PCF),使用集中控制的接入算法将发送数据权轮流交给各个站,从而避免了碰撞的产生。争用服务方式采用随机争用访问控制方式,也称为分布协调功能(Distributed Coordition Function,DCF),在每一个节点使用 CSMA 机制的分布式接入算法,让各个站通过争用信道来获取发送权,采用的是冲突避免的载波监听多路访问协议(CSMA/CA)。

1. 帧间间隔

源站侦听信道空闲时再等待发送帧所需的时间间隔,以及等待发送确认帧的时间间隔,统称为帧间间隔(Interframe Space,IFS)。帧间间隔 IFS 的长短取决于帧类型。高优先级帧的帧间间隔 IFS 短,因此可以优先获得发送权。常用的帧间间隔 IFS 有以下 3 种。

(1) 短帧间间隔(SIFS)。

SIFS 用于分隔属于一次对话的各帧,例如,目的站在收到源站发的数据帧后,经过 SIFS 时间向源站发送 ACK 确认帧。其值与物理层相关。例如,红外线 IR 的 SIFS 为 $7\mu s$,直接序列扩频 DSSS 的 SIFS 为 $10\mu s$;跳频扩频 FHSS 的 SIFS 为 $28\mu s$。

(2) 点帧间间隔(PIFS)。

PIFS 也称为点协调功能帧间间隔,PIFS 的长度等于 SIFS 值加上一个 $50\mu s$ 的时间片值。

(3) 分布帧间间隔(DIFS)。

DIFS 也称为与分布协调功能帧间间隔,DIFS 等于 PIFS 值加一个 $50\mu s$ 的时间片值。

2. CSMA/CA 的基本工作原理

CSMA/CA 的基本工作原理如图 5-6 所示。

(1) 每一个发送节点在发送帧之前需要先侦听信道(由物理层执行信道载波监听功能),当节点确定信道空闲时,再等待一个确定的时间 DIFS 后,信道仍然空闲,则节点可以发送一帧,发送结束后,源站等待接收 ACK 确认帧。802.11 的 MAC 层还采用一种虚拟监听(Virtual Carrier Sense,VCS)机制。源站将其要占用信道的时间(包括目的站发回确认帧所需的时间)通知给所有其他站,以便使其他所有站在这一段时间都停止发送数据,进一步减少发生冲突的概率。

(2) 目的站若正确收到源站发的数据帧,则经过 SIFS 后,向源站发送确认帧 ACK。如果源站接收到确认帧,则说明此次发送没有出现冲突,发送成功;如果源站在规定的时间内没有接收到确认,则表明出现冲突,发送失败,重发该帧。直到在规定的最大重发次数之内,发送成功。

(3) 当有一对节点在发送数据帧时,其他节点都不能再利用该信道发送数据。MAC 层在帧格式的第二字段设置了 2B 的"持续时间",源站在发送一帧的同时在该字段写入值,表示帧发送后还要占用信道多长时间。网络中其他节点检测到正在信道中传送的 MAC 帧首部的"持续时间"字段时,调整自己的网络分配向量(Network Allocation Vector,NAV)。

NAV 值等于发送一帧的时间＋SIFS＋发送 ACK 帧的时间,表示信道在经过 NAV 时间后才可能进入空闲状态。

（4）由于 IEEE 802.11 的 CSMA/CA 协议中没有采用类似于以太网中的冲突检测机制,因此当信道从忙转到空闲时,任何一个站要发送数据帧,不仅要等待一个确定的时间间隔(DIFS),而且还要进入争用窗口,并计算随机退避时间,以便重新接入信道。IEEE 802.11 采用二进制指数退避算法。当一个节点使用退避算法进入争用窗口时,将启动一个退避计时器,按二进制指数退避算法随机选择退避时间片的值。当退避计时器的时间为 0 时,节点可以开始发送数据;如果这时信道已经转入忙,则节点将退避计时器复位后,重新进入退避争用状态,直到成功发送为止。

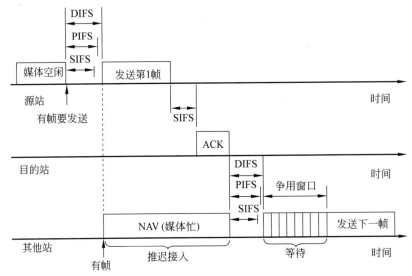

图 5-6 CSMA/CA 的基本工作原理

5.4 以太网

以太网是目前最为成功且被广泛使用的一种局域网技术。以太网是 20 世纪 70 年代由 Digital Equipment、Intel 和 Xerox 三家公司开发的局域网组网规范,并于 80 年代初首次发布,称为 DIX1.0。1982 年修改后的版本为 DIX2.0,不久这三家公司公布了与 IEEE 802.3 一致的以太网规范。

以太网最初使用粗同轴电缆来连接各个设备,后来演进到使用比较便宜的细同轴电缆,如今则广泛使用双绞线和光纤。双绞线是局域网中使用最广的一种传输介质,价格低、易于安装,适用于多种网络拓扑结构。光纤传输频带宽、通信容量大、传输距离长、抗干扰能力强、传输质量好,已经发展成长途干线、市内中继、近海及跨洋海底通信,以及局域网、专用网等有线传输线路的骨干。

传统以太网主要以非屏蔽双绞线 10BASE-T 的 10Mbps 以太网为主,在传统以太网基础上发展起来的高速局域网 FE/GE/10GE 已经成为覆盖校园网、大型企业网的主流技术,并已经应用于城域网和广域网中。

5.4.1 局域网概述

局域网覆盖有限的地理范围,可以覆盖一个公司、一所大学,或一幢办公大楼。局域网为一个组织所拥有,易于维护和管理。

局域网依赖共享介质,若干计算机连接在该共享介质上,按照某种通道访问技术使用介质传送数据。在局域网的研究领域中,以太网并不是最早的,但它是最成功的。1972 年美国加州大学研究了 Newhall 环网,1974 年英国剑桥大学推出 Cambridge Ring 环网,20 世纪80 年代出现了以太网、令牌环与令牌总线"三足鼎立"的局面,20 世纪 90 年代以太网得到业界认可和广泛应用,21 世纪以太网技术已经成为局域网的主流技术。

常见的局域网拓扑结构包括总线型、环状、星状。

1. 总线型拓扑结构

总线型拓扑结构中,所有节点都连接到一条作为公共传输介质的总线上,如图 5-7 所示。总线型局域网的介质访问控制方法采用的是"共享介质"方式,总线传输介质通常采用同轴电缆或双绞线。

因所有节点都可以通过总线传输介质以"广播"方式发送或接收数据,总线型网络易产生"冲突",必须解决多个节点访问总线的介质访问控制问题。

总线型结构的优点:一个节点失效不影响其他节点的工作,节点的增删不影响全网的运行;结构简单,接入灵活,扩展容易,可靠性高。

2. 环状拓扑结构

图 5-7　总线型拓扑结构

环状拓扑结构中,节点使用点到点的线路连接,构成闭合的物理环状结构,如图 5-8 所示。环中的数据沿着一个方向绕环逐站传输;多个节点共享一条环通路。

环状结构的主要问题是,如果环中某一位置断开,将导致整个网络瘫痪。

3. 星状拓扑结构

星状拓扑结构中存在一个中心节点(交换机),每个节点通过点到点的链路与中心节点连接,所有通信都通过中心节点进行,如图 5-9 所示。交换式局域网是一种典型的星状拓扑结构。

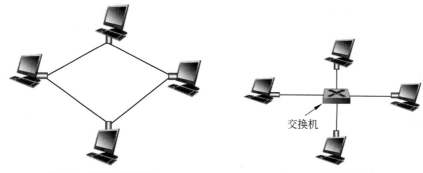

交换机

图 5-8　环状拓扑结构　　　　图 5-9　星状拓扑结构

5.4.2 以太网帧结构

以太网是应用最普遍的局域网技术,它取代了其他局域网技术,如令牌环、FDDI 等。以太网的核心技术是随机争用型介质访问控制方法,即 CSMA/CD。

常用的以太网 MAC 帧格式有两种标准:DIX Ethernet V2 标准和 IEEE 802.3 标准。最常用的 MAC 帧是以太网 V2 的格式,其结构如图 5-10 所示。

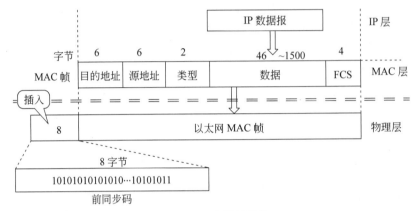

图 5-10 以太网帧结构

前同步码由 7B 的 101010…1010 比特序列和 1B 的 10101011 组成。同步码主要起到 MAC 帧接收比特同步的作用,这 8B 接收后不需要保留,也不计入帧头长度。前同步码的作用是使接收方和发送方的时钟同步,接收方一旦收到连续的 8B 同步码,则可以确定有帧传过来。

目的地址与源地址分别表示帧的接收节点与发送节点的硬件地址,一般称作 MAC 地址、物理地址或以太网地址。目的地址与源地址的长度均为 6B(即 48 位)。如果主机 A 向主机 B 发送一个 IP 数据报,则主机 B 只接收目的 MAC 地址与自己 MAC 地址匹配的数据帧或广播地址的数据帧,并将数据字段的内容传递给网络层。若不匹配,则丢弃该帧。

类型字段表示网络层使用的协议类型。例如,十六进制类型值 0x0800 表示网络层使用 IP,0x0806 表示网络层使用 ARP。

数据字段为网络层的数据净荷。IEEE 802.3 协议规定数据的长度在 46～1500B。数据的最小长度是 46B,如果数据的长度少于 46B,需要加填充字节,补充到 46B。以太网的最大传输单元 MTU 是 1500B,若 IP 数据报超过 1500B,则必须将该数据报分段。数据字段加上其他 18B 的帧头和帧尾构成了以太网帧,因此最短有效帧长为 64B,凡长度小于 64B 的帧都是由于冲突而异常中止的无效帧;最长 MAC 帧为 1518B。

帧校验字段 FCS 占 4B,发送端采用循环冗余校验方法计算 CRC 值,校验的范围包括目的地址字段、源地址字段、类型字段、数据字段,结果放入 FCS 字段;接收端进行 CRC,对收到的帧进行同样计算,并校验结果是否和 FCS 字段的内容相等。若计算结果不等于 FCS 字段的值,则 CRC 失败,该数据帧中出现帧校验错或比特差错,帧将被丢弃。

5.4.3 MAC 地址

在局域网中,硬件地址又称为物理地址或 MAC 地址,是链路层地址。MAC 地址实际上就是适配器(网卡)地址,也称为适配器标识符 EUI-48。MAC 地址是节点网卡本身所带的地址,具有唯一性。

IEEE 的注册管理机构 RA 负责向适配器厂家分配地址块,即地址字段的前 3 字节(高 24 位)。地址字段中的后 3 字节(即低 24 位)由厂家自行分配,称为扩展标识符,一个地址块可以生成 2^{24} 个不同的地址,这种 48 位地址的通用名称为 EUI-48,写入适配器(网卡)的只读存储器,保证生产出的适配器(网卡)没有重复地址。

MAC 地址长度为 6 字节(48 位),6 字节地址用十六进制表示,每字节表示为两个十六进制数,例如 2A-24-FF-76-09-AD,网卡的 MAC 地址是永久的(生产时固化在其 ROM 里)。

MAC 地址用于链路层寻址,可按照 MAC 地址把数据帧从一个节点传送到另一个节点(同一网络中)。广播信道的局域网中,一个节点发送的帧,在信道上广播传输,其他节点都可能收到该帧。大多数情况下,一个节点只向某个特定的节点发送,由适配器(网卡)负责 MAC 地址的封装和识别。

发送适配器将目的 MAC 地址封装到帧中,并发送。所有其他适配器都会收到这个帧。

接收适配器检查帧中的目的 MAC 地址是否与自己 MAC 地址相匹配。若匹配则接收该帧,取出数据报,并传递给上层;若不匹配则丢弃该帧。

发送给所有节点的帧称为广播帧,网络中所有节点适配器都接收该帧并进行处理。

5.4.4 IEEE 802.3 以太网标准

IEEE 802.3 以太网工作组定义了介质访问子层和物理层协议标准,介质访问子层(MAC)统一采用相同介质访问控制 CSMA/CD 方法和相同的帧结构,而传输介质不同,物理层标准不同。IEEE 802.3 描述了在多种传输介质上的局域网解决方案。物理媒体类型包括 10BASE-2、10BASE-5、10BASE-T、100BASE-T、1000BASE-T、1000BASE-SX、1000BASE-LX、10GBASE-T 和 40GBASE-T 等,表示采用的传输介质、传输速率与传输介质的覆盖范围以及组网方式不同。这些媒体类型表示含义为:第一部分数字 10、100、1000 或 10G 指传输速率,分别代表 10Mbps、100Mbps、1000Mbps(即 1Gbps)和 10Gbps 以太网;BASE 指基带传输;最后一部分指传输介质,可能是同轴电缆、双绞线和光纤等,其中 T 指双绞线。

以早期 10Mbps 以太网物理层标准为例,说明如下。

10BASE-5 使用粗同轴电缆,最大网段长度为 500m,基带传输方法,拓扑结构为总线型;组网主要硬件设备有粗同轴电缆、带有 AUI 插口的以太网卡、中继器、收发器、收发器电缆、终结器等。

10BASE-2 使用细同轴电缆,最大网段长度为 200m,基带传输方法,拓扑结构为总线型;组网主要硬件设备有细同轴电缆、带有 BNC 插口的以太网卡、中继器、T 型连接器、终结器等。

10BASE-T 使用双绞线电缆,是各节点都连接到集线器上的星状拓扑结构,最大网段长度为100m；组网主要硬件设备有3类或5类非屏蔽双绞线、带有RJ-45插口的以太网卡、集线器、交换机、RJ-45插头等。

5.4.5 快速以太网

快速以太网(Fast Ethernet)保留传统的10Mbps以太网帧格式、介质访问控制方法与组网方法，将数据传输速率提高到100Mbps。

快速以太网有三种基本的实现方式：100BASE-TX、100BASE-T4和100BASE-FX。

(1) 100BASE-TX是一种使用5类数据级无屏蔽双绞线或屏蔽双绞线的快速以太网技术。它使用两对双绞线，一对用于发送数据，另一对用于接收数据。100BASE-TX在传输中采用4B/5B编码方式，使用与10BASE-T相同的RJ-45连接器，最大网段长度为100m，支持全双工的数据传输。

(2) 100BASE-T4是一种可使用3、4、5类无屏蔽双绞线或屏蔽双绞线的快速以太网技术。它使用四对双绞线，其中三对用于传送数据，采用半双工模式；第四对用于CSMA/CD冲突检测。100BASE-T4在传输中采用8B/6T编码方式，使用与10BASE-T相同的RJ-45连接器，最大网段长度为100m。

(3) 100BASE-FX是一种使用光缆的快速以太网技术，可使用单模和多模光纤($62.5\mu m$和$125\mu m$)。100BASE-FX在传输中使用4B/5B编码方式，最大网段长度为150m、412m、2000m，甚至可达10km，与所使用的光纤类型和工作模式有关，支持全双工的数据传输。

快速以太网支持全双工与半双工两种工作模式。半双工指在某一时刻只能进行发送或者接收，但不能同时进行发送和接收。这意味着，如果当前有A正在发送数据(B正在接收该数据)，那么B必须等待，只有当A的传输结束时，B才可以发送数据。全双工指同一时刻可以同时接收和发送数据，用第二层交换机代替集线器HUB组网，不再需要介质访问控制CSMA/CD方法，传输数据帧的效率大大提高。

5.4.6 吉比特以太网

吉比特以太网或称千兆以太网(Gigabit Ethernet，GE)，以吉比特每秒(Gbps)速率进行以太网帧传输技术。吉比特以太网采用了与10M以太网相同的帧结构，支持在1Gbps下全双工和半双工两种方式工作。在半双工方式下使用CSMA/CD协议，与10BASE-T和100BASE-T技术向后兼容。GE有以下四种传输介质标准。

(1) 1000BASE-T使用4对5类非屏蔽双绞线作为传输介质构成星状拓扑，传输距离为100m。

(2) 1000BASE-LX使用光纤作为传输介质构成星状拓扑。LX表示长波长(使用1310nm激光器)。使用纤芯直径为$10\mu m$的单模光纤时，传输距离为5000m。

(3) 1000BASE-SX使用光纤作为传输介质构成星状拓扑，SX表示短波长(使用850nm激光器)，使用纤芯直径为$62.5\mu m$和$50\mu m$的多模光纤时，传输距离分别为275m和550m。

(4) 1000BASE-CX使用两对短距离的屏蔽双绞线构成星状拓扑，CX表示铜线，传输距离为25m。

5.4.7 10 吉比特以太网

随着宽带城域网建设的需要，以及基于光纤的密集波分复用技术的成熟，需要在 GE 上出现保持以太网特性，速率再提高 10 倍，并且能用于主干网的技术 10GE。2002 年 6 月，IEEE 802.3ae 委员会制定了 10GE 标准。10GE 并非吉比特以太网的速率简单地提升到 10 倍，除此之外还有许多技术上的问题要解决。

10GE 的帧格式与 10Mbps、100Mbps 和 1Gbps 以太网的帧格式完全相同。10GE 还保留了 802.3 标准规定的以太网最小和最大帧长。这就使用户在将其已有的以太网进行升级时，仍能和较低速率的以太网很方便地通信。由于数据率很高，10GE 不再使用铜线而只使用光纤作为传输媒体。10GE 使用长距离的光收发器与单模光纤接口，以便能够在广域网和城域网的范围工作。10GE 只工作在全双工方式，不需要使用 CSMA/CD 工作机制，传输距离不再受冲突窗口的限制。

由于 10GE 的出现，以太网的工作范围已经从局域网扩大到城域网和广域网，从而实现了端到端的以太网传输。10Gbps 以太网要考虑局域网和广域网两种环境，而两种环境对时钟抖动、误码率、QoS 等方面的要求不同，因此 10GE 包含两种物理层标准。

(1) 局域网物理层标准(ELAN)。

10Gbps 以太网交换机要具备将 10 路 1Gbps 的 GE 信号复用能力，即支持 10 路 1Gbps 的 GE 端口。

(2) 广域网物理层标准（EWAN）。

广域网物理层要符合光纤通道技术速率体系的 SONET/SDH 的 OC-192/STM-64 的标准。10GE 帧插入 OC-192/STM-64 的有效载荷中，广域网物理层 OC-192 数据率为 9.95328Gbps，10GE 的 MAC 层需要通过介质无关接口（Media Independent Interface，MII)实现速率适配。

10GE 传输介质标准如下。

(1) 10000BASE-ER 和 10000BASE-EW 是传输 10Gbps 局域网信号的物理层标准，其网络拓扑是星状结构，传输介质采用 1550nm 长波长单模光纤，在使用 $10\mu m$ 单模光纤时，光纤最大长度为 10km。

(2) 10GBASE-LR 为传输 10Gbps 广域网信号的物理层标准，其网络拓扑是星状结构，主要支持长波(1310nm)单模光纤传输，在使用 $10\mu m$ 单模光纤时，光纤最大长度为 10km。

(3) 10GBASE-L4 为传输 10Gbps 广域网信号的物理层标准，其网络拓扑是星状结构，局域网物理层采用 1310nm 长波长激光器。在使用 $62.5\mu m$ 或 $50\mu m$ 多模光纤时，光纤最大长度分别为 240m 与 300m。在使用 $10\mu m$ 单模光纤时，光纤最大长度为 10km。

(4) 10GBASE-SR 和 10GBASE-SW 主要支持短波长(850nm)多模光纤，网络拓扑均为星状结构。10GBASE-SR 为传输局域网信号的物理层标准，10GBASE-SW 为传输广域网信号的物理层标准，主要用于短距离传输，在使用 $62.5\mu m$ 或 $50\mu m$ 多模光纤时，光纤最大长度分别为 35m 与 300m。

5.5　交换式以太网

传统的局域网技术是建立在共享介质的基础上，典型的介质访问控制方法是 CSMA/CD(详细流程见 5.3.2 节)。介质访问控制方法用来保证每个节点都能够"公平"地使用公共传输介质；每个节点平均能分配到的带宽随着节点数的不断增加而急剧减少。网络通信负荷加重时，冲突和重发现象将大量发生，网络传输延迟将会增长，网络服务质量将会下降。

以太网技术的发展方向，一是提高以太网的数据传输速率，10Mbps、100Mbps、10Gbps 等；二是随着网络规模的扩大，为了提高网络性能，提出将"共享介质方式"改为"交换方式"，产生交换式以太网。

交换式以太网指的是以数据链路层的帧为数据交换单位，以交换机为中心构成的星状拓扑结构的网络，其核心部件是以太网交换机(链路层交换机)。交换式以太网支持的协议仍然是 IEEE 802.3 以太网，提供了多个单独的 10Mbps 端口，与传统以太网完全兼容，并且解决了共享介质带来的网络效率下降问题。以太网交换机中各个端口属于不同的冲突域，端口之间不会有竞争带宽的冲突发生。交换式以太网允许多对节点同时通信，每个节点可以独占传输通道和带宽，因此，其交换效率远高于共享式以太网。

5.5.1　链路层交换机

以太网交换机是工作在 OSI 参考模型数据链路层的设备，也称链路层交换机或二层交换机，其外表和集线器相似。以太网交换机能同时连通许多对的接口，使每一对相互通信的主机都能像独占通信媒体那样，进行无碰撞的数据传输。它通过判断数据帧的目的 MAC 地址，从而将帧从合适的端口发送出去。交换机的冲突域仅局限于交换机的一个端口上。例如，一个站点向网络发送数据，集线器将会向所有端口转发，而交换机将通过对帧的识别，只将帧转发到目的地址对应的端口，而不是向所有端口转发，从而有效地提高了网络的可利用带宽。以太网交换机实现数据帧的单点转发是通过 MAC 地址的学习和维护更新机制来实现的，其主要功能包括 MAC 地址学习、存储和转发数据帧。以太网交换机可以有多个端口，每个端口可以单独与一个节点连接，也可以与一个共享介质以太网的集线器连接。如果一个端口只连接一个节点，那么这个节点就可以独占整个带宽，这类端口通常被称作专用端口；如果一个端口连接一个与端口带宽相同的共享介质以太网，那么这个端口将被其连接的所有节点所共享，这类端口被称为共享端口。例如，一个带宽为 100Mbps 的交换机有 10 个端口，每个端口的带宽为 100Mbps；而集线器的所有端口是共享带宽的，同样，一个带宽 100Mbps 的集线器，如果有 10 个端口，则每个端口的平均带宽为 10Mbps。如图 5-11 所示，A、B 主机和交换机的端口 1 由集线器互连，因此这里，A、B 主机和交换机的端口 1 构成了一个共享链路，交换机端口 1 为共享端口；端口 2、3、4 分别只连接了主机 C、D 和 E，为专用端口。

5.5.2　交换机工作原理

交换机的工作原理很简单，首先检测从以太端口来的数据包的源和目的 MAC(介质访

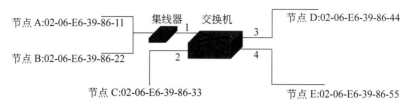

节点 A:02-06-E6-39-86-11　　　集线器　　交换机　　　节点 D:02-06-E6-39-86-44

节点 B:02-06-E6-39-86-22

节点 C:02-06-E6-39-86-33　　　　　　　　　　　　　节点 E:02-06-E6-39-86-55

图 5-11　交换机数据帧转发

问层)地址,然后与系统内部的动态地址映射表进行比较,若数据包的 MAC 层地址不在地址映射表中,则将该地址加入表中,并将数据包发送给相应的目的端口。

交换机是链路层的设备,其主要作用是存储转发数据帧。对于到达交换机的数据帧,交换机首先检查其目的 MAC 地址,然后根据 MAC 地址,有选择地将数据帧转发到一个或多个输出链路。交换机转发数据帧时遵循以下规则。

(1) 如果数据帧的目的 MAC 地址是**广播地址或者组播地址**,则向交换机所有端口转发(除发送数据帧的源端口)。

(2) 如果数据帧的目的地址是单播地址,但是这个地址并不在交换机的 MAC 地址表中,那么也会向所有的端口转发(除发送数据帧的源端口)。

(3) 如果数据帧的目的地址在交换机的 MAC 地址表中,那么就根据 MAC 地址表转发到相应的端口。

(4) 如果数据帧的目的地址与数据帧的源地址在一个共享链路上,就会丢弃这个数据帧,交换也就不会发生。

下面,以图 5-11 为例来看看具体的数据帧转发过程。假设交换机中的地址映射表如表 5-1 所示。

表 5-1　交换机中的地址映射表

端　口　号	地　　　址
1	节点 A:02-06-E6-39-86-11
1	节点 B:02-06-E6-39-86-22
2	节点 C:02-06-E6-39-86-33
3	节点 D:02-06-E6-39-86-44
4	节点 E:02-06-E6-39-86-55

(1) 当主机 C 发送广播帧时,交换机从端口 2 接收到目的地址为 02-06-E6-39-86-33 的数据帧,则向源端口(2 号)以外的所有端口(端口 1、3 和 4)转发该数据帧。

(2) 当主机 C 与 E 主机通信时,交换机从端口 2 接收到目的地址为 02-06-E6-39-86-55 的数据帧,查找 MAC 地址表后发现 02-06-E6-39-86-55 并不在表中,因此交换机仍然向端口 1、3 和 4 转发该数据帧。当节点 E 发送应答帧时,交换机获得节点 E 与交换机端口的对应关系,并保存到地址映射表中。

(3) 当主机 A 与主机 B 通信时,交换机从端口 1 接收到目的地址为 02-06-E6-39-86-22 的数据帧,查找 MAC 地址表后发现 02-06-E6-39-86-22 也位于端口 1,即与源地址处于同一个网段,所以交换机不会转发该数据帧,而是直接丢弃。

(4) 当主机 A 与主机 D 通信时,交换机从端口 1 接收到目的地址为 02-06-E6-39-86-44 的数据帧,查找 MAC 地址表后发现 02-06-E6-39-86-44 位于端口 3,则交换机将数据帧转发至端口 3,这样主机 D 即可收到该数据帧。

(5) 如果在主机 A 与主机 D 通信的同时,主机 C 也在向主机 E 发送数据,交换机同样会把主机 C 发送的数据帧转发到连接主机 E 的端口 4。这时端口 1 和端口 3 之间,以及端口 2 和端口 4 之间,通过交换机内部的硬件交换电路,建立了两条链路,这两条链路上的数据通信互不影响,因此网络亦不会产生冲突。所以,主机 A 和主机 D 之间的通信独享一条链路,主机 C 和主机 E 之间也独享一条链路。而这样的链路仅在通信双方有需求时才会建立,一旦数据传输完毕,相应的链路也随之拆除。

5.5.3 交换机地址管理机制

从以上的交换操作过程中可以看到,数据帧的转发都是基于交换机内的端口号/MAC 地址映射表,但是这个 MAC 地址映射表是如何建立和维护的呢?

建立和维护地址映射表需要解决两个问题:一是交换机如何知道哪个节点连接到交换机的哪个端口;二是当节点从交换机的一个端口转移到另一个端口时,交换机如何更新地址映射表。交换机利用地址学习方法来动态建立和维护地址映射表。

交换机的 MAC 地址表中,一条表项主要由一个主机 MAC 地址和该地址所位于的交换机端口号组成。整张地址表的生成采用动态自学习的方法,即当交换机收到一个数据帧以后,读取帧的源地址并记录帧进入交换机的端口号。在得到 MAC 地址与端口的对应关系后,交换机将查找 MAC 地址表中是否已经存在该对应关系,若不存在,则将数据帧的源地址和输入端口记录在 MAC 地址表中;如果该对应关系已经存在,交换机将更新该表项的记录。每条地址表项都有一个时间标记,用来指示该表项存储的时间周期。在每次加入或更新地址映射表时,加入或更改的表项被赋予一个计时器。如果在一定的时间范围内(计时器溢出之前)没有再次捕获该端口与 MAC 地址的对应关系,该表项将会被交换机从地址表中删除。因此,MAC 地址表中所维护的一直是最有效和最精确的 MAC 地址/端口信息。

5.5.4 交换与转发方式

以太网交换机的数据交换与转发方式可以分为 4 类:直接交换、存储转发交换、改进的直接交换、混合交换。

1. 直接交换

在直接交换方式下,交换机边接收边检测,一旦检测到目的地址字段,便立即将数据帧传送到相应的端口上,而不管这一数据是否出错,差错检测任务由节点主机完成。这种交换方式交换延迟时间短,但缺乏差错检测能力,不支持不同输入/输出速率的端口之间的数据转发。

2. 存储转发交换

在存储转发方式中,交换机首先要完整地接收站点发送的数据,并对数据进行差错检测。如接收数据是正确的,则根据目的地址确定输出端口号,将数据转发出去。这种交换方式具有差错检测能力,并能支持不同输入/输出速率端口之间的数据转发,但交换延迟时间较长。

3. 改进的直接交换

改进的直接交换方式是将直接交换与存储转发交换结合起来,在接收到数据的前 64 字节之后,判断数据的头部字段是否正确,如果正确则转发出去。这种方式对于短数据来说,交换延迟与直接交换方式比较接近;而对于长数据来说,由于它只对数据前部的主要字段进行差错检测,交换延迟将会减少。

4. 混合交换

通常交换机采取各种转发方式共存的原则,能够根据实际网络环境来决定转发方式。例如,当网络畅通时采用直接交换方式,以获得最短的转发等待时间;当网络存在阻塞时,采用存储转发交换方式,减缓转发速度、缓解网络压力。

习题

5-1　数据链路层的主要功能是什么?

5-2　什么是差错?引起差错的原因是什么?数据链路层如何实现差错控制?

5-3　数据链路层如何实现流量控制?简述滑动窗口的原理。

5-4　试计算传输信息 1101011011 的 CRC 编码,假设其生成多项式 $G(x)=x^4+x+1$。

5-5　在数据传输过程中,若接收方收到的二进制比特序列为 10110011010,接收双方采用的生成多项式为 $G(x)=x^4+x^3+1$,则该二进制比特序列在传输中是否出错?如果未出现差错,发送数据的比特序列和 CRC 检验码的比特序列分别是什么?

5-6　简述 CSMA/CD 工作原理。

5-7　简述 CSMA/CA 工作原理。

5-8　假定 1km 长的 CSMA/CD 网络的数据率为 1Gbps。设信号在网络上的传播速率为 200 000km/s,求能够使用此协议的最短帧长。

5-9　假定在使用 CSMA/CD 协议的 10Mbps 以太网中某个站在发送数据时检测到碰撞,执行退避算法时选择了随机数 $r=100$。试问这个站需要等待多长时间后才能再次发送数据?如果是 100Mbps 的以太网呢?

5-10　什么是以太网 MAC 地址?

5-11　10Mbps 以太网升级到 100Mbps、1Gbps 和 10Gbps 时,都需要解决哪些技术问题?

5-12　简述以太网交换机的工作原理。

5-13　交换机如何更新地址映射表?

第6章 物 理 层

本章介绍物理层的基本概念、功能及服务，以及物理层的介质与接口，它们是数据比特流发送、接收及承载的载体，讲解模拟通信与数字通信的基本概念，重点介绍信号调制与编码、信道复用技术。

6.1 物理层概述

物理层是 OSI 参考模型的最底层，其主要功能是实现比特流的透明传输，为数据链路层提供数据传输服务。ISO 和 ITU 都对物理层进行了定义。

ISO 对物理层的定义为：在物理信道实体之间合理地通过中间系统，为比特传输所需的物理连接的激活、保持和去处提供机械的、电气的、功能的和规程的手段。

国际电信联盟 ITU 在 X.25 中对物理层的定义为：利用物理的、电气的、功能的和规程的特性在数据终端设备（Data Terminal Equipment，DTE）和数据通信设备（Data Communications Equipment，DCE）间实现对物理信道的建立、保持和拆除的功能。

从上述定义中可以看到，物理层的主要功能就是以协议或规程里面规定好的接口方式、编码方式和传输方式，在用于连接用户终端间和用户终端与通信设备间的信道上进行传输。

6.1.1 物理层功能及服务

如图 6-1 所示，物理层的主要任务就是确定与传输媒体的接口的特性及信号传输特性，为用户终端（PC）与网络设备，或网络设备之间提供比特流的传输方式。

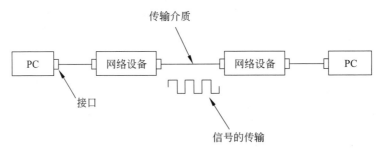

图 6-1 物理层功能及服务示意图

物理层从不关心比特流中数据的具体内容，只关心比特流在相邻节点物理层间的正确传输，因此，物理层要尽可能地屏蔽物理设备、传输媒体和通信手段的不同，使数据链路层感觉不到这些差异，只考虑完成本层的协议和服务。

物理层为数据链路层提供了在一条物理的传输媒体上传送和接收比特流（一般为串行按顺序传输的比特流）的能力。为此，物理层应该解决物理连接的建立、维持和释放问题。数据传输通路可以是一个物理媒体，也可以由多个物理媒体连接而成。一次完整的数据传输包括激活物理连接、传输数据、终止物理连接。所谓激活，就是无论有多少物理媒体参与，都要在通信的两个数据终端设备间建立连接，形成一条通路。

传输数据，物理层要形成适合数据传输需要的实体，为传输数据服务。一是要保证数据能在其上正确通过，二是要提供足够的带宽(带宽指每秒能通过的比特数)，以减少信道上的拥塞。传输数据的方式要能满足点到点、一点到多点、串行或并行、半双工或全双工、同步或异步传输的需要。

因此，可以将物理层的主要功能和服务总结为四大特性。

(1) 机械特性：指明接口所用接线器的形状和尺寸、引脚数目和排列、固定和锁定装置等。平时常见的各种规格的接插件都有严格的标准化的规定。

(2) 电气特性：指明在接口电缆的各条线上出现的电压的范围。

(3) 功能特性：指明某条线上出现的某一电平的电压的意义。

(4) 过程(规程)特性：指明对于不同功能的各种可能事件的出现顺序。

6.1.2　物理层基本概念

通信系统的目的是实现不同设备间的信息交换，而信息是蕴含在数据中的，即数据是信息的载体。物理层最终传输的是信号，即数据是通过信号表征，数据是通过信号进行传输的。传输信号是在信道上进行的，而信道是由不同的介质所提供的。因此，可以看到，要理解物理层的关键设备、协议和处理方式，首先需要理解信号和信道的基本概念，并理解数据传输的基本方式。

信号是数据的电气或电磁的表现，即将数据信息通过信号的幅度、相位、频率等不同方式进行表征。由物理层的电气特性和功能特性可以看出，物理层将对信号的电气特征及意义进行定义。

根据信号的表征形式不同，信号又可以分为模拟信号和数字信号。模拟信号指信号的幅度随时间变化连续的信号，这里的"连续"主要指其信号幅度的取值是"无限"的，而不是在有限的几个幅值中选择，这是模拟信号与数字信号的最大区别。模拟信号就如早期电话线上传输的电信号，其值随通话者声音大小的变化而变化。模拟信号的示意图如图 6-2 所示，其中展示了时间连续模拟信号和时间离散模拟信号，也可以看作连续时间信号的抽样信号。

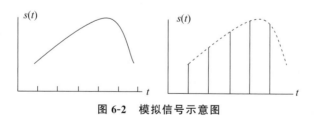

图 6-2　模拟信号示意图

数字信号是在时间上不连续且幅值仅有有限选择的离散信号，一般由离散脉冲信号或 0、1 方波信号组成，如图 6-3 所示。

根据传输过程中采用的是模拟信号或数字信号，可以将通信系统分为模拟通信系统和数字通信系统，对于两个系统的分析将在后续章节中展开。

除了信号以外，信道也是物理层的另一个重要基本概念。信道是信号传输的通道，由传

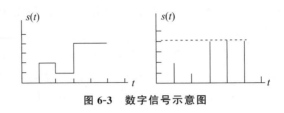

图 6-3　数字信号示意图

输介质和传输设备(包含收发信机、调制/解调器等)组成。在通信系统中,信道是非常重要的一部分,对信息传输的速率、可靠性和质量都有重要影响。信道可以分为有线信道和无线信道两种类型。有线信道包括光纤、同轴电缆、双绞线等,其传输性能稳定可靠;无线信道通过无线电波进行传输,包括无线局域网、蓝牙、移动通信等。

　　按照信道上允许的信号类型,可以将信道分为模拟信道和数字信道。模拟信道只允许传输波形连续变化的模拟信号,通信质量可用失真和输出信噪比来衡量。数字信道只允许传输离散的数字信号,数字信道的特性可用差错率及差错序列的统计特性来描述。

　　信道的特性可以通过信道带宽、信道容量、信道增益等指标来进行描述。信道带宽是频域上信道能通过的最大频率信号与最小频率信号间的频率差值;信道容量是在给定带宽情况下信道的容量或最大信息量,该值一般用来评价信道的信息承载能力;信道增益是用来衡量信号经过信道传输后的功率变化情况,是用来表示信道状况质量的重要参数,一般用信噪比进行度量。此外,信道传输速率、信道误码率或丢包率也用于衡量信道承载数据的能力和信道质量情况。在给定带宽情况下,信道容量与信道增益相关,信道增益越大,其信道容量就越大。

　　在理解了信号、信道的基础上,在物理层还需要了解数据通信的基本方式。

　　根据信号传输方式不同,数据通信可以分为串行通信和并行通信,如图 6-4 所示,串行通信指在收发端间有且仅有 1 条信道,数据是逐比特进行传输的,在同一时刻在信道上仅允许传输 1 比特,比特流依次由发送端发送到接收端。如图 6-5 所示,并行通信在收发端间存在多条信道(超过 1 条),在同一时刻可以同时传输 2 比特及以上的数据。

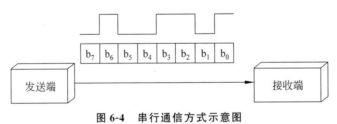

图 6-4　串行通信方式示意图

　　对比串行和并行两种通信方式,串行通信方式实现简单、适合长距离传输,但其瞬时传输速率一般较低;并行通信能够在同样时间内传输更多比特的数据,但其实现较为复杂,只适合短距离传输,例如电路板不同芯片间的数据传输。

　　根据工作方式的不同,又可以将数据通信方式划分为单工通信、半双工通信和全双工通信。单工通信指信号只能沿一个方向传送,任何时候都不能改变传输方向,如图 6-6 所示。半双工通信指信号可沿两个方向交替传送,但同一时刻只能沿一个方向传送信号,如图 6-7 所示。全双工通信指信号可同时沿两个方向传送,相当于两个相反方向的单工信道的组合,如图 6-8 所示。在通信系统设计过程中,会根据应用场景需求采用不同的数据通信方式。

在常见的通信系统中,由于全双工方式通信效率更高,大多通信系统都采用全双工通信方式。

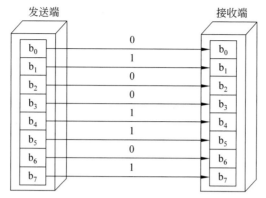

图 6-5 并行通信方式示意图

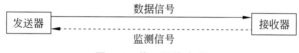

图 6-6 单工通信方式

图 6-7 半双工通信方式

图 6-8 全双工通信方式

根据是否需要同步信号,数据通信可以分为同步传输和异步传输。

在同步传输中,数据的发送一般以组(又称帧或包)为单位,一组数据包含多个字符的代码或多个独立的比特,在组的开头和结束需加上预先规定的起始序列和终止序列作为标志,起始序列和终止序列的形式随采用的传输控制规程而异。为了保证接收端能够正确区分数据流中的每个数据比特,收发双方必须进行时间同步,让两个端点的时钟统一。因此,为了达到同步的目的,在收发两端设置了专门的传输时钟脉冲线路,可以通过采用嵌有时钟信息的数据编码为接收端提供同步信息,也可采用网络时间同步(Network Time Protocol,NTP)或者精准时间协议(Precision Time Protocol,PTP)实现收发两端的时间同步。

异步传输相比同步传输较为简单,不需要在收发两端进行时间同步操作。在异步传输中,发送端需要在被传输数据之前添加起始位,之后添加停止位,接收端通过检测起始位和停止位来接收新到达的字符。虽然异步传输模式不需要复杂的时间同步操作,但因为需要插入起始位和停止位,其信令开销相比同步传输更大,并且数据字符不能连续传送,字符和字符间有不定长时间间隔,导致传输效率较低。因此,在广域、高速数据传输网络中,一般采用同步传输方式。

根据物理层线路连接方式不同,数据传输方式可分为点对点传输和点对多点传输。点对点传输较为容易理解,是收发两端通过网线、双绞线等介质连接,数据仅有一个发送端和一个接收端。点对多点传输,是收发两端采用无线电或总线等方式进行连接,数据仅有一个发送端,但有多个接收端能收到该数据。在日常通信中,点对点和点对多点传输方式的选择取决于场景的实际通信需求。

6.1.3 物理层典型设备

与网络层的路由器、数据链路层的交换机等具有数据转发功能的设备不同,物理层的设备一般是为了延展连接,并不具有路由或交换的功能。物理层典型的设备主要有中继器、集线器等。

中继器是位于 OSI 参考模型中物理层的网络设备。当数据离开源在网络上传送时,它被转换为能够沿着网络介质传输的电脉冲或光脉冲——这些脉冲称为信号。当信号离开发送工作站时,信号是规则的,且上升下降较为清晰,很容易辨认出来。但是,当信号沿着网络介质进行传送时,随着经过的线缆越来越长,信号就会变得越来越弱,越来越差。中继器的作用是在比特级别对网络信号进行再生(放大信号)和重定时,使它们能够在网络上传输更长的距离。当然,中继器在放大信号的同时,也会把信道中的噪声放大,因此在传输过程中容易造成噪声的累积,影响信号传输的距离。

集线器的目的是对网络信号进行再生和重定时。它的特性与中继器相似。集线器是网络中各个设备的通用连接点,它通常用于连接 LAN 的分段。集线器含有多个端口。每个分组到达某个端口时,都会被复制到其他所有端口,以便所有的 LAN 分段都能看见所有的分组。集线器并不认识信号、地址或数据中的任何信息模式。

中继器与集线器的区别在于连接设备的线缆的数量。一个中继器通常只有两个端口,而一个集线器通常有 4～20 个或更多的端口。集线器能够创建与总线方式相同的争用环境,当一台设备进行传输时,集线器上其他的设备都会监听它,并且争取下一次的传输权利。因此,连接在集线器上的设备将平分该集线器所拥有的带宽,并且,在同一集线器上的设备属于同一个冲突域。

6.2 物理层介质与接口

传输介质也称为传输媒介,它就是数据传输系统中在发送器和接收器之间的物理通路。传输介质可分为两大类,即导引型传输介质和非导引型传输介质(也称为"导向传输介质"和"非导向传输介质")。在导引型传输介质中,电磁波被导引沿着固体媒体(铜线或光纤)传播;而非导引型传输介质就是指自由空间,在非导引型传输介质中电磁波的传输常称为无线传输。图 6-9 是电信领域使用的电磁波的频谱。

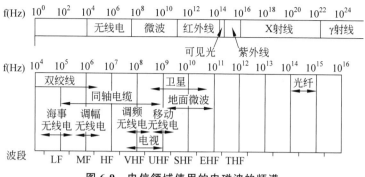

图 6-9　电信领域使用的电磁波的频谱

6.2.1　导向传输介质

导向传输介质也称为导引型传输介质,日常通信系统中常见的导向传输介质主要有三种:双绞线、同轴电缆和光纤。

1. 双绞线

双绞线(Twisted Pair)也称为双扭线,是最古老、最常用的传输介质。把两根互相绝缘的铜导线并排放在一起,然后用规则的方法绞合(twist)起来,就构成了双绞线。绞合可减少对相邻导线的电磁干扰。使用双绞线最多的地方就是无处不在的电话系统。几乎所有的电话都用双绞线连接到电话交换机。从用户电话机到交换机的双绞线称为用户线或用户环路。通常将一定数量的双绞线捆成电缆,在其外面包上护套。如今的以太网基本上也是使用各种类型的双绞线电缆进行连接的。在电话系统中使用的双绞线,其通信距离一般为几千米。如果使用较粗的导线,则传输距离也可以达到十几千米。距离太长时就要加放大器,以便将衰减了的信号放大到合适的数值(对于模拟传输),或者加上中继器以便对失真了的数字信号进行整形(对于数字传输)。导线越粗,其通信距离就越远,价格也越高。

局域网问世后,人们就研究怎样把原来用于传送话音信号的双绞线用于传送计算机网络中的高速数据。在传送高速数据的情况下,为了提高双绞线抗电磁干扰的能力,以及减少电缆内不同双绞线对之间的串扰,可以采用增加双绞线的绞合度以及增加电磁屏蔽的方法。于是市场上就陆续出现了多种不同类型的双绞线,可使用在各种不同的情况。无屏蔽双绞线(Unshielded Twisted Pair,UTP)的价格较低。当数据的传输速率增高时,可以采用屏蔽双绞线(Shielded Twisted Pair,STP)。无屏蔽双绞线和屏蔽双绞线如图 6-10 所示。

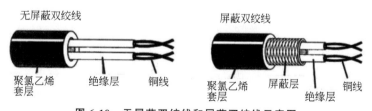

图 6-10　无屏蔽双绞线和屏蔽双绞线示意图

如果是对整条双绞线电缆进行屏蔽,则标记为 x/UTP,若 x 为 F,表明采用铝箔屏蔽层;若 x 为 S,则表明采用金属编制层进行屏蔽;若 x 为 SF,则表明在铝箔屏蔽层外面再加上金属编织层进行屏蔽。更好的办法是给电缆中的每一对双绞线都加上铝箔屏蔽层(记为FTP或U/FTP,U表明对整条电缆不另外增加屏蔽层)。在抗干扰能力上,U/FTP优于F/UTP,而F/FTP是最好的。

事实上,无论是哪种类别的双绞线,衰减都随频率的升高而增大。使用更粗的导线可以减小衰减,却增加了导线的重量和价格。信号应当有足够大的振幅,以便在噪声干扰下能够在接收端被正确地检测出来。双绞线的最高速率还与数字信号的编码方法有很大的关系。

2. 同轴电缆

同轴电缆由内导体铜质芯线(单股实心线或多股绞合线)、绝缘层、网状编织的外导体屏蔽层以及绝缘保护套层所组成,如图6-11所示。由于外导体屏蔽层的作用,同轴电缆具有很好的抗干扰特性,被广泛用于传输较高速率的数据。

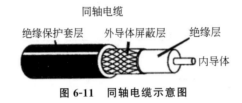

图 6-11   同轴电缆示意图

在局域网发展的初期,人们曾广泛使用同轴电缆作为传输介质。但随着技术的进步,局域网领域基本上都采用双绞线作为传输介质。目前同轴电缆主要用在有线电视网的入户线中。同轴电缆的带宽取决于电缆的质量,目前高质量的同轴电缆的带宽已接近1GHz。

在早期的通信网络中,同轴电缆也广泛应用于用户驻地网、城域网和广域网中,但随着光纤通信展现出大带宽、高速率特征,为了提升网络容量,通信网进行了大规模的光纤替代工作,也称为"光进铜退"。此后,同轴电缆基本上退出了用户驻地网、城域网和广域网。

3. 光纤

从20世纪70年代到现在,据统计,计算机的运行速度大约每10年提高10倍。在通信领域里,信息的传输速率则提高得更快,从20世纪70年代的56kbps(使用铜线)提高到现在的数百Gbps(使用光纤),并且这个速率还在继续提高。因此,光纤通信已成为现代通信技术中的一个十分重要的领域。

光纤通信就是利用光导纤维(以下简称为光纤)传递光脉冲来进行通信的。有光脉冲相当于1,而没有光脉冲相当于0。由于可见光的频率非常高,约为10^8MHz量级,因此一个光纤通信系统的传输带宽远大于目前其他各种传输介质的带宽。

光纤是光通信的传输介质。在发送端有光源,可以采用发光二极管或半导体激光器。它们在电脉冲的作用下能产生出光脉冲。在接收端利用光电二极管做成光检测器,在检测到光脉冲时可还原出电脉冲。

光纤通常由非常透明的石英玻璃拉成细丝,主要由纤芯和包层构成。双层通信圆柱体纤芯很细,其直径只有$8\sim100\mu m$。光波正是通过纤芯进行传导的。包层较纤芯有较低的折射率。当光线从高折射率的介质射向低折射率的介质时,其折射角将大于入射角,如图6-12所示。因此,如果入射角足够大,就会出现全反射,即光线碰到包层时就会折射回纤芯。这个过程不断重复,光也就沿着光纤传输下去。

在光纤通信中常用的三个波段的中心分别位于850nm、1300nm和1550nm,后两种波

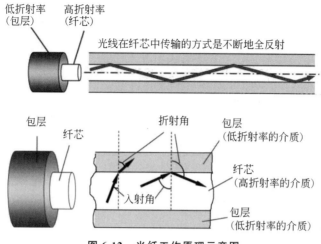

图 6-12 光纤工作原理示意图

段的衰减都较小,850nm 波段的衰减较大,但在此波段的其他特性均较好。所有这三个波段都具有 25000~30000GHz 的带宽。可见光纤的通信容量非常大。

光纤不仅具有通信容量非常大的优点,而且具有以下特点。

(1) 传输损耗小,中继距离长,对远距离传输而言特别经济。

(2) 抗雷电和电磁干扰性能好。这在有大电流脉冲干扰的环境下尤为重要。

(3) 无串音干扰,保密性好,也不易被窃听或截取数据。

(4) 体积小,重量轻。这在现有电缆管道已拥塞不堪的情况下特别有利。1km 的 1000 对双绞线电缆约重 8000kg,而同样长度但容量大得多的一对两芯光缆仅重 100kg。但要把两根光纤精确地连接起来,需要使用专用设备。

由于生产工艺的进步,光纤的价格不断降低,因此现在已经非常广泛地应用于计算网络、电信网络和有线电视网络的主干网络中。光纤提供了很高的带宽,而且性价比很高,在高速局域网中也使用较多。

6.2.2 非导向传输介质

若通信线路要通过一些高山或岛屿,有时就很难施工,即无法用导向传输介质进行传输。即使是在城市中,挖开马路铺设电缆也不是件很容易的事。当通信距离很远时,铺设电缆既昂贵又费时。但利用无线电波在自由空间的传播就可较快地实现多种通信。由于这种通信方式不使用 6.2.1 节所介绍的各种导引型传输介质,因此就将自由空间称为非导向传输介质。

特别要指出的是,由于信息技术的发展,社会各方面的节奏都变快了。人们不仅要求能够在运动中进行电话通信(即移动电话通信),而且还要求能够在运动中上网。因此在最近几十年,无线电通信发展得特别快。

无线传输可使用的频段很广。目前,人们现在已经利用了好几个波段进行通信。无线电微波通信在当前的数据通信中占有特殊重要的地位。微波的频率范围为 300MHz~300GHz (波长 1m~1mm),但主要使用 2GHz~40GHz 的频率范围。微波在空间主要是直线传播,由于地球表面是一个曲面,因此其传播距离受到限制,一般只有 50km 左右。但若采用 100m 高的天线塔,则传播距离可增大到 100km。微波会穿透电离层而进入宇宙空间,因此它不像短波那样可以经电离层反射传播到地面上很远的地方。在使用微波频段的无线蜂窝通信系统中,有时基站向手机发送的信号被障碍物阻挡了,无法直接到达手机。但基站发出的信号可以经过多条路径,且经过多个障碍物的数次反射到达手机,多条路径的信号叠加后,一般都会产生很大的失真,这就是所谓的多径效应,必须设法解决。短波通信(即高频通信)主要靠电离层的反射。但电离层的不稳定所产生的衰落现象,叠加上电离层反射所产生的多径效应,使得短波信道的通信质量较差。

事实上,为实现远距离通信,必须在一条微波通信信道的两个终端之间建立若干个中继站。中继站把前一站送来的信号经过放大后再发送到下一站,这种通信方式称为微波接力。大数长途电话业务使用 4GHz~6GHz 的频率范围。

微波接力可以传输电话、电报、图像数据等信息。常用的卫星通信方法是在地球站之间利用位于约 36 000km 高空的人造同步地球卫星作为中继器的一种微波接力通信。对地静止通信卫星就是身处太空的无人值守的微波通信的中继站。可见卫星通信的主要优缺点大体上应和地面微波通信差不多。

卫星通信的最大特点是通信距离远,且通信费用与通信距离无关。同步地球卫星发射出的电磁波能辐射到地球上的通信覆盖区的跨度达 18 000km,面积约占全球的三分之一。只要在地球赤道上空的同步轨道上等距离地放置 3 颗相隔 120° 的卫星,就能基本上实现全球的通信。

和微波接力通信相似,卫星通信的频带很宽,通信容量很大,信号所受到的干扰也较小,通信比较稳定。同时人们可以在卫星上使用不同的频段来进行通信。

卫星通信的另一特点就是具有较大的传播时延。由于各地球站的天线仰角并不相同,因此不管两个地球站之间的地面距离是多少,是相隔一条街或相隔上万千米,从一个地球站经卫星到另一地球站的传播时延均在 250ms~300ms,一般可取为 270ms。对比之下,地面微波接力通信链路的传播时延一般取为 $3.3\mu s/km$。

在十分偏远的地方,或在离大陆很远的海洋中,要进行通信就几乎完全要依赖卫星通信。卫星通信还非常适合于广播通信,因为它的覆盖面很广。但从安全方面考虑,卫星通信系统的保密性则相对较差。

通信卫星本身和发射卫星的火箭造价都较高。受电源和元器件寿命的限制,同步卫星的使用寿命一般为 10~15 年。卫星地球站的技术较复杂,价格较高。这就使得卫星通信的费用较高。

红外通信、激光通信也使用了非导向传输介质,可用于近距离的笔记本电脑互相传送数据。

对于无线和移动通信系统,将在第 9 章详细介绍。

6.2.3　物理层常用接口

物理层接口是网络设备之间进行物理连接时所使用的接口,它的特性直接影响着网络通信的稳定性、速度和可靠性。在计算机网络中,不同类型的物理层接口具有各自独特的特点和适用场景。

如图 6-13 所示,在数据通信中涉及 4 个基本功能单元。通信网络两端各有一个数据终端设备(DTE)和一个数据电路终接设备(DCE),DTE 与 DCE 之间的接口以及 DCE 与 DCE 之间的接口都涉及物理层接口。

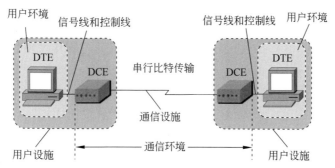

图 6-13 物理层接口在数据通信系统中的示意图

当前通信系统中常见的物理层接口有经典的串行物理接口 RS-232、RS-485、以太网接口 RJ-45,以及目前广泛使用的通用串行总线(Universal Serial Bus,USB)接口。

RS-232 是 1970 年由美国电子工业协会(EIA)联合贝尔系统、调制解调器厂家及计算机终端生产厂家共同制定的用于串行通信的标准。其全称是"数据终端设备(DTE)和数据通信设备(DCE)之间串行二进制数据交换接口技术标准"。该标准规定采用一个 25 个引脚的 DB-25 连接器,对连接器的每个引脚的信号内容加以规定,还对各种信号的电平加以规定。后来 IBM 的 PC 将 RS-232 简化成了 DB-9 连接器,从而成为事实标准。而工业控制的 RS-232 口一般只使用 RXD、TXD、GND 三条线。DB-9 与 DB-25 的常用信号脚如表 6-1 所示。

表 6-1 DB-9 与 DB-25 的常用信号脚说明

9 针串口(DB-9)			25 针串口(DB-25)		
针 号	功 能 说 明	缩 写	针 号	功 能 说 明	缩 写
1	数据载波检测	DCD	8	数据载波检测	DCD
2	接收数据	RXD	3	接收数据	RXD
3	发送数据	TXD	2	发送数据	TXD
4	数据终端准备	DTR	20	数据终端准备	DTR
5	信号地	GND	7	信号地	GND
6	数据设备准备好	DSR	6	数据准备好	DSR
7	请求发送	RTS	4	请求发送	RTS
8	清除发送	CTS	5	清除发送	CTS
9	振铃指示	DELL	22	振铃指示	DELL

RS-232 接口如图 6-14 所示,在 RS-232 中任何一条信号线的电压均为负逻辑关系,即逻辑 1 为 $-3 \sim -15V$;逻辑 0 为 $+3 \sim +15V$。RS-232 适合于数据传输速率在 $0 \sim 20\ 000bps$ 的通信。这个标准对串行通信接口的有关问题,如信号线功能、电气特性都作了明确规定。由

于通信设备厂商都生产与 RS-232 接口兼容的通信设备,目前已在微机通信接口中广泛采用。

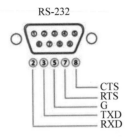

图 6-14　RS-232 接口示意图

RS-485 是美国电子工业协会(Electronic Industries Association,EIA)于 1983 年发布的串行通信接口标准,经通信工业协会修订后命名为 TIA/EIA-485-A。RS-485 接口是半双工异步串行通信,是一种工业控制环境中常用的通信协议,数据信号采用差分传输方式,也称作平衡传输,因此具有较强的抗干扰能力。如图 6-15 所示,RS-485 接口采用一对双绞线,将其中一条线定义为 A,另一条线定义为 B。RS-485 接口采用差分信号负逻辑,逻辑 1 以两线间的电压差为 +2～+6V 表示;逻辑 0 以两线间的电压差为 -2～-6V 表示。接口信号电平比 RS-232-C 接口降低了,不易损坏接口电路的芯片,且该电平与 TTL 电平兼容,可方便与 TTL 电路连接。RS-485 接口的最大通信距离约为 1219m,最大传输速率为 10Mbps,传输速率与传输距离成反比,在 100kbps 的传输速率下,才可以达到最大的通信距离,如果需要传输更长的距离,需要加 485 中继器。RS-485 接口总线一般最大支持 32 个节点,如果使用特制的 485 芯片,可以达到 128 个或者 256 个节点,最多可以支持 400 个节点。

如图 6-16 所示,RJ-45 接口通常用于数据传输,最常见的应用为网卡接口,俗称水晶头。RJ-45 接口是最常见的端口之一,是比较常见的双绞线以太网端口,因为在快速以太网中也主要采用双绞线作为传输介质。

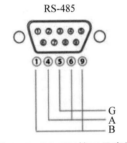

图 6-15　RS-485 接口示意图

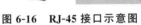

图 6-16　RJ-45 接口示意图

USB 接口是一种外部总线标准,用于连接计算机与外部设备,如鼠标和键盘等。它具有热插拔功能,支持多种外设的连接,并且已经成功替代了串口和并口,成为当今计算机与大量智能设备的必配接口。USB 接口的版本经历了多年的发展,从 USB 1.0 到 USB 4.0,传输速度和功能都得到了显著提升。USB 4.0 的传输速度可以达到 40Gbps,支持三段式电压(5V/12V/20V),最大供电 100W。HDMI 高清多媒体接口则是一种全数字化视频和声音发送接口,可以发送未压缩的音频及视频信号,广泛应用于多种设备中。

USB 接口的种类包括 Type-A、Type-B 和 Type-C。Type-C 接口因其体积小、支持正反插、可选功能多等特点,如今得到广泛使用。USB 的速率规范包括 USB 1.0、1.1、2.0、3.0、3.1、3.2、4.0 等,其中 USB 3.2 Gen2(USB 3.1 Gen 2)的传输速度为 10Gbps,而 USB 4.0 的传输速度为 40Gbps。

USB 设备主要具有以下优点。

(1)可以热插拔。用户在使用外接设备时,不需要关机再开机等动作,而是在计算机工作时,直接将 USB 插上使用。

(2)携带方便。USB 设备大多以小、轻、薄见长,对用户来说,随身携带大量数据时使用 USB 设备很方便。USB 硬盘是首要之选。

(3)标准统一。人们常见的是 IDE 接口的硬盘,串口的鼠标键盘,并口的打印机扫描仪,可是有了 USB 之后,这些应用外设都可以用同样的标准与个人计算机连接,这时就有了 USB 硬盘、USB 鼠标、USB 打印机等设备。

(4)可以连接多个设备。USB 在个人计算机上往往具有多个接口,可以同时连接几个设备。例如,如果接上一个有 4 个端口的 USB 集线器,就可以再连上 4 个 USB 设备,以此类推,将家中所有设备同时连接到一台个人计算机上都不会有任何问题(注:最多可连接至 127 个设备)。

6.3　模拟通信与数字通信系统概述

根据承载信号的不同,通信系统可以分为模拟通信系统与数字通信系统,不同通信系统的应用场景不同,其系统组成、承载能力和业务提供能力也不相同,因此,本节将重点介绍模拟通信系统与数字通信系统的基本概念,以及二者技术上的优势及缺点。

6.3.1　通信系统通用模型

不管是目前广泛应用的因特网,还是日常生活中的 4G/5G 移动通信网络、家庭光纤宽带网络,都可以采用如图 6-17 所示的通信系统通用模型进行抽象,即所有通信系统都可以抽象为信源、信道和信宿三部分。

图 6-17　通信系统通用模型示意图

信源是信息的源点和发送端,主要由产生数据的模块和发送模块组成。数据产生模块,例如从计算机的键盘输入汉字,计算机产生输出的数字比特流。发送模块主要将生成的数据通过发送器编码后能够在传输系统中进行传输。典型的发送器就是调制器,现在很多计算机使用内置的调制解调器(包含调制器和解调器),用户在计算机外面看不见调制解调器。

信宿是数据传输的终点,信宿一般由接收模块和数据呈现模块组成。接收模块接收传输系统传送过来的信号,并把它转换为能够被目的设备处理的信息。典型的接收器就是解调器,它把来自传输线路上的模拟信号进行解调,提取出在发送端置入的消息,还原出发送端产生的数字比特流。数据呈现模块从接收器获取传送来的数字比特流,然后把信息输出,例如把汉字在计算机屏幕上显示出来。

在源系统和目的系统之间的传输系统抽象为信道,其既可以是简单的传输线,也可以是连接在源系统和目的系统之间的复杂网络系统。

由 6.1 节中对信号的介绍可知,根据传送信号的种类不同,通信系统可以分为模拟通信系统和数字通信系统,下面将对这两个系统进行详细介绍。

6.3.2　模拟通信系统

模拟通信系统在信道中传输的是模拟信号,其模型如图 6-18 所示,主要由信息源、调制器、信道、解调器、收信者等组成。其中,基带信号是由消息转换而来的原始模拟信号,一般含有直流和低频成分,不宜直接传输;已调信号是由基带信号转换来的、频域特性适合信道传输的信号,又称频带信号。其各部分说明如下。

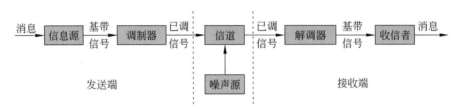

图 6-18　模拟通信系统的模型示意图

(1)信息源。将连续消息变换成原始电信号,如语音信号等。

(2)调制器。将基带信号变换成适合在信道传输的信号,即已调信号。调制器的作用是使信号和信道相匹配,因为原始的模拟信号频率较低,不适合在信道中快速传输,所以需要通过调制器将其频率提高。

(3)信道。信道是对模拟传输设备和模拟交换设备的抽象。模拟传输设备用于传送模拟频分复用信号,如在明线、对称电缆和同轴电缆上开通的各种载波系统以及模拟微波系统等。模拟交换设备则用于对模拟信号进行交换,包括人工交换机、机电制交换机以及电子交换机。

(4)解调器。将接收到的频带信号解调,并恢复成基带信号。

(5)收信者。在接收端,经终端设备解调,然后由用户设备将模拟电信号还原成非电信号,送至用户。

模拟通信系统的优点有系统设备简单、容易实现、占用的频带窄等。但其缺点也较为明显。

(1)保密性差。模拟通信,尤其是微波通信和有线明线通信,很容易被窃听。只要收到模拟信号,就容易得到通信内容。

(2)抗干扰能力弱。电信号在沿线路的传输过程中会受到外界和通信系统内部的各种噪声干扰,噪声和信号混合后难以分开,从而使得通信质量下降。线路越长,噪声的积累也就越多。

(3)设备不易于大规模集成化。

(4)不适于飞速发展的计算机通信要求。

6.3.3　数字通信系统

数字通信系统在信道中传输的是数字信号,其模型如图 6-19 所示。其中,信源编码/解码器用来实现模拟信号与数字信号之间的转换;加密/解密器用来实现数字信号的保密传输;信道编码/解码器用来实现差错控制功能和对抗由于信道条件造成的误码;调制/解调器用来实现数字信号的传输与复用。

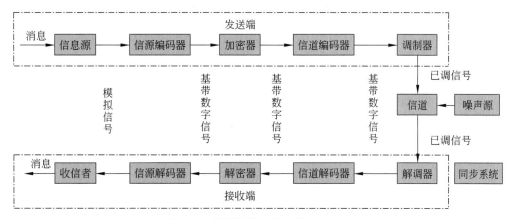

图 6-19　模拟通信系统的模型示意图

数字通信系统通常由用户设备、编码/解码器、调制/解调器、加密/解密器、传输/交换设备等组成。在发送端,来自信息源的模拟信号必须先经过信源编码器转变成数字信号,并对这些信号进行加密处理,以提高其保密性;为提高抗干扰能力需要再经过信道编码,对数字信号进行调制,变成适合信道传输的已调载波数字信号并送入信道。在接收端,对接收到的已调载波数字信号进行解调得到基带数字信号,然后经信道解码、解密处理,通过信源解码器等恢复为原来的模拟信号,送到收信者。

数字通信可以传输电报、数据等数字信号,也可传输经过数字化处理的语音和图像等模拟信号。与模拟通信相比,数字通信具有许多突出优点。

(1) 抗干扰能力强。电信号在信道上传送的过程中,不可避免地要受到各种各样的电气干扰。在模拟通信中,这种干扰是很难消除的,使得通信质量变坏。而数字通信在接收端是根据收到的 1 和 0 这两个数码来判别的,只要干扰信号不是大到使"有电脉冲"和"无电脉冲"都分不出来的程度,就不会影响通信质量。

(2) 通信距离远,通信质量受距离的影响小。模拟信号在传送过程中能量会逐渐发生衰减使信号变弱,为了延长通信距离,就要在线路上设立一些增音放大器。但增音放大器会把有用的信号和无用的杂音一起放大,杂音经过一道道放大以后,就会越来越大,甚至会淹没正常的信号,限制了通信距离。数字通信可采取"整形再生"的办法,把受到干扰的电脉冲再生成原来没有受到干扰的样子,使失真和噪声不易积累。这样,通信距离可以达到很远。

(3) 保密性好。对模拟通信传送的电信号加密比较困难。而数字通信传送的是离散的电信号,很难听清。数字通信可以方便地进行加密处理,加密的方法是采用随机性强的密码打乱数字信号的组合,敌人即使窃收到加密后的数字信息,也难以在短时间内破译。

(4) 通信设备的制造和维护简便。数字通信的电路主要由电子开关组成,很容易采用各种集成电路,体积小、耗电少。

(5) 能适应各种通信业务的要求。各种信息(电话、电报、图像、数据以及其他通信业务)都可以变为统一的数字信号进行传输,而且可与数字交换结合,实现统一的综合业务数字网。

数字通信的缺点是数字信号占用的频带比模拟通信要宽。一路模拟电话占用的频带宽度通常只有 4kHz,而一路高质量的数字电话所需的频带远大于 4kHz。但随着光纤等传输介质的采用,数字信号占用较宽频带的问题将日益淡化。数字通信将向超高速、大容量、长距离方向发展,在当前人工智能技术飞速发展的背景下,多样化的数字化智能终端在日常生活和垂直行业中发挥了重要作用。

6.4 信号调制与解调技术概述

信号调制/解调指信号调制、传输、接收及解调的过程,信号调制与解调技术是现代通信系统中不可或缺的关键技术之一,它负责将要传输的信息信号转换为适合传输的载波信号,并在接收端将收到的信号还原为原始的信息信号。

来自信源的信号通常称为基带信号,如计算机输出的代表各种文字或图像文件的数据信号都属于基带信号。基带信号往往包含较多的低频分量,甚至有直流分量。许多信道并不能传输这种低频分量或直流分量。为了解决这一问题,就必须对基带信号进行调制。

调制就是用基带信号(包含传输信息的有效信号)去控制载波信号(通常为高频的正弦或余弦波)的某个或几个参量的变化,将信息荷载在其上形成已调信号并传输。而解调是调制的反过程,通过具体的方法从已调信号的参量变化中恢复原始的基带信号。在此过程中,原始信号称为调制信号,某些参数受调制信号控制的信号称为载波信号,载波信号一般采用正弦及余弦信号。

根据调制信号的不同,调制技术又分为模拟调制技术和数字调制技术,模拟调制是对载波信号的某些参量进行连续调制,在接收端对载波信号的调制参量连续估值,而数字调制是用载波信号的某些离散状态来表征所传送的信息,在接收端只对载波信号的离散调制参量进行检测。

常见的模拟调制技术主要有幅度调制(Amplitude Modulation,AM)、频率调制(Frequency Modulation,FM)及相位调制(Phase Modulation,PM),常见的数字调制技术主要有幅移键控调制(Amplitude Shift Keying,ASK)、频移键控调制(Frequency Shift Keying,FSK)、相移键控调制(Phase Shift Keying,PSK)。

6.4.1 模拟调制技术

幅度调制 AM 属于线性调制,它是通过改变载波的幅度,以实现调制信号频谱的平移及线性变换的。一个正弦载波有幅度、频率和相位三个参量,因此,我们不仅可以把调制信号的信息寄托在载波的幅度变化中,还可以寄托在载波的频率或相位变化中。这种使高频载波的频率或相位按调制信号的规律变化而保持振幅恒定的调制方式称为频率调制(FM)或相位调制(PM),分别简称为调频和调相。因为频率或相位的变化都可以看作载波角度的变化,因此调频和调相又统称为角度调制。角度调制与线性调制不同,已调信号频谱不再是原调制信号频谱的线性搬移,而是频谱的非线性变换,会产生与频谱搬移不同的新的频率成分,因此又称为非线性调制。下面首先介绍模拟调制常见的三种方式。

1. 幅度调制

幅度调制(AM)是一种线性调制方式,通过用调制信号去控制高频载波的幅度,使其随调制信号呈线性变化。在 AM 中,原始信号的幅度变化会导致载波信号的幅度随之变化。在通信领域,幅度调制是一种重要的调制方法,广泛应用于无线电载波传输信息中。

图 6-20 给出了 AM 器模型,其中:$m(t)$ 为调制信号,A_0 为外加的直流分量,$\cos \omega_c t$ 为载波信号,$s_{AM}(t)$ 为调制后的信号。

由图 6-21 可以看到,经过 AM 后,在时域,调制信号 $m(t)$ 是调制后信号 $s_{AM}(t)$ 的包络,即调制后信号的幅度随着 $m(t)$ 的幅度变化而变化;在频域,可以看到原来作为基带信号的调制信号的频谱在调制后搬移到中心频率 f_c 上,成为带通信号。

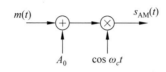

图 6-20   AM 器模型

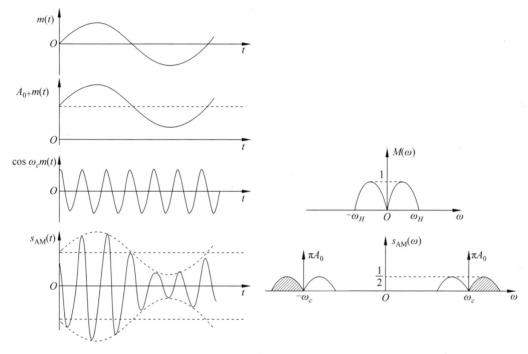

图 6-21   AM 信号的波形和频谱

由 6-21 中的频谱图可以看到,调制后的信号频谱有两个边带,即上、下边带,由于这两个边带包含的信息相同,因而从信息传输的角度来考虑,传输一个边带就够了。因此,根据传输边带的不同,AM 又分为双边带幅度调制(DSB-AM)和单边带幅度调制(SSB-AM),具体实现则通过滤波器来将双边带变为单边带。由于理想的单边带滤波器难以实现,大部分采用滚降滤波器,会出现一定的残留,因此在 DSB 和 SSB 之间还有一种残留边带幅度调制(VSB-AM),三者的频谱示意如图 6-22 所示。

AM 信号可采用相干解调和包络检波的方式实现从调制后信号到调制信号的恢复,在实际中,AM 信号常用简单的包络检波解调。

2. 频率调制

频率调制(FM)的目的是使得载波信号的频率随着调制信号幅度的变化而变化,即载

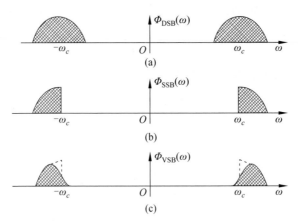

图 6-22　DSB-AM、SSB-AM、VSB-AM 信号的频谱图

波的幅度不变,瞬时角频率随调制信号作线性变化。FM 有直接调频和间接调频两种方式,如图 6-23 所示。

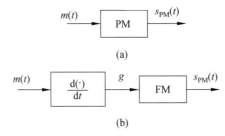

图 6-23　直接调频与间接调频示意图

　　直接调频是用调制信号 $m(t)$ 直接控制振荡器的频率,使其按调制信号的规律进行线性变化。直接法的主要优点是在实现线性调频的要求下,可以获得较大的频偏;缺点是频率稳定度不高,往往需要采用自动频率控制系统来稳定中心频率。间接法是先对调制信号积分后对载波进行相位调制,从而产生窄带调频信号(NBFM),然后利用倍频器把 NBFM 变换成宽带调频信号(WBFM)。间接法的优点是频率稳定度好;缺点是需要多次倍频和混频,实现电路较为复杂。在日常通信系统使用中,大多采用间接调频的方法。

　　调制信号、载波信号和调制后的信号如图 6-24 所示。从图中可以看到,调频波是等幅的疏密波,波形的疏密反映了调频波瞬时角频率的大小,即调频波的频率随着调制信号的规律作线性变化。

　　调频信号的解调有非相干解调和相干解调两种方式。由于调频信号的瞬时频率正比于调制信号的幅度,非相干解调就是采用具有频率-电压转换特性的鉴频器,能够通过频率的变化输出调制信号的电压幅度。理想的鉴频器是一个带微分器的包络检波器,如图 6-25 所示。

　　相干解调是利用频谱搬移特性,利用和载波信号相同的信号再次进行调制后,通过低通滤波器滤出原始信号的频率分量,进行微分后恢复成初始的调制信号,如图 6-26 所示。常用的调频通信系统中大多采用相干解调的方式。

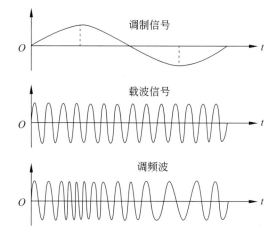

图 6-24　调制信号与频率调制后信号的对比示意图

图 6-25　调频信号非相干解调系统框图

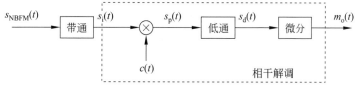

图 6-26　调频信号相干解调系统框图

3. 相位调制

相位调制(PM)与 FM 相似,均属于非线性调制技术,只不过 FM 是将调制信号信息的变化反映在载波信号频率中,而 PM 是将调制信号的变化反映在载波信号相位中。

与 FM 相同,PM 也有直接调相和间接调相两种方式,其系统框图如图 6-27 所示。

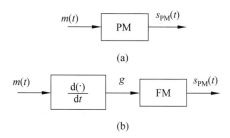

图 6-27　直接调相和间接调相系统示意图

与直接调相相比,间接调相先进行微分,再控制高频振荡器的相位按调制信号的规律变化,能够获得稳定的相位输出。

图 6-28 中给出了调制信号与调相信号波形的对比图。与图 6-24 中的调频信号相似,

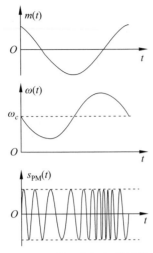

图 6-28 调制信号与调相信号的对比

调相信号也是一个疏密波信号,只不过调相信号是载波信号的相位随着调制信号的规律进行线性变化。

调相信号的解调主要采用成波相位解调和锁相环相位解调。成波相位解调是将输入信号通过正交相位分解,然后对余弦分量和正弦分量分别进行等幅和等相滤波,得到两路滤波后的信号。然后将这两路信号取比值和取反比值,得到一组锐化后的信号。最后,将锐化后的信号进行反正切运算,就可以得到精度很高的解调结果。锁相环相位解调是利用锁相环技术对输入信号进行处理。通过将一路输入信号和合成信号(即本振信号和相位解调输出信号的线性加法)进行乘法运算和低通滤波,得到相位误差信号。将相位误差信号进行放大,然后与本振信号进行相加,得到一个新的合成信号。在经历进一步的滤波和放大后,输出的信号即为相位解调结果。

6.4.2 数字调制技术

与模拟调制技术不同的是,数字调制中的调制信号不是时间连续的模拟信号,而是时间和赋值上均离散的数字信号。数字调制技术与模拟调制技术的相同点在于可以把调制信号的信息反映在载波信号的幅度、频率和相位上,而相应的方法就是二进制幅移键控调制(2ASK)、二进制频移键控调制(2FSK)、二进制相移键控调制(2PSK)。为了方便叙述,本节将重点讲解 2ASK、2FSK 和 2PSK 的调制与解调原理。

1. 二进制幅移键控调制

幅移键控是正弦载波的幅度随数字基带信号而变化的数字调制。当数字基带信号为二进制时,则为二进制振幅键控。2ASK 信号的时间波形随二进制基带信号 $s(t)$ 通断变化,所以又称为通断键控信号(OOK 信号)。

如图 6-29 所示,由于数字调制信号 $s(t)$ 为时间上离散的信号,通过其幅度控制载波信号的幅度变化,从而得到了时间上离散的 2ASK 信号,从时域上可以看到,通过调制后,原有的数字基带信号变成了时间上呈现离散情况的模拟信号,从频域上实现了基带信号带频带信号的变化。

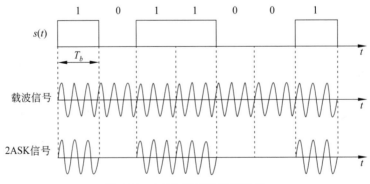

图 6-29 2ASK 信号时间波形图

2ASK 信号的产生方法通常有两种：一种方法是模拟调制法，也称为模拟相乘法，用乘法器实现，如图 6-30(a)所示；另一种方法是数字键控法，开关电路受调制信号 $s(t)$ 的控制，如图 6-30(b)所示。

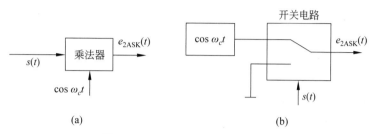

图 6-30 2ASK 信号调制器原理图

与 AM 方式相似，2ASK 信号有两种解调方法：包络检测法和相干解调方法，其中相干解调方法也称为同步检测法。

2. 二进制频移键控调制

频移键控是利用载波信号的频率变化传递不同幅值的数字信息。在二进制数字调制中，若正弦载波的频率随二进制基带信号在 f_1 和 f_2 两个频率点间变化，则产生二进制移频键控信号(2FSK 信号)。图 6-31 中波形(g)可分解为波形(e)和波形(f)，即二进制移频键控信号可以看作两个不同载波的二进制振幅键控信号的叠加。

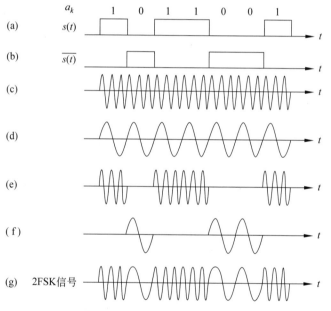

图 6-31 2FSK 信号的时间波形

2FSK 信号的产生主要有两种方法：一种方法是采用模拟调频电路实现，该方法产生的 2FSK 信号在相邻码元之间的相位是连续变化的；另一种方法是采用数字键控，即在二进制方波信号的控制下，通过开关电路对两个不同的独立频率源进行选通，使其在不同幅值下分别选择输出中心频率为 f_1 和 f_2 的两个载波之一，并通过相加器实现最终 2FSK 波形的输出。数字键控法实现 2FSK 信号的原理图如图 6-32 所示。

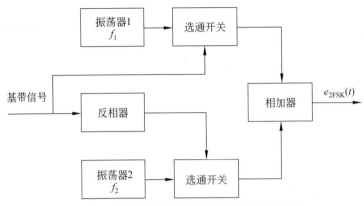

图 6-32　数字键控法实现 2FSK 信号的原理图

2FSK 信号的解调可以采用非相干解调和相干解调两种方式,首先都是通过两个带通滤波器将 2FSK 信号变成两路 2ASK 信号分别进行解调,如果通过包络检波器抽样后进行判决,恢复成初始的数字信号,就是非相干解调,如图 6-33(a)所示;如果通过载波信号再次调制,并通过低通滤波器将原始信号滤出后判决,就是相干解调,如图 6-33(b)所示。

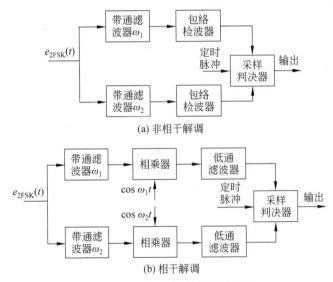

(a) 非相干解调

(b) 相干解调

图 6-33　2FSK 信号解调系统框图

3. 二进制相移键控调制

相移键控利用载波的相位变化传递数字信息,载波信号的振幅和频率保持不变。在二进制数字调制中,当正弦载波的相位随二进制数字基带信号离散变化时,则产生二进制移相键控(2PSK)信号。通常用已调信号载波的 $0°$ 和 $180°$ 分别表示二进制数字基带信号的 1 和 0。

如图 6-34 所示,根据调制信号 0 和 1 的不同,载波信号的相位也出现了变化,经过调制后,可以看到信号在时域上表现出相位的突变。2PSK 信号的产生也有两种方法,一种方法是通过乘法器直接与载波信号相乘,但由于需要相位的翻转,因此在通过乘法器前,需要将单极性的数字信号转为双极性的数字信号,如图 6-35(a)所示;另一种方法是通过数字键控

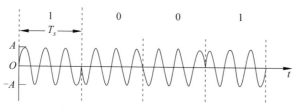

图 6-34   2PSK 信号的时间波形图

法产生不同相位的调制信号,如图 6-35(b)所示。

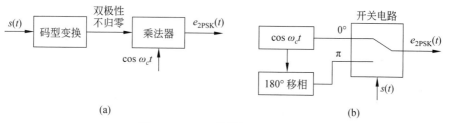

(a)

(b)

图 6-35   2PSK 信号调制器原理图

2PSK 信号通常采用相干解调法进行解调,解调器原理图如图 6-36 所示。经过低通滤波器后,通过采样得到基带信号相位,经过判决后恢复为初始的调制信号。

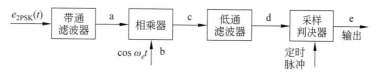

图 6-36   2PSK 信号相干解调器原理图

6.5   信道复用技术

复用(multiplexing)是通信技术中的基本概念,计算机网络中的信道广泛地使用各种复用技术,其目的是更好地利用信道资源。复用是一种将若干个彼此独立的信号合并为一个可在同一信道上同时传输的复合信号的方法;解复用是从信道中接到的复合信号中分离出单一信号的方法。复用和解复用的系统框图和信号示意图分别如图 6-37 和图 6-38 所示。复用的要点在于:信号的叠加不能造成彼此干扰,接收端可以从叠加的信号中分离出各个信息。常用的信道复用技术有以下四种:频分复用(Frequency Division Multiplexing,

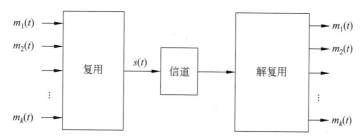

图 6-37   信道复用和解复用的原理图

FDM)、时 分 复 用（Time Division Multiplexing, TDM）、码 分 复 用（Code Division Multiplexing, CDM）、波分复用（Wave Division Multiplexing, WDM）。

图 6-38　信号复用和解复用的示意图

在进行通信时,复用器总是和分用器成对使用。复用器和分用器之间是用户共享的高速信道。分用器的作用正好和复用器的作用相反,它把高速信道传送过来的数据进行分用,分别送交到相应的用户。

6.5.1　频分复用技术

频分复用的目的在于提高频带利用率。通常,在通信系统中,信道所能提供的带宽往往要比传送一路信号所需的带宽宽得多。因此,一个信道只传输一路信号是非常浪费的。为了充分利用信道的带宽,人们提出了信道的频分复用。

频分复用是将信道按照频率划分为不同的子带,不同的信号占用不同的频带进行传输。例如,有 N 路信号要在一个信道中传送,可以使用调制的方法,把各路信号分别搬移到适当的频率位置,使彼此不产生干扰,如图 6-39 所示。各路信号就在自己所分配到的信道中传送。可见频分复用的各路信号在同样的时间占用不同的带宽资源(注意,这里的"带宽"是频率带宽而不是数据的发送速率)。

在使用频分复用技术时,若每个用户占用的带宽不变,则当复用的用户数增加时,复用后的信道的总带宽就跟着变宽。例如,传统的电话通信中,每个标准话路的带宽是 4kHz(即通信用的 3.1kHz 加上两边的保护频带),那么,若有 1000 个用户进行频分复用,则复用后的总带宽就是 4MHz。

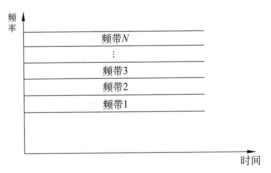

图 6-39　频分复用示意图

频分复用系统的最大优点是信道复用率高,容许复用的路数多,分路也很方便。因此,频分复用已成为目前模拟通信中最主要的一种复用方式,特别是在有线和微波通信系统中应用十分广泛。频分复用系统的主要缺点是设备生产比较复杂,会因滤波器件特性不够理想和信道内存在非线性而产生路间干扰。

6.5.2 时分复用技术

时分复用则是将时间划分为一段段等长的时间片,称为 TDM 帧,每个 TDM 帧中含有多个长度相同的时隙(slot),每一路信号占用固定序号的时隙,使得不同信号能够占用相同的频带,但是在不同的时间段内进行传输。TDM 的原理图如图 6-40 所示,图中画出了 4 路信号 A、B、C、D,每一路信号所占用的时隙周期性地出现(其周期就是 TDM 帧的长度)。因此 TDM 信号也称为等时(isochronous)信号。可以看出,时分复用的所有用户在不同的时间占用同样的频带宽度。

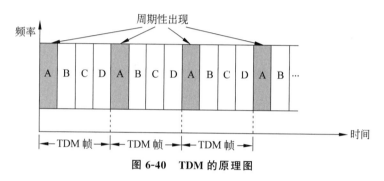

图 6-40 TDM 的原理图

TDM 是使用较早的复用技术,其具有实现简单、易于调试维护的优点,能够较好地承载实时性要求高的业务。然而,TDM 由于需要进行时隙划分,需要在设备间实现额外的时间同步,并且只有在输入信号保持恒定状态时才能达到最优的带宽利用率。在承载突发性强的业务时,会造成时延等待,并且会造成资源分配的不均衡。下面将重点介绍 TDM 在承载突发业务时存在的问题。

当使用时分复用系统传送计算机数据时,由于计算机数据的突发性质,一个用户对已经分配到的子信道的利用率一般是不高的。当用户在某一段时间暂时无数据传输时(例如用户正在键盘上输入数据或正在浏览屏幕上的信息),那就只能让已经分配到的子信道空闲着,而其他用户也无法使用这个暂时空闲的线路资源。图 6-41 说明了这一概念。假定有 4 个用户 A、B、C 和 D 进行时分复用,复用器按 A→B→C→D 的顺序依次对用户的时隙进行扫描,然后构成一个个时分复用帧。图中共画出了 4 个时分复用帧,每个时分复用帧有 4 个时隙。注意,在时分复用帧中,每个用户所分配到的时隙长度缩短了,只有原来的 1/4。可以看出,当某用户暂时无数据发送时,在时分复用帧中分配给该用户的时隙只能处于空闲状

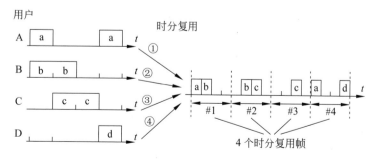

图 6-41 TDM 在承载突发业务时存在的问题示意图

态,即使其他用户一直有数据要发送,也不能使用这些空闲的时隙,这就会导致复用后的信道利用率不高。

为了解决上述问题,引入了统计时分复用概念。统计时分复用(Statistic TDM,STDM)是一种改进的时分复用,它能明显提高信道的利用率。集中器(concentrator)常使用这种统计时分复用。图 6-42 是统计时分复用的原理图。一个使用统计时分复用的集中器连接 4 个低速用户,然后将其数据集中起来,通过高速线路发送到一个远处的计算机。

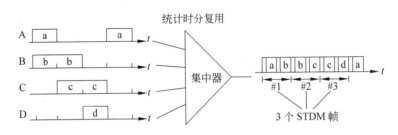

图 6-42　统计时分复用原理图

统计时分复用使用 STDM 帧来传送复用的数据。但每一个 STDM 帧中的时隙小于连接在集中器上的用户数。各用户有了数据就随时发往集中器的输入缓存,然后集中器按顺序依次扫描输入缓存,把缓存中的输入数据放入 STDM 帧中。对没有数据的缓存就跳过去。当一个帧的数据放满了,就发送出去。可以看出,STDM 帧不是固定分配时隙,而是按需动态地分配时隙。因此,统计时分复用可以提高线路的利用率。我们还可看出,在输出线路上,某一个用户所占用的时隙并不是周期性地出现的。因此,统计时分复用又称为异步时分复用,而普通的时分复用称为同步时分复用。这里应注意的是,虽然统计时分复用的输出线路上的数据率小于各输入线路数据率的总和,但从平均的角度来看,这二者是平衡的。假定所有的用户都不间断地向集中器发送数据,那么集中器肯定无法应付,它内部设置的缓存都将溢出,所以集中器能够正常工作的前提是假定各用户都是间歇地工作的。

由于 STDM 帧中的时隙并不是固定地分配给某个用户的,因此在每个时隙中还必须有用户的地址信息,这是统计时分复用必须有的和不可避免的一些开销。图 6-42 中,输出线路上每个时隙之前的短时隙(白色)就用于放入这样的地址信息。使用统计时分复用的集中器也称为智能复用器,它能提供对整个报文的存储转发能力(但大多数复用器一次只能存储一个字符或一比特),通过排队方式使各用户更合理地共享信道。此外,许多集中器还可能具有路由选择、数据压缩、前向纠错等功能。

6.5.3　码分复用技术

码分复用是另一种共享信道的方法,通过不同的正交码实现多个不同地址的用户共享同一信道。在 CDM 中,每个用户都可以独享信道的全频段,并支持多个用户同时发送信号。由于各用户使用经过特殊挑选的不同码型,因此各用户之间不会造成干扰。码分复用最初用于军事通信,因为这种系统发送的信号有很强的抗干扰能力,其频谱类似白噪声,不易被敌人发现。随着技术的进步,CDM 设备的价格大幅下降,体积大幅缩小,因而现在已被广泛使用于民用的移动通信中。第三代移动通信(3G)中就采用了码分复用技术,该技术可提高通信的话音质量和数据传输的可靠性,减少干扰对通信的影响,增大通信系统的容量,降低手机的平均发射功率等。

在 CDM 系统中,每个比特时间被划分为 m 个短的间隔,称为**码片**(chip)。通常 m 的值是 64 或 128。为了讨论简便,设 m 为 8。假设使用 CDM 的每个站点/用户都被分配了一个唯一的 m 位**码片序列**(chip sequence)。一个站如果要发送比特 1,则发送它自己的 m 位码片序列。如果要发送比特 0,则发送该码片序列的二进制反码。例如,指派给 S 站的 8 位码片序列是 00011011。当 S 发送比特 1 时,它就发送序列 00011011,而当 S 发送比特 0 时,就发送 11100100。为了方便,将码片中的 0 记为 -1,将 1 记为 $+1$。因此,S 站的码片序列是 $(-1-1-1+1+1-1+1+1)$。

CDM 系统的一个重要特点就是给每个站分配的码片序列不仅必须不同,并且必须互相正交。在实用的系统中是使用伪随机码序列。用数学公式可以很清楚地表示码片序列的这种正交关系。令向量 S 表示站 S 的码片向量,再令 T 表示其他任何站的码片向量。两个不同站的码片序列正交,就是向量 S 和 T 的规格化内积都是 0:

$$S \cdot T = \frac{1}{m} \sum_{i=1}^{m} S_i T_i = 0$$

例如,向量 S 为 $(-1,-1,-1,+1,+1,-1,+1,+1)$,同时设向量 T 为 $(-1,-1,+1,-1,+1,+1,+1,-1)$,这相当于 T 站的码片序列为 00101110。将向量 S 和 T 的各分量值代入上式就可看出这两个码片序列是正交的。不仅如此,向量 S 和各站码片反码的向量的内积也是 0。另外一点也很重要,即任何一个码片向量和该码片向量自己的规格化内积都是 1:

$$S \cdot S = \frac{1}{m} \sum_{i=1}^{m} S_i S_i = \frac{1}{m} \sum_{i=1}^{m} S_i^2 = \frac{1}{m} \sum_{i=1}^{m} (\pm 1)^2 = 1$$

现假定有一个 X 站要接收 S 站发送的数据。X 站就必须知道 S 站所特有的码片序列。X 站使用它得到的码片向量 S 与接收到的未知信号进行求内积的运算。X 站接收到的信号是各站发送的码片序列之和。根据上面的公式,再根据叠加原理(假定各种信号经过信道到达接收端是叠加的关系),那么求内积得到的结果是:所有其他站的信号都被过滤掉(其内积的相关项是 0),而只剩下 S 站发送的信号。当 S 站发送比特 1 时,在 X 站计算内积的结果是 $+1$,当 S 站发送比特 0 时,内积的结果是 -1。

图 6-43 是 CDM 的工作原理图。设 S 站要发送的数据是 110 三个码元。再设 CDMA 将每一个码元扩展为 8 个码片,而 S 站选择的码片序列为 $(-1,-1,-1,+1,+1,-1,+1,+1)$。S 站发送的信号为 S_x。我们应当注意到,S 站发送的信号 S_x 中,只包含互为反码的两种码片序列。T 站选择的码片序列为 $(-1,-1,+1,-1,+1,+1,+1,-1)$,T 站也发送 110 三个码元,而 T 站的扩频信号为 T_x。因所有的站都使用相同的频率,因此每一个站都能够收到所有的站发送的扩频信号。对于上述例子,所有的站收到的都是叠加的信号 $S_x + T_x$。

当接收站打算收 S 站发送的信号时,就用 S 站的码片序列与收到的信号求规格化内积,这相当于分别计算 $S \cdot S$ 和 $S \cdot T$。显然,$S \cdot S_x$ 就是 S 站发送的数据比特,因为在计算规格化内积时,按上式相加的各项,或者都是 $+1$,或者都是 -1;而 $S \cdot T$ 一定是零,因为相加的 8 项中的 $+1$ 和 -1 各占一半,因此总和一定是零。

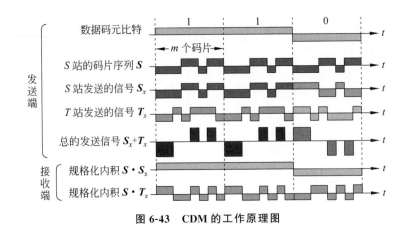

图 6-43　CDM 的工作原理图

6.5.4　波分复用技术

波分复用就是光的频分复用。光纤技术的应用使得数据的传输速率空前提高。现在人们借用传统的载波电话的频分复用概念,就能做到使用一根光纤来同时传输多个频率,很接近光载波信号,这样就可使光纤的传输能力成倍地提高。由于光载波的频率很高,因此人们习惯用波长而不用频率表示所使用的光载波。这样就产生了"波分复用"这一名词。最初,人们能在一根光纤上复用两路光载波信号。这种复用方式称为波分复用 WDM。随着技术的发展,在一根光纤上复用的光载波信号的路数越来越多,现在已能做到在一根光纤上复用几十路或更多路数的光载波信号。于是,人们就使用了密集波分复用（Dense Wavelength Division Multiplexing，DWDM）。例如,每一路的数据率是 40Gbps,使用 DWDM 后,如果在一根光纤上复用 64 路,就能够获得 2.56Tbps 的数据率,工作原理如图 6-44 所示。

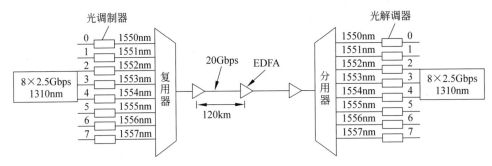

图 6-44　WDM 工作原理图

在图 6-44 中,8 路传输速率均为 2.5Gbps 的光载波(其波长均为 1310nm)经光的调制后,其波长分别变换到 1550～1557nm,每个光载波相隔 1nm(这里只是为了方便说明问题。实际上,对于密集波分复用,光载波的间隔一般是 0.8nm 或 1.6nm)。这 8 个波长很接近的光载波经过光复用器(波分复用的复用器又称为合波器)后,就在一根光纤中传输。因此,在一根光纤上数据传输的总速率就达到了 8×2.5Gbps＝20Gbps。

6.6　本章小结

　　本章重点介绍了物理层基本概念、介质和典型接口，着重介绍了信号和信道两个概念。信号是物理层传输、处理的对象，信号是数据的载体，不同的数据通过信号进行承载。信号可以分为模拟信号和数字信号。根据信号承载的不同，可将通信系统划分为模拟通信系统和数字通信系统，模拟通信系统主要承载模拟信号，调制解调技术是模拟通信系统的关键；数字通信系统主要承载数字信号，除了调制解调外，还增加了信道编解码和加解密。数字通信是目前计算机网络系统中广泛采用的传输技术。

　　本章还详细介绍了调制解调技术。调制是根据调制信号变化，将调制信号特征反馈在载波信号的幅度、频率或相位上，从而实现将基带信号搬移到适合信道的频带信号；解调是调制的逆过程，是从调制后的信号中恢复出初始调制信号的过程。本章重点介绍了 AM、FM 和 PM 三种模拟调制解调技术和解调方法，以及 ASK、FSK、PSK 三种数字调制解调技术。

　　最后，本章介绍了信道复用技术，该技术是提升信道利用率的关键机制，也是通信系统中的关键基础技术之一。本章重点介绍了 FDM、TDM、CDM 和 WDM 的基本原理。

　　综上所述，学习本章，读者应重点掌握和了解物理层的基本概念、典型介质特征，并掌握模拟和数字通信系统的原理框图，了解调制解调的功能，并掌握典型的调制解调技术、信道复用技术。

习题

　　6-1　请简述物理层的功能及服务。

　　6-2　物理层的接口有哪些方面的特性？

　　6-3　请简述数字信号和模拟信号的特征。

　　6-4　信道的特性都包含哪些指标？

　　6-5　串行通信和并行通信各自有哪些特点？都分别适用于什么通信场景？

　　6-6　物理层介质如何分类？各自的特点是什么？

　　6-7　请简述通信系统通用模型的三要素，并画出数字通信系统的基本框图。

　　6-8　请简述为什么需要进行信道复用？有哪些典型的信道复用技术？请列举不少于 4 种，并分别指出不同信道复用技术的工作原理。

　　6-9　共有 4 个站进行 CDMA 通信，4 个站的码片序列如下。

　　站点 1：$(-1 +1 -1 -1 -1 -1 +1 -1)$　　站点 2：$(-1 +1 -1 +1 +1 +1 -1 -1)$

　　站点 3：$(-1 -1 +1 -1 +1 +1 +1 -1)$　　站点 4：$(-1 -1 -1 +1 +1 -1 +1 +1)$

　　先收到这样的码片序列：$(-1 +1 -3 +1 -1 -3 +1 +1)$，请问是哪个站点发送的信号？

　　6-10　一个数字基带信号，当其进行数字调制后，最终天线发射的信号是模拟信号还是数字信号？请说明原因。

第7章 物 联 网

物联网通过将物理设备与互联网连接,实现数据的实时采集、分析和传输,从而促进各行业的智能化和自动化。它提高了资源利用效率,优化了生产流程,并推动了智慧城市、智能家居、医疗健康等领域的快速发展,提升了人们的生活质量和生产力水平。本章主要讨论物联网(Internet of Things,IoT)的基本原理、关键技术及其应用。7.1 节对物联网的概念、架构以及其核心功能进行介绍,探讨物联网如何通过感知、通信和计算能力连接物理世界与虚拟世界。7.2~7.4 节分别聚焦射频识别(RFID)、定位与时间同步技术。7.5 节展示物联网在智能家居、医疗健康和工业自动化等领域的具体应用案例。

7.1 物联网基础

物联网与传统网络相比具有显著的差异,主要体现在连接对象、数据处理方式及应用场景等方面。传统网络主要连接计算机和服务器,侧重于信息的传输与共享,而物联网则将连接对象扩展至各类物理设备、传感器和终端,使得"物"能够通过网络实现智能化的交互与管控。物联网不仅关注数据的传输,还强调数据的感知、处理与决策,涵盖从端节点到云的全流程智能化管理。物联网的应用领域更加广泛,包括智慧城市、工业自动化、智能交通等,可为各行业提供全方位的数字化转型支持。因此,深入理解物联网的基本概念及其构成,是探索其技术特点和发展前景的关键。

7.1.1 概述

物联网是通过互联网将各种物理设备、传感器、软件和网络连接在一起,实现数据的收集、传输、处理和共享的系统。其核心在于通过设备间的互联互通,使得它们能够自主地进行信息交换和智能决策,从而实现自动化、优化资源配置、提升效率和改善用户体验。

1. 起源与发展

物联网的起源可以追溯到 20 世纪 80 年代,随着互联网刚刚兴起,人们开始设想将物理设备与网络连接起来,实现自动化和远程控制的可能性。1999 年,麻省理工学院首次正式提出"物联网"这一术语并设想利用射频识别(RFID)技术和传感器网络将现实世界的物品连接到互联网,以便进行实时监控和数据收集。

物联网的发展经历了多个阶段。早期阶段主要集中在简单的设备连接和数据传输,如工业自动化中的机器监控和物流管理中的条形码和 RFID 技术。随着无线通信技术(如Wi-Fi、蓝牙、蜂窝网络)的发展,物联网技术进入了快速增长期。2000 年代,传感器技术、无线通信和嵌入式系统的进步为物联网的发展提供了坚实的基础,使得设备互联和数据采集变得更加容易,成本更加低廉。进入 2010 年代,物联网的应用开始广泛扩展到各行各业,如智慧家居、智慧城市、医疗健康、智慧农业、能源管理等。智能家居设备如智能灯泡、恒温器和安全系统逐渐普及;在城市基础设施中,智能交通系统、环境监测和公共安全系统开始采用物联网技术;在医疗健康领域,可穿戴设备和远程健康监测技术也变得越来越普遍。

近年来,随着大数据、云计算、人工智能和 5G 技术的发展,物联网进入了一个新的阶段。大数据和云计算为物联网提供了强大的数据处理和分析能力,使得设备之间不仅能够互联,还能实现更复杂的自动化和智能化。人工智能的发展进一步增强了物联网的决策能力,通过机器学习算法可以从海量数据中挖掘有价值的信息。5G 技术的商用化则为物联网提供了更快的连接速度和更低的延迟,使得大量设备可以同时在线并实现实时通信。

物联网从概念的提出到如今的广泛应用,经历了几十年的发展和技术积累。它不仅改变了人们的生活方式和商业模式,还推动了各行业向数字化、智能化方向的转型,成为了当今科技发展的重要引擎之一。未来,随着技术的进一步发展,物联网将继续与其他新兴技术深度融合,为社会带来更多创新和变革。

2. 体系架构

物联网体系架构是物联网实现和运作的基础,它定义了物联网系统的基本组成和工作流程。如图 7-1 所示,典型的物联网体系架构通常包含四层:感知层、网络层、平台层(或中间层)和应用层。每一层都具有特定的功能和技术支持,以实现从数据采集到数据处理和最终应用的完整流程。

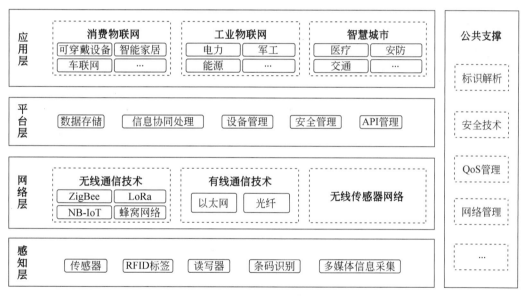

图 7-1 物联网体系架构

(1)感知层。该层是物联网的基础层,负责对物理世界的感知和数据采集。它由各种传感器、执行器和嵌入式设备组成,这些设备能够检测和捕获环境中的物理或化学变化,如温度、湿度、光强度、运动、压力、位置、声音等信息。感知层的主要功能是将物理信号转换为数字信号,以便在后续的层次中进行传输和处理。常见的感知层设备可分为传感器和执行器。

- 传感器:用于测量和检测特定的物理或化学属性,如温度传感器、压力传感器、光传感器、湿度传感器、RFID 标签和读写器等。
- 执行器:用于响应控制信号并执行物理动作,如电机、继电器、阀门等,用于实现对物理环境的控制和调节。

（2）网络层。该层的主要功能是实现数据的传输和通信。它负责将感知层采集到的数据传输到边缘计算设备、网关或云端进行进一步处理。网络层通过有线或无线通信技术实现设备间的互联互通。

- 无线通信技术：如 Wi-Fi、蓝牙、ZigBee、LoRa、NB-IoT 和蜂窝网络（如 4G、5G）等，这些技术支持短距离到长距离的数据传输。
- 有线通信技术：如以太网、光纤等，主要用于需要高带宽和低延迟的场景。

网络层还涉及网络协议的使用，如 IPv4/IPv6、6LoWPAN（低功耗无线个域网）、MQTT（消息队列遥测传输协议）、CoAP（受限应用协议）等。这些协议支持设备间的高效数据传输和通信管理。

（3）平台层。该层是物联网架构的核心，它提供了数据管理、处理和存储的能力，并通过标准化接口和服务将感知层的数据与应用层的需求相匹配。平台层通常在云端运行，能够处理来自多个设备和系统的数据流，并支持大规模的数据存储、计算和分析。

- 数据存储：通过分布式数据库或数据湖进行大规模的数据存储，支持结构化、半结构化和非结构化数据。
- 协同信息处理：利用大数据处理框架（如 Hadoop、Spark）和人工智能技术（如机器学习、深度学习）对信息进行复杂的处理和分析，提取有价值的信息。
- 设备管理：支持对物联网设备的远程配置、固件升级、状态监控和故障诊断。
- 安全管理：包括设备认证、数据加密、访问控制等安全功能，确保数据和设备的安全性。
- API 管理：提供标准化的 API 和开发工具包（SDK），支持应用开发和第三方集成，简化与其他系统的对接。

物联网平台层的典型代表有 AWS IoT、Microsoft Azure IoT Hub、Google Cloud IoT Core 等，它们提供了全面的物联网服务，包括设备管理、数据处理、分析工具和应用开发支持。

（4）应用层。该层是物联网的顶层，也是与用户直接交互的层。它负责根据平台层提供的数据和服务，实现具体的业务功能和用户需求。应用层的设计和实现与物联网的实际应用场景密切相关，不同行业的物联网应用具有不同的功能和特点。常见的物联网应用包括以下场景。

- 智能家居：如智能灯光、智能门锁、智能家电的远程控制和自动化管理。
- 智慧城市：包括智能交通、智能停车、环境监测、智能路灯等城市基础设施的智能化管理。
- 工业物联网：涵盖设备监控、预测性维护、工业自动化、生产优化等，提高工业生产效率和安全性。
- 医疗健康：通过可穿戴设备、远程监护和健康管理系统，实现对患者健康数据的实时监测和管理。
- 农业物联网：如智能灌溉、精准种植、畜牧监控等，提高农业生产的效率和可持续性。

（5）公共支撑。公共支撑是物联网体系架构中不可或缺的组成部分，负责确保物联网的基本功能能够高效、稳定、安全运行。该层包括标识解析、安全技术、QoS 管理和网络管理等关键功能模块,为物联网设备的互联互通、数据安全传输和服务质量保障提供了重要支持。该层主要包括以下功能。

- 标识解析:物联网中的设备标识符需要具有唯一性和可寻址性,确保设备间能够进行有效的通信。标识解析系统通过标准化协议(如 DNS、IPv6 等)实现设备和服务的准确识别和访问,并支撑设备的大规模管理和动态更新。
- 安全技术:物联网的开放性和异构性带来了潜在的安全风险,因此,安全技术是保障物联网正常运行的关键。具体的安全技术包括数据加密、身份认证、访问控制等,保证数据传输的机密性、完整性以及设备的安全性。此外,还需要结合隐私保护技术,避免用户信息泄露。
- QoS 管理:不同物联网应用场景对网络的性能要求不同,QoS 管理通过带宽分配、延迟控制和流量调度等手段,使网络服务满足不同应用的需求,提升物联网系统在高并发、大数据传输场景下的稳定性和实时性。
- 网络管理:物联网的网络管理主要负责设备接入、网络拓扑的维护、故障检测以及性能优化。该功能通过智能化的管理方法,结合云计算和边缘计算,提升网络的灵活性、可靠性与可扩展性,并降低运营成本和能耗。

公共支撑层的这些功能为物联网的各项应用提供了必要的基础设施和保障,使物联网系统能够在全球范围内顺利运行。随着物联网技术的不断发展,这些支撑技术将不断演进,以适应更加复杂和多样化的应用需求,进一步推动物联网的广泛部署和应用。

3. 主要特点

物联网各层间相互协作,共同实现从数据采集到智能应用的全链条功能,这一结构使得物联网不仅能够连接海量设备,实现大规模数据的传输与处理,还能通过智能化手段提升系统的自适应和自组织能力。因此,物联网展现出全面感知、异构互联、智能处理和海量连接等独特的特点,成为推动各行业智能化转型的关键技术。

(1)全面感知。物联网的核心之一是通过各种传感器技术实现对环境、设备及用户的全面感知。这些传感器可以是温度、湿度、光照、压力、位置等物理量的感知装置,也可以是通过摄像头、麦克风等获取多媒体数据的装置。通过传感器,物联网系统可以实时监控环境和设备状态,实现对各种物理量的精准感知和数据采集,为后续的数据处理和决策提供基础。

(2)异构互联。这是物联网的核心特征之一,物联网涉及多种类型的设备和系统,这些设备可能使用不同的硬件架构、操作系统和通信协议,因此标准化协议、接口和平台的开发对于实现异构设备之间的互操作性至关重要。物联网设备利用多种通信协议(如 Wi-Fi、蓝牙、ZigBee、NB-IoT 等)将采集的数据传输到云端或边缘计算设备,支持从短距离到长距离的数据传输。这些通信协议保证数据传输的可靠性、安全性和低延迟,满足物联网应用的实时性和高效性要求。这种广泛的互联互通能力使得不同类型的设备可以在同一个系统中协同工作,实现数据的实时传递和共享,从而增强系统的整体智能化水平。

(3)智能处理。物联网不仅是简单的设备互联,还具备强大的数据处理和分析能力。通过边缘计算、云计算、大数据分析和人工智能技术,物联网能够对海量数据进行高效处理和深度分析,实现预测性维护、智能决策、自动化控制等功能。这种智能处理能力使得物联网不仅是一个信息传递的网络，更是一个具有认知和决策能力的智能系统。

（4）海量连接。物联网的广泛应用导致了设备连接数的爆炸性增长。其典型特点是海量设备的并发连接，包括智能家居设备、可穿戴设备、工业传感器、智能交通设施等。物联网系统需要具备大规模连接和管理能力，以支持数十亿甚至数百亿设备的并发运行，并保持系统的高效性和稳定性。

这些特点使物联网成为推动现代社会智能化、自动化和数据驱动的关键技术，实现了物理世界和数字世界的无缝连接，推动了社会各领域的智能化转型。这些特点不仅使得物联网在智能家居、智慧城市、工业自动化、医疗健康等领域发挥重要作用，还为其未来的创新和发展奠定了坚实的基础。随着技术的不断进步，物联网将持续发展，并与其他新兴技术（如人工智能、区块链、5G 等）深度融合，为人类生活和工业生产带来更多的变革和机遇。

4. 发展趋势

物联网的未来发展将朝着更加智能化、广泛化和安全化的方向推进，深度融入社会生活和各个行业。随着 5G 网络的普及，物联网的连接能力将显著提升，低延迟、高带宽和海量设备连接将成为常态，同时与边缘计算的结合将使得数据处理更加实时和高效，进一步提升系统的响应速度和可靠性。在人工智能技术的加持下，物联网将实现从简单数据采集到复杂数据分析和智能决策的跃升，推动各类应用场景如智慧城市、智能制造、智慧农业和智慧医疗的快速发展，从而实现高度自动化和智能化。与此同时，物联网设备的低功耗设计将成为趋势，新型低功耗芯片、节能通信协议及能量收集技术的应用，将有效降低设备能耗，支持可持续发展的需求。随着物联网规模的扩大，安全性和隐私保护也将面临更大的挑战，未来将更加依赖区块链、加密技术和零信任架构等新兴技术，以保障数据安全和用户隐私。物联网的标准化与互操作性将持续得到强化，国际和行业标准的制定将促进设备之间的无缝连接，减少系统集成的复杂性，推动物联网生态的健康发展。总而言之，物联网将成为推动各行业数字化转型的重要驱动力，不断拓展应用边界和影响力，为社会和经济的发展注入新的活力。

7.1.2 无线传感器网络概述

物联网和无线传感器网络（Wireless Sensor Network，WSN）之间存在紧密的联系，无线传感器网络可以被视为物联网的基础组成部分之一。物联网的核心在于通过各种设备的互联互通实现智能化管理和数据分析，而无线传感器网络则专注于环境中物理信息的感知与采集，是物联网实现全面感知和智能决策的基础环节，两者相辅相成，共同推动着智能应用的发展。

典型的无线传感器网络结构如图 7-2 所示。无线传感器网络由大量分布式传感器节点组成，通过无线通信方式协同工作，以实现对特定区域的环境参数（如温度、湿度、光强、声音、振动等）的实时感知、采集和传输，为物联网的感知层提供支持。随着物联网的不断发展，无线传感器网络不仅承担着数据采集的任务，还通过与边缘计算和人工智能技术的结合，实现了对数据的初步处理和分析，从而提升了物联网系统的效率和智能化水平。

1. 体系架构

无线传感器网络是一种新兴的分布式网络，能够通过传感器末端感知和监测外部环境。这些传感器节点通过无线通信方式相互连接，形成一个多跳自组织网络结构。

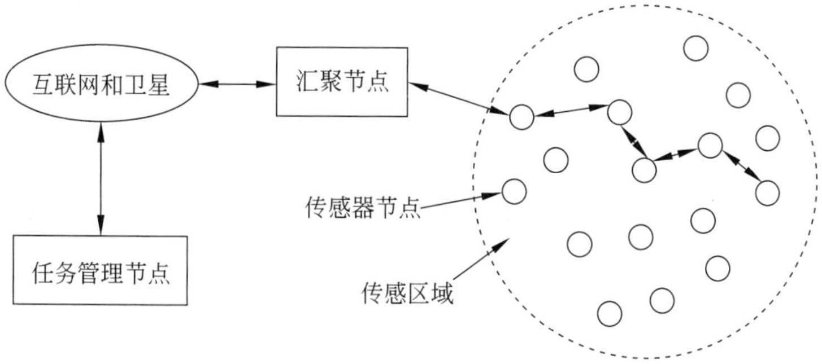

图 7-2 典型的无线传感器网络结构

1）节点结构

无线传感器网络的节点结构通常由传感器节点和汇聚节点构成,每种节点具有不同的功能和结构特点。每个传感器节点通常包括数据采集、数据处理、数据传输和能量供应等功能模块。汇聚节点通常具备更强的处理能力和无线通信功能,主要负责与外部网络的通信与数据交换;而传感器节点主要负责采集监测区域内的环境数据,并将其传输给汇聚节点。

传感器节点是网络中的基础单元,其主要功能是采集环境信息、进行数据处理,以及将数据传输到其他节点或汇聚节点。传感器节点的结构通常包括以下几个主要部分。

(1) 传感器模块:用于检测环境中的物理或化学参数(如温度、湿度、光强等),将这些信号转换为电信号。

(2) 处理单元:通常由微处理器或微控制器构成,用于控制传感器节点的操作,并执行数据处理任务,如数据过滤、压缩和简单的决策。

(3) 通信模块:负责与其他节点之间的无线通信。常见的通信协议包括 ZigBee、Wi-Fi 和蓝牙等,支持短距离、低功耗的数据传输。

(4) 电源模块:一般采用电池供电,支持节点的各项功能。由于能量供应是传感器节点设计中的关键问题,电源模块通常还包含能量管理单元,用于优化能耗。

(5) 存储单元:用于存储采集到的数据和节点的操作程序。根据需求,存储单元的容量和类型(如 RAM、闪存)可能有所不同。

汇聚节点则具有更高的处理能力和通信能力,通常负责收集传感器节点传来的数据,并进行进一步的处理和传输。汇聚节点通常包含比传感器节点更强大的处理器、大容量存储单元,以及支持与外部网络(如互联网、卫星等)连接的模块。此外,汇聚节点在能量供应上可能更为充裕,甚至可以接入固定电源。

2）系统结构

无线传感器网络的架构一般由传感器节点、汇聚节点以及外部网络构成。大量的传感器节点部署于监测区域,通过自组织方式形成网络。传感器节点对采集到的数据进行初步处理后,通过多跳中继传输的方式将数据发送至汇聚节点。汇聚节点再通过卫星、互联网等通信途径将数据传输至管理节点,即终端用户。终端用户可以通过管理节点对传感器网络进行管理和配置,例如发布监测任务等操作。

2. 通信协议

无线传感器网络的通信协议主要包括物理层、数据链路层、网络层和传输层等各个层次的协议，每个层次的协议设计都需要考虑无线传感器网络的特定要求。

1) 物理层

物理层负责无线信号的发射和接收，是通信的基础层。无线传感器网络的物理层需要在功耗、带宽、抗干扰能力和通信距离之间进行平衡。通常采用低功耗的无线通信技术，如IEEE 802.15.4 标准的 ZigBee、Bluetooth Low Energy (BLE)和低功耗广域网(LPWAN)技术(如 LoRa、NB-IoT)等。物理层还涉及调制方式、信道编码和信号检测等技术，以确保在低功耗和低成本的前提下实现可靠的通信。

2) 数据链路层

数据链路层主要负责节点之间的帧传输和误差控制。它包括媒体访问控制(MAC)和逻辑链路控制(LLC)子层。MAC 协议在无线传感器网络中尤为重要，因为它直接影响网络的能耗和传输效率。常见的 MAC 协议有基于时分多址(TDMA)、载波侦听多址(CSMA)和基于调度的协议。对于无线传感器网络来说，MAC 协议的设计通常需要在能耗、延迟和吞吐量之间进行优化，以适应不同的应用场景。

3) 网络层

网络层是无线传感器网络中实现数据传输和路由管理的核心层，其路由协议设计是无线传感器网络研究的核心问题之一。无线传感器网络的路由协议需要考虑网络的自组织特性、节点的能量受限以及动态拓扑变化等因素。典型的网络层协议包括基于数据聚合的协议、能量高效的簇结构协议，以及地理位置路由协议等。这些协议的目标是通过优化路由选择和数据传输路径，最大化网络的能量效率和传输可靠性。由于传感器节点的通信能力和能量资源有限，数据通常需要通过多跳(multi-hop)传输方式到达汇聚节点或基站。网络层的设计主要关注以下几方面。

(1) 路由协议：为了优化数据传输路径，网络层设计了多种路由协议，如基于平面的路由(如洪泛路由)、分层路由(如 LEACH 协议)、基于位置的路由(如 GPSR 协议)和基于数据的路由(如定向扩散路由)。这些协议在能量效率、数据传输延迟和网络负载均衡等方面各有侧重。

(2) MAC(媒体访问控制)协议：在节点之间的数据传输中起到关键作用，主要负责管理信道的访问，以避免冲突、减少能耗和延长网络寿命。由于无线传感器网络节点资源有限，MAC 协议设计需要特别关注能量效率、低延迟和可靠通信。常见的 MAC 协议包括 S-MAC、T-MAC 和 B-MAC 等。S-MAC 通过周期性睡眠与唤醒机制减少节点的空闲侦听时间，从而降低能耗；T-MAC 在 S-MAC 基础上引入动态睡眠调整，进一步优化能耗；B-MAC 通过低功耗侦听和预报文传输减少冲突。总而言之，这些协议通过不同策略优化无线传感器网络的通信性能，确保在能量受限条件下的高效数据传输。

(3) 拓扑管理：网络层还需要管理节点的部署、激活和休眠，以优化网络覆盖和能量使用。拓扑管理的目标是通过调整节点的状态来维持网络的连通性和覆盖度，同时延长网络的整体寿命。

4) 传输层

传输层的主要功能是提供端到端的可靠数据传输，尤其是在具有高数据丢失率的无线环境中。传统的传输控制协议(TCP)由于其高开销和复杂的连接管理机制，并不适用于无线传感器网络。为此，传输层通常采用轻量级的可靠传输协议，如基于 UDP 的协议，或者通过应用层的冗余和纠错机制实现数据的可靠传输。

3. 数据处理

无线传感器网络的数据处理包括数据采集、数据预处理、数据融合和数据传输。数据采集是传感器节点的基本功能，而数据预处理和数据融合是为了减少传输的数据量，提高数据的准确性和相关性。数据预处理通常包括滤波、去噪、压缩和特征提取等步骤。数据融合是将多个传感器节点采集的数据进行整合，以提高信息的完整性和准确性。常见的数据融合方法包括集中式融合、分布式融合和混合式融合。这些方法根据网络拓扑和应用需求选择合适的融合策略，以优化数据处理效率。

4. 能量管理

能量管理是无线传感器网络设计中的关键问题，因为传感器节点通常由电池供电且更换电池的成本高昂。无线传感器网络的能量管理策略主要包括节点休眠、能量高效的MAC协议、数据压缩和聚合、路由优化等。通过减少节点的活动时间和传输次数，可以显著降低节点的能耗。先进的能量管理技术还包括能量采集技术（如太阳能、振动能量采集）和能量感知路由策略，以进一步延长网络的寿命。

5. 主要特点

要深入理解无线传感器网络的独特价值和应用潜力，不仅需要掌握其基本构成，还需要进一步探讨其核心特点。这些特点，如自组织性、能量受限性、数据驱动性、容错性和多跳通信，不仅决定了无线传感器网络的工作原理和性能表现，也直接影响其在实际应用中的广泛性和有效性。接下来详细介绍无线传感器网络的主要特点，以更全面地理解这一技术的优势与挑战。

（1）自组织性：无线传感器网络具备高度的自组织能力，传感器节点通常随机部署在目标区域内，并通过自组织方式形成网络拓扑。节点能够根据环境变化动态调整自身状态和通信策略，不依赖预设的基础设施。这种特性使无线传感器网络能够在无法预先规划或环境恶劣的场景中可靠运行。

（2）能量受限性：无线传感器网络中的传感器节点通常由电池供电，能量资源有限。因此，无线传感器网络在设计时需要特别关注能量效率，采用低功耗的通信协议、节能的数据处理方法和能量高效的路由策略。能量管理策略如节点休眠、数据压缩和多跳传输被广泛应用，以延长网络的生命周期。

（3）数据驱动性：无线传感器网络的核心功能是通过节点采集环境数据，并将数据传输至汇聚节点或基站进行处理和分析。与传统网络相比，无线传感器网络的通信模式以数据需求和事件为导向，关注数据的有效传输和信息融合，而非节点间的持续连接。这种数据驱动特性支持基于事件的检测和快速响应。

（4）容错性和鲁棒性：无线传感器网络设计时需要考虑节点失效的情况。由于节点数量众多且容易失效，网络必须具备高容错性和鲁棒性，能够在部分节点失效或连接中断时保持正常运行。通过节点冗余、动态路由调整和拓扑控制等技术，无线传感器网络能有效确保数据的可靠传输和网络的稳定性。

（5）多跳通信和分布式处理：由于单个传感器节点的通信范围有限，无线传感器网络采用多跳通信方式，使数据能够通过多个中继节点传输至目的地。此外，无线传感器网络常采用分布式数据处理模式，节点协同执行数据融合和分析任务，从而减少传输负载，提高处理效率。这种分布式处理不仅提升了网络的可扩展性,还增强了数据处理的实时性和准确性。

这些特点共同构成了无线传感器网络的技术优势,使其能够在多种复杂和动态的环境中发挥关键作用。

7.2 RFID 技术

7.2.1 概述

射频识别技术(Radio Frequency Identification,RFID,)是一种利用无线电波对物体进行自动识别和数据采集的技术。作为一种非接触式的自动识别方式,RFID 能够通过射频信号识别目标物体并获取相关信息,无须人工干预。这种技术的应用范围非常广泛,从物流管理到电子支付,涵盖了工业、交通、安防、医疗等多个领域。自 20 世纪 80 年代开始,RFID技术逐渐成熟,并凭借其高效、便捷、智能化的特点,成为现代化信息管理中的重要工具。

相比于传统的条形码、磁条等技术,RFID 技术具有显著的优势和特点。RFID 是一种非接触式技术,它通过无线电波进行信息传递,因此在读取标签信息时,不需要直接接触目标物体,也不需要在可视范围内进行操作。这使得 RFID 技术在许多环境复杂、不便于人工操作的场景中具有极强的实用性,例如在高温、潮湿、污染严重的环境中,RFID 标签仍能正常工作。

RFID 技术的另一个重要特点是其能够实现高速识别和多标签同时识别。传统的条形码技术一次只能扫描一个标签,而 RFID 读写器能够在短时间内同时识别多个标签,这在物流和仓储管理中尤为重要。在大规模商品管理、仓库盘点等场景中,RFID 技术能够大幅提升效率,减少人工成本和出错率。RFID 标签能够存储的数据信息远远大于条形码。条形码仅能存储简单的编码信息,而 RFID 标签内的芯片可以存储详细的产品信息,甚至可以记录产品在流通过程中的动态变化数据。这种丰富的数据存储能力为智能化管理和物联网应用奠定了基础。

根据不同的供电方式,RFID 系统分为有源和无源两种类型。有源 RFID 标签内置电池供电,能够在较远的距离内进行识别,通常适用于大型资产管理、车辆监控等需要远距离识别的场景。无源 RFID 标签不需要电池,依赖读写器发出的电磁波就能供电,识别距离较短,广泛应用于近距离的物品追踪、门禁系统、电子支付等场景。

7.2.2 系统构成

一个典型的 RFID 系统由三个主要部分构成:标签(tag)、读写器(reader)和天线(antenna)。这三者之间通过无线信号相互协作,实现对物体的识别与数据交互。RFID 系统构成框图如图 7-3 所示。

1. 标签

标签是 RFID 系统中最核心的组件,它通常被附着在目标物体上或嵌入目标物体中,用于存储关于物体的信息。RFID 标签包括两部分:集成电路芯片(IC)和天线。

(1) 集成电路芯片(IC):该芯片存储着特定的标识信息或其他相关数据,同时还控制

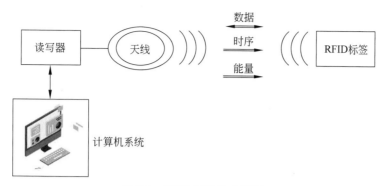

图 7-3　RFID 系统构成框图

着标签的逻辑运算和与读写器的通信。根据应用的不同,芯片可以是只读(Read-only)或读写(Read/Write)类型的。只读标签仅包含唯一标识符,而读写标签则可以根据需要动态更新存储的数据。

(2) 天线:天线是标签的信号传输部件,负责接收从读写器发出的射频信号,并将这些信号转换为电能以激活标签中的芯片。同时,天线还负责将芯片处理后的数据反射回读写器。因此,天线的设计和尺寸对标签的工作范围和效率有直接影响。

标签根据其供电方式可分为两大类:有源标签和无源标签。有源标签内置电池供电,能够实现远距离识别,但由于体积大、成本高且寿命有限,其应用场景有所限制。无源标签则依靠读写器的电磁场供电,体积小巧,寿命几乎无限,广泛应用于需要近距离识别的场景。

2. 读写器

读写器是 RFID 系统的控制中心,负责与标签进行无线通信,读取或写入标签中的数据。它通过发射无线电波激活标签,并接收标签返回的信号。读写器的功能强大,通常集成了信号发射器和接收器。

(1) 信号发射:读写器通过其内部的天线发射射频信号,激活处于其工作范围内的标签。这些信号为无源标签提供能量,同时也作为数据通信的载体。

(2) 数据接收与处理:标签被激活后,会将其存储的数据通过射频信号反射回读写器。读写器接收到这些信号后,将其转换为有意义的数字信息,并传输到后台系统进行进一步的处理。

根据应用场景的不同,读写器可以设计为固定式或手持式。固定式读写器一般安装在特定区域,如门禁系统的入口处或生产线的某个环节,用于对经过的物体进行自动识别。手持式读写器则更具移动性,适用于物流仓储、资产盘点等场景。

3. 天线

天线在 RFID 系统中发挥着至关重要的作用,它既存在于标签中,也集成在读写器中。天线的主要功能是通过无线电波传输数据,实现读写器与标签之间的通信。

(1) 标签天线:标签中的天线负责将读写器发出的射频信号转换为电能以激活芯片,并且将芯片中的数据信号返回读写器。标签天线的设计需要权衡尺寸、形状和材料,以确保能在最小的体积内实现稳定的信号传输。

(2) 读写器天线:读写器天线的设计与标签天线相似,但功能更为复杂。它需要在不同频率下高效地发射和接收射频信号,以确保能够准确激活并读取标签信息。根据应用需求,读写器可以配备多个天线来增加覆盖范围和提升信号的稳定性。

天线的设计与安装位置直接影响 RFID 系统的读取范围和信号传输效率。特别是在大规模的应用场景,如仓库或供应链管理中,读写器天线的合理布局至关重要。

RFID 系统通过标签、读写器和天线的相互协作,实现了对物体的自动识别和信息交互。其非接触式、远距离、多标签同时识别等特点使得 RFID 成为现代社会中不可或缺的技术手段。

7.2.3　工作原理

RFID 技术可识别高速运动物体并可同时识别多个标签,操作快捷方便。RFID 技术的基本工作原理并不复杂:标签进入磁场后,接收解读器发出的射频号,凭借感应电流所获得的能量发送存储在芯片中的产品信息(passive tag,无源标签或被动标签),或者主动发送某一频率的信号(active tag,有源标签或主动标签);解读器读取信息并解码后,送至中央信息系统进行有关数据处理。

一套完整的 RFID 系统由读写器(reader)、电子标签(即应答器,transponder)及应用软件系统三部分组成,其工作原理是读写器发射一特定频率的无线电波能量给电子标签,用以驱动电子标签电路将内部的数据送出,此时读写器依序接收并解读数据,然后传送给应用程序进行相应的处理。

RFID 系统的基本工作流程如下。

(1) 读写器将要发送的信息编码后加载到高频载波信号上,经天线发送出一定频率的射频信号,当附着电子标签的目标对象进入发射天线工作区域时会产生感应电流,电子标签凭感应电流所获得的能量发送出存储在芯片中的产品信息,或者主动发送某一频率的信号。

(2) 进入读写器工作区域的电子标签接收此信号,读写器对接收天线接收到的电子标签发送来的载波信号进行倍压整流、调制、解调和解码后,将其送到数据管理系统进行命令请求密码、权限等相关判断处理;数据管理系统根据逻辑运算判断该电子标签的合法性,并针对不同的设置做出相应的处理和控制。

(3) 若为读命令,控制逻辑电路则从存储器中读取有关信息,经加密、编码、调制后通过片上天线发送给阅读器,阅读器将接收到的信号进行解调、解码、解密后送至信息系统进行处理。

(4) 若为修改信息的写命令,则有关控制逻辑引起电子标签内部的电荷泵提升工作电压提供电压擦写 EROM。若经判断其对应密码和权限不符,则返回出错信息。

以 RFID 卡片读写器与电子标签之间的通信方式和能量感应方式来看,RFID 的工作方式大致上可以分为感应耦合(inductive coupling)和后向散射耦合(backscatter coupling)两种。低频 RFID 大多采用第一种方式,而较高频 RFID 则大多采用第二种方式。

读写器是 RFID 系统的信息控制和处理中心,通常由耦合模块、收发模块、控制模块和接口单元组成。读写器和应答器之间一般采用半双工通信方式进行信息交换,并通过耦合为电子标签提供能量和时序。在实际应用中,可进一步通过以太网或 WLAN 等实现对物体识别信息的采集、处理及远程传送等管理功能。电子标签是 RFID 系统的信息载体,大多是由耦合元件(线圈、微带天线等)和微芯片组成的无源单元。

7.2.4 基于 RFID 技术的物联网系统架构设计

1. 感知层的构建

感知层的功能在于实现产品信息的识别和数据采集。利用 RFID 技术以及无线传感网技术,实现环境信息的采集,可以精准地识别出目标物体,也可以扩大 RFID 技术的感知范围。利用无线传感器网络节点、RFID 读写器,可打造智能节点,提升系统的感知范围。

2. 网络层的构建

网络层的构建重点在于域名服务和中间件的构建。域名服务则是解析域名,明确信息采集的方法,将目标物的信息传递到数据库服务器。中间件处于网络层和感知层之间,进行数据信息的传输,将收集到的信息传递到 IT 系统。网络层构建需要将域名服务和中间件作为重点,确保其结构的合理高效。SAVANT 中间件是最为常用的中间件,在物联网中有着不错的应用,可以处理海量的数据信息,实现数据信息的获取和传递。域名服务中,ONS 是比较常用的,可以高效地解析物品代码,完成 EPC 域名的格式转换。

3. 应用层的构建

应用层主要承担信息服务的任务,例如为物联网客户端、数据查询、数据存储等模块提供服务。物联网模型的构建,重点技术在于 USN(User-Service-Notification)的高层架构及通用功能结构模型的建设。由于 USN 无法完整地实现物联网系统的功能划分,往往需要使用到 PML 系统,作为一个广泛的层次结构,可以实现对物体的描述,在数据存储以及软件开发过程中起到积极的作用。

7.2.5 RFID 技术的应用

RFID 技术在国内外的广泛应用已经渗透到多个行业,并成为数字化转型的关键技术之一。RFID 技术通过无线射频信号实现对物体的自动识别与数据传输,不需要人工干预即可完成信息采集、处理和传输,从而提高了效率和管理能力。我国在各个领域引入 RFID 技术的过程中,逐渐形成了完整的产业链,涵盖从芯片设计、生产到应用场景的开发和实施。RFID 技术的应用不仅在物流、交通等传统领域发挥了重要作用,也在新兴领域展示出巨大的潜力。

物流和供应链管理是 RFID 技术应用最早、最成熟的领域之一。随着我国电商行业的飞速发展,物流的高效运作已成为市场竞争的核心之一。传统的条形码和人工记录方式在面对海量商品时显得力不从心,而 RFID 技术能够通过远距离、批量的方式快速读取商品信息,大大提升了供应链的管理效率。在物流仓储中,RFID 技术被广泛应用于货物的跟踪与管理。每件商品上都贴有 RFID 标签,仓库管理系统可以实时获取货物的存放位置、数量和状态信息,减少人为操作的误差,并优化仓库布局,提升库存管理的精准性。此外,RFID 标签还被应用于运输车辆的监控和管理中,从出库到配送到货物再到达目的地,RFID 系统可以全程跟踪,确保物流的高效与透明。

RFID 技术在公共交通系统中的应用同样广泛,尤其是在城市交通和高速公路管理中。以 ETC(电子不停车收费系统)为例,RFID 技术在中国的高速公路上得到了全面普及。ETC 系统通过车辆上安装的 RFID 标签与收费站的读写器实现自动识别和收费,减少了车辆在收费站的停留时间,极大提高了交通效率,尤其是在节假日和高峰时段,ETC 的使用有效缓解了交通拥堵问题。除了高速公路外,RFID 技术在城市公交、地铁等公共交通系统中也扮演着重要角色。通过公交卡、地铁卡等具备 RFID 功能的智能卡,乘客可以实现快速支付和进站,简化了支付流程,同时提升了城市交通的运作效率。在国外,许多高速公路收费系统也采用了 RFID 技术,例如美国的 EZ Pass 系统,车辆无须停下即可完成收费。此类系统不仅提升了通行效率,还减少了交通堵塞和污染排放,提升了城市交通的智能化水平。

在零售行业,RFID 技术的应用已经改变了传统的购物体验。许多超市和大型商场通过 RFID 标签实现了商品的自动识别与结算。顾客在结账时,只需要将购物车推过结算区域,系统会自动识别购物车内的所有商品,并完成支付,极大提高了结账效率。与此同时,RFID 技术还在零售库存管理中发挥了重要作用。传统的库存盘点需要耗费大量的人力和时间,而 RFID 技术可以通过快速扫描商品的 RFID 标签,实现对库存的实时监控、及时补货,避免库存积压或短缺问题。基于 RFID 的智能购物系统不仅提高了顾客的购物体验,也帮助零售商更好地优化库存管理,减少运营成本。沃尔玛等零售巨头通过 RFID 技术精确跟踪库存,减少了缺货问题,提升了消费者体验。

与此同时,RFID 技术在中国医疗健康领域的应用也在逐渐扩展。医院通过 RFID 技术对病患的身份信息、药品管理、设备追踪等进行精细化处理。例如,RFID 标签可以佩戴在患者的腕带上,医生和护士可以通过扫描标签迅速获取患者的病历信息,确保医护人员在繁忙的环境中能够提供准确的诊疗服务。药品管理方面,RFID 标签被用于药品的追踪与监控,从生产到运输再到存储,医院可以实时监控药品的使用情况,避免假药流通或药品失效。此外,在手术器械的管理中,RFID 标签帮助医院确保器械在手术后不会被遗忘在病人体内,提高了手术后的清点和消毒效率。

在我国的智慧城市建设中,RFID 技术同样不可或缺。许多城市已经将 RFID 应用于垃圾分类和管理中。每个垃圾桶上都贴有 RFID 标签,环卫工人可以通过 RFID 系统获取垃圾桶的满载状态和位置,优化垃圾收集路线,提高垃圾收集的效率和环保水平。类似的应用还包括智慧停车系统,通过 RFID 标签识别车辆,车主可以实现自动缴费并找到空余车位,减少寻找停车位的时间,提升城市交通的流畅度。

RFID 技术在中国社会的实际应用展示了其强大的潜力和广泛的适用性。无论是传统行业的数字化转型,还是新兴产业的智能化发展,RFID 都起到了至关重要的作用。随着物联网、大数据和人工智能等技术的进一步发展,RFID 技术的应用场景将更加丰富,带动各行业的智能化升级,推动社会朝着更加高效、便捷、可持续发展的方向迈进。

7.3　定位技术

在过去,当人们需要确定自己的位置或找到目的地时,主要依赖纸质地图、指南针或是向当地人询问方向。这些传统方法虽然可以满足基本的导航需求,但其精度和便捷性远远不如现代科技手段,尤其在陌生、复杂的环境中,容易导致迷路或无法快速找到目标地点。此外,这些方法仅能提供静态的导航信息,无法根据实时变化调整路径。这对于需要高精度和动态响应的应用场景,如野外探险、紧急救援、军事行动或航空航海导航等,显得尤为局限。

定位技术的发展经历了漫长的演变过程,最早可以追溯到地标法和测距法。这些早期技术依靠自然或人工标志来确定位置,虽然简单,但受限于环境和技术条件,精度较低且不具备实时性。20 世纪 60 年代,美国军方开发的"子午线"卫星导航系统(TRANSIT)标志着全球定位技术的初步尝试,但它只能为静止物体提供位置更新,每小时仅更新一次。20 世纪 90 年代,美国全球定位系统(GPS)的全面商用,真正实现了全球范围的精确定位。通过 24 颗卫星的协同工作,GPS 能够在任何时间、任何天气条件下,为全球用户提供实时的三维位置、速度和时间信息。这一技术进步使得定位技术变得更加普及和可靠,从专业领域扩展到日常生活中。

随着时间的推移,定位技术不断进步并趋向多元化发展。目前,全球已经建成多套导航卫星系统,包括美国的 GPS、俄罗斯的 GLONASS、欧洲的伽利略以及中国的北斗系统。这些系统通过全球范围内的卫星网络,为各类移动和静止设备提供高精度定位服务。尤其是中国的北斗系统,经过多年的发展,已经实现了全球覆盖,并能够提供米级甚至厘米级的定位精度。此外,增强型技术如差分 GPS(DGPS)、星基增强系统(SBAS)、地基增强系统(GBAS)等,通过修正卫星信号误差,进一步提高了定位精度和稳定性,满足了各类高精度定位需求。

除了传统的卫星定位技术,近年来基于地面信号的定位技术也取得了长足进步,尤其是在城市密集区、地下空间和室内环境中,卫星信号难以覆盖或存在遮挡问题。Wi-Fi 定位、蓝牙信标定位、UWB(超宽带)定位、红外和视觉 SLAM 等技术通过利用地面基站、信标和摄像头等设备,实现了对物体的精确定位和跟踪。例如,Wi-Fi 和蓝牙定位通过测量信号强度和到达时间,可以在室内环境中提供精确的位置服务,广泛应用于购物中心、机场、医院和办公楼等场景。UWB 定位则依靠高频无线信号实现厘米级的高精度定位,是无人机导航、仓库管理和机器人避障等场景的理想选择。

定位技术的发展不仅依赖硬件设备的提升,还包括算法和数据处理能力的飞跃。现代定位系统融合了人工智能、机器学习、大数据分析等先进技术,使得定位精度更高、响应速度更快、适应性更强。例如,利用机器学习算法可以对历史位置数据进行分析和预测,从而在复杂环境中提供更精准的路径规划和决策支持。再如,基于云计算的平台可以实时处理海量的定位数据,支持多用户、多设备的并发定位服务,为智能交通、共享出行、精准物流和个性化导航等提供技术保障。

可见,从早期的简单导航手段到如今多样化的高精度定位技术,定位的发展历程反映了科技进步对我们生活的深远影响。随着量子定位、星座导航、地面增强、融合定位等新技术的不断研发和应用,未来的定位技术将更加智能化和无缝化,为我们提供随时随地的精确位置服务,推动各行各业的创新发展,开启一个真正"万物互联"的智能化时代。

7.3.1　定位原理与方法

定位技术在我们的日常生活中无处不在,例如当你在室外,打开智能手机即可精确定位出你当前的位置,这就是通过卫星定位系统实现的室外定位。这些定位系统工作时,其具体的工作原理与方法是怎样的呢?各种定位方法五花八门,但其实其根本原理是相通的。当对一个物体定位时,主要有两个问题:一是必须要有已知的一个或多个坐标作为参考点;二是必须清楚待定位物体与已知参考点的确定空间关系。"角度""区域""距离"都可以作为定位的参考。在实现具体定位时可以归纳为两个步骤：一是测量定位目标和已知坐标的关系；二是根据测量出的关系确定目标的具体位置。

1. 基于到达角的定位

基于到达角的定位（Angle of Arrival，AoA）是一种利用信号到达接收设备的角度来确定目标位置的定位方法。其基本思想是通过测量信号从发射源到达接收设备时的入射角度，结合多个接收器的位置数据，计算出信号源的位置。AoA 定位广泛应用于无线通信、雷达、声呐和导航系统等场景，特别适合需要定位发射源位置的场合。

AoA 定位的基本原理是利用接收天线阵列中的多个天线元件测量入射信号的方向角。当信号从发射源发出时，它以某个角度进入接收器的天线阵列。通过测量每个天线元件接收到信号的相位差或时间差，可以确定信号的入射角度。由于每个天线元件接收到信号的时间略有不同，时间差与接收元件之间的距离相关，通过几何关系可以推导出信号的入射角度。

具体实现 AoA 的公式依赖天线阵列的排列和信号处理方式。对于一个简单的线性天线阵列，其入射信号的角度 θ 可以通过相位差测量来确定。设想一个有 N 个天线的线性阵列，天线间距为 d，入射信号的波长为 λ，信号的入射角为 θ，则第 n 个天线接收到信号的相位差为 $\Delta\phi_n$。由于相邻天线接收信号的相位差是固定的，我们可以通过以下公式来求得入射角：

$$\Delta\phi = \frac{2\pi d \sin\theta}{\lambda}$$

其中，$\Delta\phi$ 是相邻天线接收到的相位差，d 是相邻天线之间的距离，λ 是信号的波长，θ 是信号的入射角。通过测量多个相邻天线之间的相位差，利用该公式可以反推出信号的入射角度 θ。

进一步，利用多天线阵列和多角度测量，通过几何方法（如三角定位）可以计算出信号源的确切位置。例如，在二维平面中，两个接收器可以通过测量到达角确定发射源的直线位置，并通过这两条直线的交点定位发射源。对于三维空间中的定位，需要至少三个接收器来确定目标的空间位置。

AoA 的主要优势在于它可以在不依赖绝对距离测量的情况下，通过角度数据实现位置计算，因此不易受到距离误差的影响。同时，AoA 技术能够实现高精度的方向定位，特别是在多径效应和信号衰落情况下，仍然能保持较好的性能表现。然而，AoA 方法的定位精度高度依赖天线阵列的设计和接收信号的相位测量精度。天线阵列的排列方式、天线元件间距、信号频率和噪声环境都会影响最终的定位精度。此外，AoA 定位需要高精度的天线阵列和复杂的信号处理算法来精确测量信号的相位差，这对硬件和算法的要求较高，增加了系统实现的复杂度。

2. 基于信号特征的定位

基于信号特征的定位（Fingerprinting）方法是一种利用环境中信号特征确定目标位置的定位技术。其基本思想是将目标区域内的信号特征（如 Wi-Fi 信号的接收信号强度指示 RSSI、蓝牙信号强度、磁场特征等）作为"指纹"进行记录和比对，通过测量当前信号特征与预先建立的特征数据库进行匹配，从而确定目标的位置。基于信号特征的定位方法特别适用于复杂的室内环境，在无线信号多径效应显著的情况下能够实现较高的定位精度。

基于信号特征的定位方法通常分为两个主要阶段：离线阶段（Offline Phase）和在线阶段（Online Phase）。

在离线阶段，需要对目标区域进行全面的信号采集。这涉及在区域内的多个已知位置（称为参考点，Reference Points）测量并记录特定信号的特征，例如 Wi-Fi 的 RSSI 值。每个参考点的位置坐标与其对应的信号特征一起存储在特征数据库中，形成一个"指纹地图"（Fingerprint Map）。这些记录的特征包括信号强度、信号到达时间、信号的唯一标识符（如 Wi-Fi 接入点的 MAC 地址）等。假设在第 i 个参考点收集到的 n 个信号的 RSSI 值分别为 $S_{i1}, S_{i2}, \cdots, S_{in}$，则该参考点的信号特征向量可以表示为

$$\boldsymbol{S}_i = (S_{i1}, S_{i2}, \cdots, S_{in})$$

在在线阶段，当需要定位一个移动设备时，该设备测量当前位置的信号特征向量（如当前检测到的 Wi-Fi 信号的 RSSI 值），并与离线阶段建立的指纹地图进行比对。假设当前位置测量到的信号特征向量为

$$\boldsymbol{S}_{\text{current}} = (S_{\text{current},1}, S_{\text{current},2}, \cdots, S_{\text{current},n})$$

然后，利用某种匹配算法来比较 $\boldsymbol{S}_{\text{current}}$ 与指纹地图中的每个参考点的信号特征向量 $\boldsymbol{S}_i$。常见的匹配算法包括欧氏距离、曼哈顿距离、余弦相似度等，以衡量测得信号与数据库中每个参考点的相似程度。匹配算法的一个例子是使用欧氏距离：

$$d_i = \sqrt{\sum_{j=1}^{n}(S_{\text{current},j} - S_{ij})^2}$$

其中，d_i 表示当前位置信号与第 i 个参考点信号特征向量的欧氏距离。通过计算所有参考点的距离，选择距离最小的参考点，或者通过加权平均的方法来估算出当前设备的位置。

一种常用的定位公式是加权质心算法（Weighted Centroid Algorithm），该方法使用与最相似的几个参考点的加权平均值作为最终的估计位置。设与当前测量最相似的 k 个参考点的坐标为 (x_i, y_i) 且对应的距离为 d_i，则估计位置 (x, y) 可以表示为

$$x = \frac{\sum\limits_{i=1}^{k} \dfrac{x_i}{d_i}}{\sum\limits_{i=1}^{k} \dfrac{1}{d_i}}, \qquad y = \frac{\sum\limits_{i=1}^{k} \dfrac{y_i}{d_i}}{\sum\limits_{i=1}^{k} \dfrac{1}{d_i}}$$

其中，$\dfrac{1}{d_i}$ 作为权重，表示参考点越近，其对位置估计的影响越大。

基于信号特征的定位方法在定位中具有显著优势，尤其是在室内复杂环境中能有效应对多径效应和信号衰减的问题。其高定位精度来源于详细的信号特征地图和精确的匹配算法。然而，该方法的主要挑战在于离线阶段的数据采集和维护较为烦琐，特征地图需要定期更新以适应环境变化。此外，计算资源的需求较高，特别是在大规模或动态环境中。尽管如此，基于信号特征的定位已经成为室内定位领域中一种广泛应用的技术，并且在不断发展以适应更多的应用场景。

3. 基于距离的定位

基于距离的定位（Range-Based）方法是一种通过直接测量目标与多个已知位置的距离来确定目标位置的定位技术。这种方法的基本思想是利用目标与多个已知参考点之间的距离测量值，通过几何关系或三角定位算法来推算目标的位置。常见的基于距离的定位方法

包括利用信号到达时间（Time of Arrival，ToA）、信号到达时间差（Time Difference of Arrival，TDoA）以及相位差测量等。

在 ToA 方法中，定位的基本原理是通过测量信号从发射源传播到接收器所需的时间来计算距离。假设信号以光速 c 传播，信号从发射源发送到接收器的时间为 t，则距离 d 可以通过以下公式计算：

$$d = c \cdot t$$

如果我们知道目标与至少三个已知位置（参考点）之间的距离，则可以利用三角测量（Trilateration）方法来确定目标的二维坐标。假设目标与三个参考点 $P_1(x_1, y_1)$、$P_2(x_2, y_2)$、$P_3(x_3, y_3)$ 之间的距离分别为 d_1、d_2、d_3，目标的位置 (x, y) 可以通过以下方程组求解：

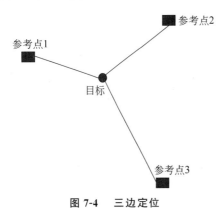

图 7-4　三边定位

$$\sqrt{(x-x_1)^2 + (y-y_1)^2} = d_1$$
$$\sqrt{(x-x_2)^2 + (y-y_2)^2} = d_2$$
$$\sqrt{(x-x_3)^2 + (y-y_3)^2} = d_3$$

这些方程反映了目标位置到每个参考点的几何关系，通过解方程组可以得到目标的坐标。对于三维定位，需要至少四个参考点才能解出目标的三维坐标，如图 7-4 所示。

4. 基于距离差的定位

在实际实现中，ToA 定位需要高度精确的时间同步，因为光速非常快，即使是微秒级的时间差也会对定位精度有显著影响。因此，这种方法通常依赖高精度的时钟同步。为了减少对时间同步的依赖，可以使用 TDoA 方法，这种方法测量信号到达多个接收器的时间差，而不需要发射源和接收器之间的绝对时间同步。TDoA 的定位公式类似 ToA，但使用时间差来消除同步误差：

$$\Delta t_{ij} = t_i - t_j$$

其中，Δt_{ij} 是信号到达接收器 i 和接收器 j 的时间差，通过这些时间差可以构建类似 ToA 的几何方程组并求解目标位置。

基于距离差的定位（Range Difference-Based Positioning）方法是一种通过测量目标与多个已知参考点之间距离差来确定目标位置的技术。这种方法的核心思想是利用 TDoA 来计算目标与不同参考点之间的距离差，从而推导出目标的位置。此方法广泛应用于 GPS、蜂窝网络、UWB 等定位系统，特别是在需要高精度定位的场景中。

其基本原理是，假设有一个目标位置未知的设备，其发出的信号被多个已知位置的参考点接收器接收。信号从发射源传播到接收器的时间不同，导致每对接收器接收到信号的时间有差异。通过测量这些时间差，计算出相应的距离差。利用多个这样的距离差，可以通过几何关系来确定目标的位置。

假设有三个已知参考点 $P_1(x_1, y_1)$、$P_2(x_2, y_2)$、$P_3(x_3, y_3)$，以及一个目标点 (x, y) 需要定位，如图 7-5 所示。首先，定义目标到各参考点的距离为 d_1、d_2、d_3。这些距离的关系为：

$$d_1 = \sqrt{(x-x_1)^2 + (y-y_1)^2}$$

$$d_2 = \sqrt{(x-x_2)^2 + (y-y_2)^2}$$
$$d_3 = \sqrt{(x-x_3)^2 + (y-y_3)^2}$$

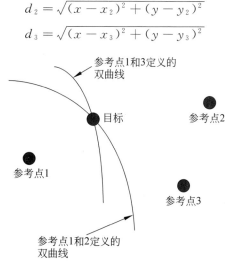

图 7-5　基于距离差的定位

我们可以测量出目标与两个参考点之间的距离差,例如 d_2-d_1 和 d_3-d_1。这些距离差可以通过接收到信号的时间差来计算,假设信号的传播速度为 c(通常为光速 $3 \times 10^8 \, \text{m/s}$),时间差为 Δt_{21} 和 Δt_{31},则距离差可以表示为

$$d_2 - d_1 = c \cdot \Delta t_{21} \qquad d_3 - d_1 = c \cdot \Delta t_{31}$$

通过将这些关系代入上述距离公式中,可以得到非线性方程组:

$$\sqrt{(x-x_2)^2 + (y-y_2)^2} - \sqrt{(x-x_1)^2 + (y-y_1)^2} = c \cdot \Delta t_{21}$$
$$\sqrt{(x-x_3)^2 + (y-y_3)^2} - \sqrt{(x-x_1)^2 + (y-y_1)^2} = c \cdot \Delta t_{31}$$

这些方程组表示了目标位置与参考点之间的距离差关系,通过求解该方程组可以确定目标的坐标 (x, y)。在实际应用中,这些方程通常通过迭代方法等数值优化算法求解。

基于距离差的定位方法的优势在于其可以避免绝对时间同步的问题,因为它仅依赖时间差而不是绝对的到达时间。这使得该方法在分布式系统中更容易实现且更加稳健。然而,精确的时间差测量仍然是至关重要的,因为微小的时间差误差会显著影响定位精度。因此,在实际系统中,通常使用高精度的同步设备和快速信号处理器来进行时间差的测量和计算。

基于距离差的定位方法广泛应用于需要高精度、低延迟的定位场景,如实时定位系统(RTLS)、车辆跟踪、无人机导航等,通过精确的距离差测量和复杂的几何计算,能够实现亚米级甚至厘米级的定位精度。

7.3.2　室内定位系统

1. 基于无线信号定位

基于无线信号的定位技术是一种通过测量设备与多个无线接入点之间的信号特征来确定位置的方法。该方法利用了无线信号在空间传播时的衰减、时间延迟或相位变化等特性,通过分析这些信号特征推算设备与已知参考点之间的距离或距离差,从而确定目标位置。常见的无线信号定位技术包括 Wi-Fi、蓝牙、UWB、ZigBee 等,每种技术的实现方式和应用场景有所不同。

基于无线信号的定位技术主要包括两大类：一类是基于几何计算的定位方法，如三边测量（Trilateration）、多边测量（Multilateration）和三角测量（Triangulation）；另一类是基于信号指纹匹配的定位方法（Fingerprinting）。在几何计算方法中，通过测量设备与多个参考点之间的距离或距离差，再利用几何关系计算出设备的具体位置。例如，通过测量 ToA 来计算距离，或通过测量 TDoA 消除同步误差，从而推导出位置坐标。RSSI 定位则通过测量信号强度的衰减，根据信号传播模型估算距离，但受环境干扰影响较大，精度不如其他方法。信号指纹匹配方法则是在环境中预先建立一个信号特征数据库，记录不同位置处的信号强度分布。当设备移动到某个位置时，测量当前位置的信号特征并与数据库中的指纹进行比对，匹配最接近的参考点位置，从而确定设备位置。

基于无线信号的定位技术广泛应用于各种室内场景，因为无线信号易于获取且大多数环境已经具备必要的无线基础设施，如 Wi-Fi 接入点和蓝牙信标等。典型应用场景包括大型商场、机场、医院、展览馆、办公楼等复杂室内环境中的导航服务；在工业和仓储环境中，用于资产跟踪和人员定位，提高运营效率；在智能建筑中，可以实现智能导引、安防监控等功能。此外，基于无线信号的定位也用于用户行为分析，通过定位数据了解用户在室内的移动轨迹和行为模式，以优化空间布局和提升用户体验。虽然这种方法的实现相对简单，且无须额外的硬件投入，但其定位精度往往受到信号干扰、墙壁遮挡和多路径效应的影响，因此在实际应用中，通常会结合多种信号源或采用混合定位技术来提高定位精度和稳定性。

2. 基于声音信号定位

基于声音信号的定位技术利用声音或超声波信号在空气中的传播特性，通过测量声音的 ToA、TDoA 或 AoA 确定目标的位置。其基本思想是声音在空气中以固定的速度传播（约 343m/s），可以通过声音传播的时间或路径差异来推算声源与接收器之间的距离或相对位置。基于到达时间的定位方法测量声源发出信号与接收器接收到信号之间的时间间隔，进而计算出距离；基于到达时间差的方法则测量信号到达多个接收器的时间差，以计算距离差，从而利用几何关系推算目标位置；基于到达角度的方法则通过分析声波到达多个麦克风阵列的角度来确定位置。

这类定位技术常用于需要较高精度但不依赖无线电波的场景，特别是室内环境中，如机器人导航、智能家居设备的位置感知、语音助手的方向定位以及手势识别等。超声波定位在智能家居中应用较为广泛，例如，通过在房间内布置超声波发射器和接收器，可以精确测量房间中设备或人的位置。同时声音定位也被应用于会议室、剧院等场景中，以实现对声源位置的实时跟踪，用于音频增强或声场控制等应用。尽管基于声音信号的定位在短距离内可以提供较高的精度，但其性能容易受到噪声干扰、反射和多路径效应的影响，因此通常适用于安静的环境或短距离高精度定位需求。结合其他传感技术，基于声音信号定位可以成为多模态定位系统的一部分，提供更全面的定位解决方案。

3. 基于视觉信号定位

基于视觉信号的定位技术利用摄像头采集的图像或视频数据，通过图像处理和计算机视觉技术来确定目标的位置和姿态。其基本思想是将环境中的视觉信息作为定位参考，通过提取图像中的特征点、图案或标记物，与已知参考位置进行匹配或通过视觉同时定位与地图构建（Visual SLAM）技术来构建环境地图并实时定位。视觉定位可以通过识别环境中的固定标志(如二维码、AR 标签)来实现,也可以利用环境中的自然特征点(如墙角、家具、地面图案)进行定位。视觉 SLAM 技术特别适用于动态环境中,它能够在没有先验地图的情况下,通过摄像头的移动构建环境地图并同时估计摄像头的位置。

基于视觉信号的定位技术具有高精度、丰富信息量的优点,尤其适合需要精准位置感知和环境理解的应用场景。它广泛应用于自动驾驶汽车、无人机导航、机器人自主导航、增强现实(AR)、虚拟现实(VR)以及智能设备的定位和导航等领域。例如,在机器人导航中,视觉定位可以帮助机器人识别和避开障碍物,并在复杂的室内环境中导航;在 AR 和 VR 中,视觉定位用于确定用户视角的变化,以实现更自然的交互体验。由于视觉信号能够提供丰富的环境细节和上下文信息,基于视觉的定位在需要高精度和复杂环境感知的场合具有显著优势。然而,它也容易受到光照变化、遮挡、动态场景中的移动物体等因素的影响,因此在实际应用中常结合其他传感器(如 IMU、激光雷达)以提高定位的鲁棒性和可靠性。

7.3.3　室外定位系统

1. 卫星定位

卫星定位是通过全球导航卫星系统(GNSS)进行的定位技术,利用地球轨道上的导航卫星来确定地面或空中设备的位置。全球范围内主要的 GNSS 系统包括美国的全球定位系统(GPS)、俄罗斯的 GLONASS、欧洲的伽利略系统(Galileo)和中国的北斗卫星导航系统(BeiDou),这些系统提供全球范围的定位、导航和授时服务,广泛应用于交通、军事、救援、测绘、农业、物联网等领域。卫星定位的基本原理是基于测距的三边测量法(Trilateration),每颗导航卫星不断向地面发送包含自身位置和精确时间的信号,定位设备通过接收至少四颗卫星的信号,利用信号的到达时间来计算设备与每颗卫星的距离,并通过计算与多个卫星的距离来确定设备的三维坐标(经度、纬度和高度)。卫星信号在传播过程中可能会受到电离层、对流层延迟的影响,以及建筑物、树木的反射和遮挡,从而引发多路径效应或信号弱化,影响定位精度,为此发展出了差分定位(DGPS)和精密单点定位(PPP)等技术,通过参考站修正或精确算法校正以提高定位精度。卫星定位广泛应用于导航、测绘与地理信息系统、精细农业、应急救援和军事领域,例如在交通运输中提供实时路径规划和避堵功能,在精细农业中进行精准播种和施肥,在应急救援中快速定位被困人员或车辆的位置,军事中用于导航、导弹制导、武器系统和军队指挥控制。卫星定位因其全球覆盖、全天候运行和较高精度,已经成为现代社会中的基础技术,但其精度和可用性在复杂城市环境或室内受限,需要与其他定位技术如 Wi-Fi、蓝牙和惯性导航等结合使用,以提供连续可靠的定位服务。

2. 蜂窝基站定位

蜂窝基站定位是一种利用移动通信网络的基础设施进行定位的技术,通过手机或其他移动设备与多个基站的信号交互确定设备的位置。其基本原理是基于 RSSI、ToA、TDoA 或 AoA 等信息计算设备与基站之间的距离或相对位置。通过几何测量法,如三角测量法或三边测量法,可以利用设备与多个基站的距离信息推算设备的具体位置。蜂窝基站定位不依赖额外的硬件设备,能够利用现有的通信网络覆盖提供定位服务,具有良好的可用性,特别是在移动通信覆盖广泛的区域中更为有效。其定位精度受基站密度、信号质量和地理环境等因素影响,在城市中由于基站密集,定位精度通常为几十米,而在基站稀疏的农村或偏远地区,精度可能下降到几百米。蜂窝基站定位广泛应用于手机等移动设备的粗略位置确定、紧急定位、地理围栏服务、物流跟踪和一些物联网设备的位置管理等场景。特别是在无法获得卫星信号的情况下,如高楼密集的城市环境、地下室或隧道中,蜂窝基站定位成为一种有效的补充手段。

7.4 时间同步技术

7.4.1 时间同步的重要意义

时间同步技术是无线传感器网络及物联网中的核心支撑技术,保证了分布式节点能够在复杂、动态的网络环境中实现协调一致的工作。网络中的节点通常部署在环境复杂、能量受限的场景中,各节点依赖本地时钟进行独立工作,但由于节点时钟存在偏移和漂移现象,网络中各节点的时钟读数会随时间逐渐产生差异。这种差异会导致节点之间的数据无法有效融合,从而影响整个网络的运行效果和数据准确性。为了克服这些问题,实现各节点时钟的一致性,时间同步算法的设计尤为关键。

时间同步技术的发展伴随着无线网络和分布式系统的演进逐步成熟。传统的网络时间协议(NTP)曾在有线网络中发挥重要作用,通过与全球时间标准对齐,确保网络中的各设备能够保持时间同步。然而,NTP 在网络中的应用面临诸多挑战,特别是节点能量受限、通信成本高以及网络拓扑变化频繁等特性,使得传统方法难以满足需求。因此,时间同步算法成为研究的重点,推动了新型同步协议的提出与发展。

时间同步在多个领域中具有广泛的应用场景。例如,在工业自动化中,传感器网络通过时间同步来确保设备之间的协调性,避免操作顺序错误和数据延迟;在环境监测中,多个分布式节点同时采集数据,时间同步保证了数据融合的时序一致性,确保能够准确监测环境变化;在医疗系统中,心率监测、呼吸检测等多种医疗设备依赖精确的时间同步实现数据的协同与统一处理。除此之外,在军事应用中,时间同步技术是多传感器协同工作的核心,确保传感器节点在分布式环境下准确感知和传递情报,提升数据采集和分析的准确性。

未来,时间同步技术在物联网(IoT)、智慧城市以及智能交通系统中的应用前景广阔。随着这些技术的迅速发展,时间同步算法将面临更加复杂的场景和需求,如极端环境下的高精度同步、大规模异构网络中的低功耗同步等。为了应对这些挑战,时间同步不仅需要在性能上不断优化,还应与人工智能技术相结合,开发更加智能化的自适应同步机制,以适应动态复杂的网络环境。这些新兴需求和技术趋势无疑将推动时间同步技术的演进和创新。

研究网络时间同步技术,不仅旨在解决当前面临的技术挑战,还为未来物联网、大规模传感器网络和智慧城市等领域提供了坚实的技术支撑。随着节点数量的不断增加以及网络规模的持续扩展,时间同步算法的设计需要兼顾鲁棒性和可扩展性,确保在复杂环境和网络动态变化的条件下,依然能够保持较高的同步精度。因此,设计高效、可靠且低功耗的时间同步算法,已成为无线传感器网络与物联网研究中的关键任务之一,同时也是推动该技术在更广泛应用场景中广泛落地的基础。

7.4.2 时间同步模型

网络节点的本地时钟通常由晶体振荡器和计数器构成,其工作原理是通过晶体振荡器周期性输出信号来驱动计数器的计数。当计数器的值达到某一预设阈值时,会产生一个中断,触发软件部分记录当前时间并更新节点时钟。节点 i 的本地时钟可以用如下数学模型表示:

$$C_i(t) = \frac{1}{f_0} \int_{t_0}^t f_i(t) \mathrm{d}t + C_i(t_0)$$

其中,$C_i(t)$ 为节点 i 在时刻 t 的本地时钟读数,$C_i(t_0)$ 为节点 i 在物理时刻 t_0 的时钟初始读数,f_0 为节点的标称频率,$f_i(t)$ 为节点 i 在时刻 t 的实际振荡频率。由于节点的晶体振荡器受环境影响以及制造工艺等因素的限制,其实际频率 $f_i(t)$ 会随着时间和外界条件的变化而发生波动,导致时钟漂移(clock skew)和时钟偏移(clock offset)。因此,尽管节点初始时刻是同步的,时钟差异仍会随着时间的推移逐渐累积,需要通过周期性校正来消除这种漂移和偏移。

7.4.3 时间同步延迟

在网络中,时间同步过程中会产生多种延迟,这些延迟可以分为发送延迟、访问延迟、传输延迟、传播延迟、接收延迟以及接收处理延迟,如图 7-6 所示。每种延迟对时间同步的准确性都有直接影响。具体地,时间同步延迟的组成如下:

$$T_{\mathrm{delay}} = T_S + T_A + T_T + T_P + T_R + T_{PD}$$

其中,T_S 为发送延迟,表示节点构造数据包并将其传递到 MAC 层的时间;T_A 为访问延迟,表示节点等待空闲信道的时间;T_T 为传输延迟,表示数据包从 MAC 层发送的时间;T_P 为传播延迟,取决于节点之间的物理距离;T_R 为接收延迟,表示接收节点处理数据包的时间;T_{PD} 为接收处理延迟,表示将接收到的数据包还原为有效数据并传递给应用层的时间。

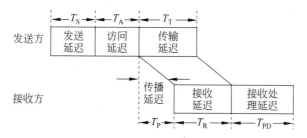

图 7-6 网络节点间数据传输延迟组成

综上分析,当发送方在本地时钟 t_1 时刻发送包含有时间戳的同步消息 $M(t_1)$ 时,接收方在本地时钟 t_2 时刻接收到该同步消息并标记为 $M(t_2)$,则两节点标记的时间戳绝对延时 T 为

$$T = d + X$$

其中,d 为传输延迟的固定部分,X 为传输延迟的随机部分。固定延迟可以比较准确地估计然后进行补偿,但随机部分延迟具有很大的不确定性,因此需要通过减少甚至消除传输延迟的随机部分来降低同步误差、提高同步精度。

7.4.4 时间同步协议分类

时间同步技术旨在确保网络中各节点的时钟能够保持一致,以支持各种关键应用。然而,不同的应用场景和环境对同步需求各不相同,因此时间同步协议也根据具体需求被划分为多种类型,涵盖长期同步、速率同步、内/外同步以及接收者同步等。

1. 长期同步

长期同步指网络节点之间需要在整个运行过程中持续保持时钟一致。这类同步可以进一步划分为持续性同步和响应式同步两种模式。持续性同步要求在任何时刻,所有节点的时钟都必须保持同步状态。然而,由于节点的能量往往有限,频繁地维护时钟同步会造成不必要的能耗开销,尤其是在事件发生频率较低的情况下。因此,持续性同步在某些应用中可能会导致资源浪费。相对而言,响应式同步则是在事件发生时启动同步算法,仅在必要时进行时钟同步,从而避免在无事件发生期间维护同步状态的资源浪费。该方法能够显著降低能量消耗,适用于需要周期性监控或事件驱动的网络应用场景。

2. 速率同步

速率同步的目标是保证各节点在其时钟运行过程中所测量的时间间隔保持一致,即不同节点的时钟频率同步。速率同步并不要求节点的时钟在同一时刻显示相同的绝对时间,而是确保各节点之间的时间流速相等。这种同步方式通常适用于需要确保事件顺序一致的应用场景,而不需要严格的绝对时间同步。通过控制节点时钟的频率漂移,速率同步能够在较长时间内维持网络中的时间一致性。

3. 内同步与外同步

内同步和外同步是根据节点时钟是否与外部时间标准(例如协调世界时 UTC)保持一致而进行的分类。在内同步中,节点时钟在网络内部形成一致的时间参考,确保网络中的所有节点在本地时间上保持同步。这种同步方式适用于大多数网络的内部数据处理任务。而外同步则要求节点时钟与外部的标准时间保持一致,通常应用于需要与外部系统进行数据交互或数据存档的场景。例如,在某些精密科学实验或大型分布式系统中,外同步能够确保数据的跨系统一致性和可追溯性。

4. 接收者同步

接收者同步是时间同步协议中最常见的一种机制。在这种方式下,发送节点在发送的数据包中嵌入发送时间戳,接收节点在接收到数据包时记录接收时间。通过对发送和接收时间的比较,接收节点能够计算出双方的时钟偏移,进而调整本地时钟达到同步目的。这种同步方法通过减少复杂的双向通信需求,降低了协议的实现成本,广泛应用于分布式传感器网络中。

7.4.5 时间同步算法

1. TPSN

TPSN(Timing-sync Protocol for Sensor Networks)是一种基于分层结构的时间同步协议,旨在通过减少传播延迟提高无线传感器网络中的同步精度。其工作原理如图 7-7 所示,分为两个阶段:在网络初始化阶段,TPSN 通过根节点向网络中的其他节点逐层广播同步消息,使每个节点根据其相对于根节点的距离分配一个层次号;在同步阶段,节点依次与上层节点进行双向消息交换,通过时间戳的比较,计算传播延迟并调整本地时钟,从而实现全网范围内的时间同步。TPSN 的核心优势在于,它通过双向消息交换有效消除了传播延迟中的不确定因素,保证了较高的同步精度。然而,TPSN 由于其分层结构的复杂性,适用于规模较小且拓扑相对稳定的网络。

2. RBS

RBS(Reference Broadcast Synchronization)是一种参考广播同步协议,其主要特点是通过单次广播消息来实现多个接收节点之间的时间同步。与传统的点对点同步方式不同,RBS 不依赖发送方的时钟,而是利用接收方之间的相对时间差异来进行同步。在该协议中,发送节点通过广播消息使得多个接收节点同时接收到相同的参考信号。接收节点记录接收时间,并通过彼此交换时间戳,计算出相对时钟偏移并进行校正。由于 RBS 只需要接收节点间的时间同步,且消除了发送端的传输延迟问题,该算法能够显著降低同步误差。RBS 特别适用于小型网络,但在大规模网络中由于需要交换大量时间戳,其通信开销较大,限制了其扩展性。RBS 的基本原理如图 7-8 所示。

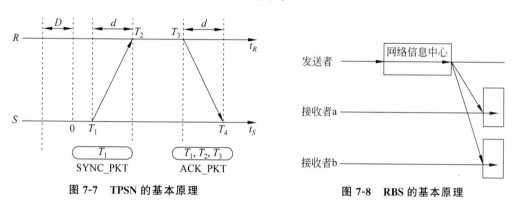

图 7-7　TPSN 的基本原理

图 7-8　RBS 的基本原理

3. FTSP

FTSP(Flooding Time Synchronization Protocol)是一种基于泛洪机制的时间同步协议,专为大规模网络设计。该协议通过利用网络中一个时间源节点,向整个网络泛洪同步信息,实现全局同步。FTSP 的核心特性在于,它采用了 MAC 层时间戳记录技术,从而显著减少了发送和接收过程中的延迟误差。此外,FTSP 使用最小二乘法来校正时钟偏移和漂移,进一步提高了同步精度。FTSP 在大规模网络中的鲁棒性较强,能够有效应对时钟漂移问题,并在节点数量较多的情况下仍然保持较高的同步性能。然而,泛洪机制导致的高通信开销和长泛洪周期,可能对网络的实时性产生一定影响。FTSP 时间同步算法的基本原理如图 7-9 所示。

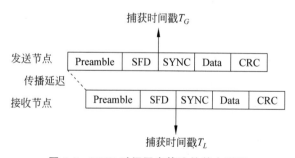

图 7-9　FTSP 时间同步算法的基本原理

7.4.6　高效率时间同步技术的改进方法

在很多网络中,时间同步技术不仅是保障网络协调运行的核心,还直接关系到系统的能耗、数据传输的准确性以及网络的稳定性。针对现有同步算法的不足,研究者们提出了一系列改进方案,以进一步优化同步精度、降低能量消耗,并提升协议的适应性。以下是几种主要的改进方向。

1. 事件触发改进算法

传统时间同步协议多依赖周期性同步策略,尽管能够保证较高的同步精度,但频繁的同步操作在事件发生频率较低的情况下,容易造成能量浪费。为了克服这一问题,提出了基于事件触发的同步机制,即仅在感知到感兴趣的事件时,节点才会发出同步请求,从而避免了无效的同步操作。该机制通过减少非必要的同步操作,显著降低了节点的能量消耗,同时在事件发生的关键时刻仍然能提供足够的同步精度。此外,局部同步策略进一步优化了同步能效,局部同步仅在事件相关的节点之间进行,而无关节点则不参与同步过程,这种局部优化减少了全网同步的冗余。

2. 单向报文传输同步技术

为了提高时间同步的精度,部分改进后的同步算法采用了单向报文传输的模式。通过这一方法,节点在发送时间戳信息时利用单向报文进行时间同步,避免了传统双向通信带来的复杂性和延迟积累。在此机制下,接收节点通过 MAC 层的时间戳标记来估算发送节点的时钟偏移,并据此调整自身时钟。这种方法不仅减少了通信延迟,还降低了同步过程中的能量消耗,特别适合能量受限的传感器网络。与双向通信相比,单向报文传输的同步方案能够在较低能耗的前提下提供更高的同步精度。

3. 萤火虫同步机制

萤火虫同步机制受到自然界生物群体行为的启发,其核心思想在于通过节点间周期性信号的交换,逐步实现全网时间同步。与传统基于时间戳的同步机制不同,萤火虫同步通过节点间的自发协同工作,调整各自的时钟节奏,进而达到全局同步。每个节点会在接收到其他节点的信号后自主调整内部时钟的相位或频率,以逐步趋于一致。该方法的优势在于不依赖消息传输的时间戳,因而能够避免 MAC 层延迟和通信协议处理对同步精度的影响。萤火虫同步机制的高扩展性和自适应性使其特别适用于大规模动态网络,能够在复杂多变的环境中保持良好的同步性能。

4. 协作同步技术

协作同步技术通过节点间的协同工作实现长距离的高效时间同步。在网络中,由于节点的能量和传输功率有限,单一节点往往难以直接与远距离节点进行通信和同步。协作同步机制通过在同一传输路径上布置多个中继节点,利用中继节点的协同传输,远距离节点之间能够高效进行时间同步。这种机制不仅增强了同步的覆盖范围,还通过节点之间的合作,减少了传输过程中的干扰和能量消耗。协作同步技术具有高度的可扩展性和鲁棒性,能够有效应对节点失效和拓扑变化,在大规模网络中表现出色。

7.5 物联网应用

7.5.1 智能家居

1. 概述

在智能家居领域,通过物联网可将各种家居设备(如灯具、空调、安防系统等)连接起来,实现设备之间的协同工作和远程控制,提供更加便利、高效和智能化的居住体验。智能家居系统结构图如图 7-10 所示。

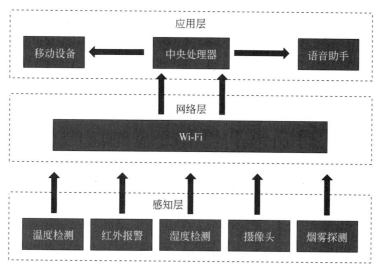

图 7-10　智能家居系统结构图

物联网的智能家居系统通常由三个主要部分构成。

（1）感知层：这是物联网系统的基础层,负责通过传感器（如温湿度传感器、烟雾探测器、摄像头等）获取环境信息和用户行为数据。

（2）网络层：感知层获取的数据通过无线通信技术（如 Wi-Fi、ZigBee、蓝牙等）传输到云端服务器或本地网关。这一层的关键任务是确保数据的稳定传输和设备的互联互通。

（3）应用层：应用层是直接面对用户的部分,负责对收集到的数据进行处理并反馈控制指令。例如,用户可以通过手机应用程序或语音助手远程控制家电,或者让家居设备根据环境变化自动运行。

2. 物联网在智能家居中的具体应用

在智能家居领域,物联网技术的引入极大地提升了家居生活的智能化、便捷性和安全性。通过将各种设备与互联网连接,智能家居系统能够实现自动化操作和远程管理,让用户随时随地掌控家中的状况。这种技术不仅提升了家居设备的使用体验,还通过优化资源使用,节省了能源,提高了家庭安全保障。

物联网在智能家居中的应用具有以下几个显著特点。

（1）设备互联互通。物联网的核心价值在于将分散的家居设备联结成一个协同的系统。各类智能设备通过网络进行信息共享与相互控制,形成一个高度协作的智能生态系统。这种设备之间的无缝互动,使得家居系统不仅能响应单一命令,还能根据综合条件自动调节运作状态。

（2）远程监控与控制。借助物联网技术,用户可以通过智能手机或其他终端设备远程查看和管理家中的智能设备。例如,用户可以在外出时检查家中的安全状况、调节空调温度,甚至在上班途中开启烤箱为晚餐做准备。

（3）数据驱动的个性化体验。物联网系统能够收集用户的行为数据,并通过分析这些数据预测用户需求。通过机器学习与大数据分析，系统可以根据用户的习惯和偏好自动调整家中的设备设置，从而实现个性化的居住体验。

下面将通过具体的应用实例进一步探讨物联网技术如何在智能家居中发挥作用。

（1）智能照明系统。智能照明系统是物联网技术在家庭场景中的基础应用之一。通过感应器与智能灯泡的结合，用户可以远程控制家中的灯光开关、亮度调节和颜色变化。例如，当用户离家后忘记关灯，可以通过手机应用程序关闭家中所有灯具。同时，智能照明系统还可以根据室外光线自动调整室内照明亮度，达到节能环保的效果。

（2）智能温控系统。智能温控系统通过物联网技术实现了对家中温度、湿度的自动调节。智能空调、暖气设备通过连接物联网网络，能够根据家庭成员的生活习惯自动设置最佳的温度模式。此外，通过手机应用程序，用户可以在回家前远程调节家中的温度，提升居住舒适度，同时有效节约能源。

（3）智能安防系统。安全性是物联网智能家居中一个重要的应用领域。智能安防系统可以包括视频监控、门窗传感器、烟雾报警器等设备，通过物联网将实时数据发送到用户的手机端。当系统检测到异常情况（如门窗被非法打开、家中有烟雾或火灾等），会立即向用户发送警报，并自动触发相应的应急措施，如关闭燃气或启动室内监控录像。智能安防系统的目标是为用户提供 24 小时全天候的安全保障。

（4）智能家电管理。通过物联网技术，家中的电器设备可以相互连接，实现协同工作。例如，智能冰箱可以检测到食物即将过期，并提醒用户补充食材；洗衣机可以与智能电表联动，在电费较低的时段自动启动。用户也可以通过手机应用远程启动烤箱、咖啡机等家电，提升家庭生活的便利性。

3. 未来与展望

物联网在智能家居中的应用正逐步普及，并在未来有广阔的发展前景。在我国，随着 5G 网络的广泛部署，物联网技术将进一步推动智能家居市场的发展。

中国政府近年来出台了一系列政策以推动物联网及智能家居产业的发展。例如，《"十四五"信息通信行业发展规划》中明确提出加快推动 5G、大数据、物联网等新型基础设施的建设，并强调智能家居作为智慧生活的重要组成部分。政策的支持加速了物联网技术在智能家居中的应用落地，并推动了智能家居产业链的上下游协同创新。

随着人工智能技术的发展，智能家居将能够更加智能化地理解用户的行为习惯，实现个性化服务。例如，通过 AI 算法分析用户的日常作息，家居系统能够自动调整灯光、温度等，提供更加贴合用户需求的生活体验。

目前，智能家居设备的互联互通存在一定的技术壁垒，未来随着技术标准的统一，不同品牌和平台的设备之间将实现更好的兼容性，提升用户体验。

物联网设备的大量数据采集和传输使得隐私和数据安全问题成为未来需要重点解决的课题。通过加强加密技术和数据保护法律法规，确保用户在享受智能家居便利的同时，信息安全得到有效保障。

物联网技术的快速发展为智能家居带来了无限可能，随着技术的成熟和市场需求的扩大，智能家居将成为未来家庭生活的标配，推动人们生活方式的革命性变革。

7.5.2 智慧医疗

1. 概述

物联网在智慧医疗中的应用,是通过将医疗设备、传感器、患者与医疗服务提供者等对象相互连接,利用网络通信技术实现医疗信息的采集、传输、存储和处理,从而提升医疗服务的质量和效率。物联网技术的引入,不仅能够改进医院的日常管理流程,还可以通过远程监控患者健康状况、智能诊断与治疗系统等方式,带来更精准、个性化的医疗服务。智慧医疗系统结构图如图 7-11 所示。

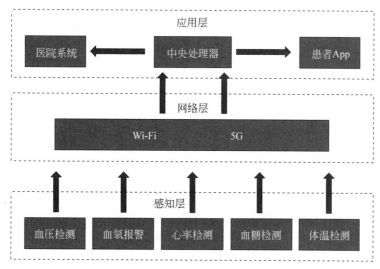

图 7-11 智慧医疗系统结构图

智慧医疗系统通常由以下几个核心组成部分构成。

(1) 感知层:由各种传感器、可穿戴设备等组成,负责实时监控和收集患者的生理数据,如血压、血糖、心率等。感知层是数据采集的基础,确保系统能够获得准确的健康信息。

(2) 网络层:通过无线通信技术(如 5G、Wi-Fi、蓝牙等)将感知层获取的数据传输到云端或本地服务器。网络层的任务是保证数据传输的稳定性和安全性,确保医疗信息的实时性。

(3) 应用层:应用层通过对收集的数据进行分析和处理,提供各种智慧医疗服务,如远程诊疗、健康监测、智能健康管理等。应用层是用户直接使用的部分,能够为患者和医生提供直观的操作界面和功能。

2. 物联网在智慧医疗中的具体应用

物联网技术在智慧医疗中的应用正日益广泛,涵盖了从医院管理到患者个体健康管理的方方面面。在介绍具体应用之前,有必要总结物联网在智慧医疗中的总体优势。首先,物联网使医疗系统从传统的被动医疗模式转向主动健康管理,能够通过数据实时监控,提前预测和预防疾病的发生。其次,物联网通过大数据分析和远程医疗技术的结合,提升了医疗服务的精准度和个性化程度,减少了资源浪费。最后,物联网还简化了患者的就诊流程,提升了医院的运作效率,为患者带来了更加便利的医疗体验。

以下是几种典型的应用实例。

（1）远程健康监测。物联网技术可以通过可穿戴设备（如智能手环、智能血压计、心电监测仪等）实时采集患者的健康数据，并通过网络传输到医疗机构的系统中，供医生进行远程监控。这类设备可以持续监测患者的生理指标，如心率、血压、血糖水平等，并自动发出异常警报。如果监测到患者的生命体征出现危险变化，系统会立即通知医生和家属，确保及时采取医疗措施。

例如，对于慢性病患者（如高血压、糖尿病等），远程监测系统能够帮助医生随时掌握患者的病情发展，并根据数据变化调整治疗方案。这不仅提高了患者的安全性，还减少了不必要的医院就诊次数，节约了医疗资源。

（2）智能药物管理系统。在长期服药患者（如老年人或慢性病患者）中，药物管理是确保治疗效果的重要环节。物联网技术可以通过智能药盒或智能药物管理平台，帮助患者按时、按量服用药物。智能药盒通过感应器监控药物的使用情况，并在患者未按时服药时发出提醒。如果患者多次漏服，系统还会通知其家属或医生。

此外，智能药物管理系统还能记录患者的用药历史，并将数据同步到医疗机构，供医生查看，帮助医生了解患者的服药依从性，从而更好地制定治疗方案。

（3）远程手术与智能机器人。物联网技术在外科手术中的应用也备受关注。借助高速稳定的网络连接，远程手术系统能够实现专家医生通过操作机器人进行手术的远程指导和操作。在网络的支持下，医生即使远在千里之外，也能实时控制手术器械，为患者提供高精度的手术治疗。

此外，智能手术机器人通过物联网与医院数据系统相连接，能够帮助医生完成一些高精度、高难度的手术操作，减少了人为误差，提升了手术的成功率。

3. 未来与展望

物联网技术在智慧医疗中的应用前景广阔，随着技术的发展与政策的推动，未来智慧医疗将进一步普及并深化。在全球范围内，根据国际数据公司（IDC）的报告，2025 年全球智慧医疗市场的规模将达到 2000 亿美元左右，物联网在医疗领域的应用将持续增长。

在我国，智慧医疗已被列入国家战略重点发展领域。中国政府发布了《健康中国 2030 规划纲要》，明确提出要大力推动"互联网＋医疗"的发展，建设更加完善的智慧医疗服务体系。此外，5G 技术的迅速发展为物联网在医疗中的应用提供了更加稳定、高效的通信基础。预计到 2025 年，中国智慧医疗市场规模将超过 8000 亿元人民币，物联网将成为其中的核心推动力。

未来，物联网在智慧医疗中的发展将呈现以下趋势。

（1）个性化医疗。通过物联网技术采集患者的健康数据，并结合大数据与人工智能技术，医生能够为每位患者制定更加个性化的治疗方案。精准医疗将极大提升治疗效果，并减少医疗资源浪费。

（2）智慧医院的普及。随着物联网技术的成熟，未来医院将更加智能化。智能设备、自动化系统将帮助医院实现从患者入院、诊断、治疗到出院的全流程管理，大幅提升医院的工作效率。

（3）数据安全与隐私保护。随着物联网设备的普及，医疗数据的安全性和隐私保护问题将成为关键。未来，必须通过更严格的加密技术、完善的法律法规体系，确保患者的健康信息在传输和存储过程中的安全性。

物联网为智慧医疗带来了革命性的变化,未来随着技术的进一步突破,智慧医疗将为全球医疗行业的现代化转型提供强有力的支持,并为人们的健康生活保驾护航。

7.5.3 智慧农业

1. 概述

物联网在智慧农业中的应用,是通过将传感器、无人机、自动化设备等农业工具与互联网连接,利用实时数据采集与分析技术,提升农业生产效率、资源利用率和环境监控能力的一种创新农业模式。智慧农业通过物联网技术的集成,实现了农业的智能化管理,帮助农民更精准地进行播种、灌溉、施肥和病虫害防治等操作,从而大幅提高产量并减少成本投入。智慧农业示意图如图 7-12 所示。

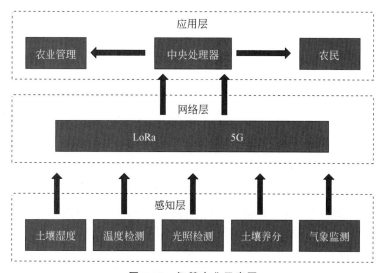

图 7-12　智慧农业示意图

智慧农业系统通常由以下几个关键部分组成。

(1)感知层:利用各种传感器(如土壤湿度传感器、气象监测仪器等)来实时监测农田环境,包括温度、湿度、光照、土壤养分等数据,是智慧农业数据采集的核心部分。

(2)网络层:通过无线通信技术(如 LoRa、NB-IoT、4G/5G 等)将感知层采集到的农业数据传输到云端或本地服务器。该层的作用在于保证数据的高效传输和设备间的互联互通。

(3)应用层:对采集到的农业数据进行处理和分析,结合大数据与人工智能技术,提供精细化的农业管理服务。通过应用层,农民可以实时监控农田状况,进行远程控制或自动化管理,提高农业生产的科学化和智能化水平。

2. 物联网在智慧农业中的具体应用

物联网技术在智慧农业中的应用场景多样化,从作物种植到畜牧业管理,物联网为各个农业环节提供了数字化解决方案。在讨论这些具体应用之前,有必要总结一下物联网在智慧农业中的总体优势。首先,物联网可以实现农业生产的自动化和精准化管理,大幅提高资源利用效率。其次,数据驱动的农业管理能够帮助农户更科学地规划农事操作,减少生产过程中的不确定性和风险。最后,物联网系统的远程控制和监测功能为农业生产提供了便利,降低了劳动力成本。

以下是几种典型的应用实例。

(1) 智能灌溉系统。物联网技术可以通过智能灌溉系统实现精准水资源管理。该系统通过土壤湿度传感器实时监测土壤中的水分含量,并将数据传输到云端平台进行分析。如果系统检测到土壤湿度低于设定值,便会自动启动灌溉设备进行浇水,确保作物在最佳湿度条件下生长。

智能灌溉系统能够有效减少水资源浪费,尤其在水资源紧缺的地区具有显著的应用价值。例如,在西北干旱地区,智能灌溉系统可以根据作物的实际需水量进行精确灌溉,避免传统灌溉方法中的水资源过度使用问题。该系统还能够根据气象数据预测未来的降水量,并自动调整灌溉策略,以实现节水增效。

(2) 智能温室管理。智能温室是物联网技术在设施农业中的重要应用。通过在温室中安装温湿度传感器、光照传感器和二氧化碳浓度传感器,系统能够实时监控温室内部的环境条件,并根据作物的生长需求自动调节温度、湿度和光照条件。例如,当系统检测到温度过高时,自动通风系统会开启,降低室内的温度;当光照不足时,补光设备会自动启动,为作物提供所需的光照。

智能温室管理系统不仅减少了人工干预,提高了作物产量和质量,还能够通过远程控制实现无人值守的温室管理,极大地提升了农业的自动化和现代化水平。

(3) 病虫害监测与防治。物联网技术在病虫害监测与防治中也有着重要应用。通过安装在农田中的病虫害监测传感器或摄像头,系统可以自动识别作物上的病虫害迹象,并结合大数据和人工智能技术分析病虫害的类型与严重程度。当系统检测到病虫害时,会自动通知农户,并提出相应的防治建议,甚至可以自动启动喷洒设备进行农药喷洒。

这种基于物联网的病虫害防治系统能够显著提高农田的病虫害监控精度,减少农药使用量,降低环境污染和成本投入,同时确保作物的健康生长。

(4) 畜牧业智能管理。在畜牧业领域,物联网技术可通过可穿戴设备(如智能项圈、健康监测芯片等)对牲畜的健康状况进行实时监控。可穿戴设备能够记录牲畜的体温、活动量、饮水量等数据,并通过无线网络将信息传输到管理平台,帮助农户及时发现牲畜的异常情况,如疾病预警或生产周期管理。

此外,智能畜牧管理系统还能追踪牲畜的定位,防止牲畜走失或被盗,并根据牲畜的健康数据优化饲料投喂方案,提升畜牧生产效率和牲畜的健康水平。

3. 未来与展望

物联网在智慧农业中的应用正处于快速发展阶段,随着农业生产对自动化、精细化管理的需求不断增加,未来智慧农业的应用前景广阔。物联网技术将成为推动这一市场增长的主要动力。

在我国,智慧农业已经成为国家农业现代化战略中的重点方向。政府发布了《数字乡村发展战略纲要(2019—2025 年)》,明确提出要加快发展数字农业、智慧农业,推动农业生产全流程的智能化改造。通过物联网、大数据、人工智能等技术手段,进一步提升农业生产效率和农业生态环境的监测与管理能力。

随着传感器技术和大数据分析能力的不断提升,物联网未来在农业中的应用将更加精准化。例如,基于土壤和作物的实时数据,农户可以实施精细化的播种、施肥和灌溉方案,从而最大限度地提高产量,减少资源浪费。

物联网与自动化技术的结合将推动农业机器人在田间管理、收获作业等领域的应用。这不仅能够减少人工干预,还能提升农业作业的精准度和效率,特别是在劳动力紧缺的情况下,农业自动化设备将成为重要的生产工具。

气候变化对农业生产的影响越来越大,物联网将通过更全面的环境监测系统,帮助农户更好地应对气候变化带来的挑战,提供更加精准的农业气象预测和环境监测服务。

随着农业数据的增加,未来智慧农业中数据安全和隐私保护将成为重要议题。通过加强数据加密和权限管理,确保农户和农业企业的数据在生产管理中得到有效保护。

物联网为智慧农业带来了深远的影响,通过技术的不断创新,未来智慧农业将为全球农业生产提供更智能、更高效、更可持续的发展路径。

习题

7-1 简述物联网与传统网络的差异性并说明其主要特点。

7-2 无线传感器网络由哪两种节点构成?试简述节点主要组成部分。

7-3 一个典型的 RFID 系统由哪些主要部分构成?试简述其主要功能。

7-4 简述 RFID 技术的基本工作原理。

7-5 在一个实验室中,三个固定位置的基站 A、B、C 分别位于坐标点 $(0,0)$、$(0,100)$ 和 $(100,0)$。一个移动设备 M 的信号到达这三个基站的时间分别为 0.5s、0.7s 和 0.6s。如果无线信号在空气中的传播速度为 300 000km/s,请计算移动设备 M 的位置。

7-6 在一个室内环境中,有三个 Wi-Fi 接入点 AP1、AP2 和 AP3,固定位置分别为 $(0,0)$、$(10,0)$ 和 $(5,10)$。一个移动设备 M 的信号强度分别为 -30dBm、-40dBm 和 -35dBm。已知信号强度与距离的关系为:$RSSI=-10\log_{10}(d)+C$,其中 C 为常数,这里取 $C=-20$。请计算移动设备 M 的大致位置。

7-7 请简要描述以下三种时间同步协议的基本工作原理,并写出各自在无线传感器网络中的应用场景和优缺点:

• TPSN(Timing-sync Protocol for Sensor Networks);
• RBS(Reference Broadcast Synchronization);
• FTSP(Flooding Time Synchronization Protocol)。

7-8 无线传感器网络中的时间同步算法如何受到节点能量限制的影响?为什么频繁的同步操作可能会造成能量浪费?

7-9 简述物联网的应用特点。

7-10 对比国外物联网发展状况,试说明我国物联网发展有哪些优劣势。

第8章　无线及移动通信网络

从最早的利用电波进行电报发送到现代的 5G 网络,无线通信技术的发展显著地推动了社会的进步。当前,无线及移动通信网络已经成为人类日常生活中不可分割的一部分,让人类的生产、生活从互联网时代走向了移动互联网时代,并持续向移动物联网时代演进。因此,本章将重点介绍无线及移动通信网络的基本概念、发展历史、核心技术,并重点针对 IEEE 802.11 提出的无线局域网技术和 5G 移动通信网络系统进行详细的介绍。

8.1　无线通信系统概述

利用电磁波的辐射和传播经过空间传送信息的通信方式称为无线电通信,也称为无线通信。利用无线通信可以传送电报、电话、传真、数据、图像以及广播和电视节目等通信业务。无线通信摆脱了数据传输系统对线缆的依赖,能够使人们随时随地地进行信息交互。真正利用无线电进行长距离通信的历史是由意大利科学家马可尼成功实现了无线电报的跨越性通信而开启。然而,直到 20 世纪 80 年代,蜂窝移动通信系统的出现真正开启了无线通信系统的大规模应用。蜂窝移动通信系统最初是解决移动场景下的话音业务,但随着数据业务的发展,从第三代移动通信起,蜂窝移动通信系统就开始向着更大通信带宽、更高传输速率方向演进,将移动通信带入了宽带无线通信时代。

8.1.1　无线通信系统的基本组成

无线通信系统一般由收发信机及与其相连接的天线(含馈线)组成,其系统原理框图如图 8-1 所示。

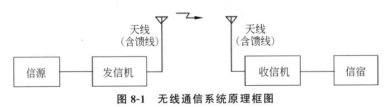

图 8-1　无线通信系统原理框图

1. 发信机

发信机的主要作用是将所要传送的信息在无线电上进行发送,由于无线信道中使用的频率不同,首先需要利用载波信号对信源发出的基带信号进行调制,形成已调载波,已调载波信号经过变频(有的发射机不经过这一步骤)成为射频载波信号,送至功率放大器进行信号增强后,将射频信号经由馈线发送到天线发出。典型发信机的组成框图如图 8-2 所示。

2. 天线

天线是无线通信系统的重要组成部分,其主要作用是把射频载波信号变成电磁波(发射过程),或者把电磁波变成射频载波信号(接收过程)。按照规范性标准的定义,天线就是把

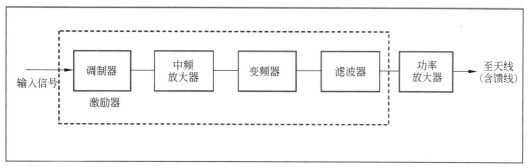

图 8-2　无线通信系统中发信机的组成框图

导行模式的射频电流变成扩散模式的空间电磁波的传输模式转换器,及其逆变换的传输模式转换器。天线可以分为全向天线及定向天线,全向天线指以天线为中心、天线功率在360°范围内均匀辐射;定向天线则指天线的功率主要集中在一定范围内(主瓣角),为特定范围的用户服务。随着无线通信朝着宽带化、高频化、多制式发展,天线技术也持续演进,由无源天线发展到 5G 的有源天线,并由单天线收发变为多天线多入多出,在有效降低系统干扰的同时,提升系统整体容量。

馈线的主要作用是把发射机输出的射频载波信号高效地送至天线,这一方面要求馈线的衰耗要小,另一方面其阻抗应尽可能与发射机的输出阻抗和天线的输入阻抗相匹配。馈线的出现使得发信机与天线可以不在同一物理地点部署,为无线通信系统提供了灵活部署模式,能够有效延伸系统的无线覆盖。

3. 收信机

收信机的作用与发信机相反,其主要作用是把天线接收下来的射频载波信号经过处理后恢复为初始的基带信号。首先进行低噪声放大,然后经过变频(一次、两次甚至三次),将射频信号变为中频信号,将中频信号放大和解调后,恢复为初始的基带信号,最后经低频放大器放大输出。典型收信机的组成框图如图 8-3 所示。

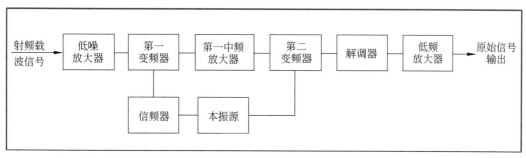

图 8-3　无线通信系统中收信机的组成框图

需要说明的是,在实际通信过程中,收发双方都会具有发信机、收信机以及连接收发信机的天线(含馈线),为了让收发信机高效工作,无线通信系统大多数采用双工通信方式。对于单工通信、半双工通信和全双工通信方式,在第 6 章中已经进行了介绍,此处不再赘述。我们生活中常用的 Wi-Fi、4G/5G 蜂窝移动通信系统大多采用了全双工的通信模式,即允许发射和接收信号同时进行,大大提高了网络传输的效率。

8.1.2　无线通信系统中的频谱资源

　　频谱是电磁波的频率范围,频谱资源是无线通信系统进行数据承载的基础。作为一种不可再生资源,频率资源十分宝贵,应用于不同无线通信系统的频谱划分在国际上由国际电信联盟(International Telecommunication Union,ITU)中的无线电部门(ITU-R)进行统一规划,并协调各国政府和国际组织制定频谱规划和管理政策,以确保各种通信系统之间的互操作性、共存性和兼容性。对于全球应用的 Wi-Fi 技术及 4G/5G 移动通信网络技术,统一的频谱规划十分重要,这将关系到设备的标准化程度、全球漫游能力,进而会影响设备的规模化生产能力和生产成本。因此,一般在讨论下一代无线通信系统时,ITU-R 都会提前协商用于新系统的频段规划。

　　无线通信系统的设计旨在提高频段的利用效率,通过技术手段(如多址接入技术)和协议规定来实现多个用户共享同一频段。关于频谱分配有以下几个关键点。

　　(1)频段划分。频谱被划分为不同的频段,每个频段通常用于特定类型的通信服务或应用。例如,一些频段可能用于移动通信,另一些频段可能用于广播或卫星通信。

　　(2)频段的用途。政府或相关机构会确定每个频段的主要用途和服务。例如,一些频段可能被指定用于特定地区的移动通信服务,而其他频段可能被用于军事通信或卫星通信等。

　　(3)共享频谱。由于频谱是有限资源,因此通常需要多个通信系统共享同一频段。为了实现有效的频谱共享,需要采取适当的技术手段,如多址接入技术(如 CDMA)或动态频谱分配等。

　　(4)频谱管理。频谱管理涉及对频段的监测、分配和调整,以满足不同通信系统的需求。这可能涉及频段的重新分配或重新规划,以适应新的通信技术和服务。

　　不同频谱分段在无线通信中拥有各自特定的用途和国家分配情况。低频段(LF、MF、HF)通常用于短波广播、海事通信、航空通信和军事通信等,因其信号穿透能力强、覆盖范围广而适合长距离通信;中频段(VHF、UHF)则主要用于电视广播、无线电广播、民航通信和应急通信等;而超高频段(SHF、EHF)被应用于雷达、卫星通信和移动通信。毫米波段(30GHz~300GHz)则广泛应用于 5G 移动通信(以及未来的 6G 移动通信)、雷达、遥感等领域,其较高的频率赋予其高速数据传输和较小覆盖范围的特性,因而适用于短距离高速通信。这些频谱分段在不同国家和地区之间的分配由各国政府或相关国际组织进行管理,以支持各种通信服务和应用。

　　无线通信使用的电磁波的频率范围和波段如表 8-1 所示。

表 8-1　无线通信使用的电磁波的频率范围和波段

频 段 名 称	频 率 范 围	波 段 名 称	波 长 范 围
极低频(ELF)	3~30Hz	极长波	100Mm~10Mm(10^8~10^7 m)
超低频(SLF)	30~300Hz	超长波	10Mm~1Mm(10^7~10^6 m)
特低频(ULF)	300~3000Hz	特长波	1000km~100km(10^6~10^5 m)
甚低频(VLF)	3kHz~30kHz	甚长波	100km~10km(10^5~10^4 m)

续表

频 段 名 称	频 率 范 围	波 段 名 称		波 长 范 围
低频(LF)	30kHz～300kHz	长波		10km～1km(10^4～10^3m)
中频(MF)	300kHz～3000kHZ	中波		1000～100m(10^3～10^2m)
高频(HF)	3MHz～30MHz	短波		100～10m(10^2～10m)
甚高频(VHF)	30MHz～300MHz	超短波(米波)		10～1m
特高频(UHF)	300MHz～3000MHz	微	分米波	1～0.1m(1～10^{-1}m)
超高频(SHF)	3GHz～30GHz		厘米波	10cm～1cm(10^{-1}～10^{-2}m)
极高频(EHF)	30GHz～300GHz	波	毫米波	10mm～1mm(10^{-2}～10^{-3}m)
至高频(THF)	300GHz～3000GHz		亚毫米波	1mm～0.1mm(10^{-3}－10^{-4}m)
		光波		3×10^{-3}mm～3×10^{-5}mm (3×10^{-6}～3×10^{-8}m)

对于微波波段,常常将部分微波波段分为 L、S、C、X、Ku、K、Ka 等子波段,具体各子波段对应的频率范围和波长范围如表 8-2 所示。

表 8-2　无线通信中微波波段名称及对应频率

波 段 代 号	频 率 范 围	波 长 范 围
L	1GHz～2GHz	30～15cm
S	2GHz～4GHz	15～7.5cm
C	4GHz～8GHz	7.5～3.75cm
X	8GHz～13GHZ	3.75～2.31cm
Ku	13GHz～18GHZ	2.31～1.67cm
K	18GHz～28GHZ	1.67～1.07cm
Ka	28GHz～40GHZ	1.07～0.75cm

在无线通信系统中,工作方式和频谱分配密切相关。通信系统的设计和实现需要考虑到频段的合理利用和频率干扰的最小化,以确保通信的可靠性和效率。此外,随着移动通信和物联网的快速发展,对频谱资源的需求不断增加,对频谱管理和技术创新提出了新的挑战。

8.1.3　常用无线通信系统简介

无线通信系统按照覆盖距离,可以分为无线个域网、无线局域网、无线广域网,应用于不同网络的无线通信技术体制也不尽相同。

(1) 无线个域网通信范围较小,一般为人体周边,如智能手表、智能手环、传感器等通过蓝牙及 ZigBee 技术相互连接,实现围绕人体的数据感知和交互。在无线个域网中,蓝牙和 ZigBee 是最常见的无线通信技术。

（2）无线局域网的通信范围一般在1km范围内，主要指在办公室、家庭、企业或校园内部提供无线接入的网络，能够实现局域范围内终端数据的无线接入和交互。IEEE 802.11提出的Wi-Fi技术是目前最为常见的无线局域网技术。

（3）无线广域网的通信范围一般在整个城市、全国或全球，无线广域网一般由无线和有线系统协同组成，能够实现大范围内的用户接入和数据交互。3G/4G/5G移动通信系统、卫星通信系统是较为常见的无线广域网技术。

本节重点介绍蜂窝移动通信系统、局域无线接入系统、集群调度通信系统、卫星通信系统和微波通信系统。值得注意的是，这些系统中无线通信仅作为其中用户接入的方式，需要在不同系统中根据应用需求进行一定的改造，并与系统中的有线通信技术一起为用户提供端到端的业务传输和数据交互服务。

1. 蜂窝移动通信系统

4G/5G均属于典型的蜂窝移动通信系统。所谓蜂窝移动通信系统，是利用无线信号衰落特性，将一个移动通信服务区划分成许多以正六边形为基本几何图形的覆盖区域，由于传播损耗提供足够的隔离度，在相隔一定距离后，另外一个基站可以重复使用同一组工作频率，该方法称作频率复用。通过这样的方式，能够基于有限的频谱资源实现多蜂窝小区的成片覆盖，从而能够为用户提供移动场景下的业务传输服务。因此，在蜂窝移动通信中，为了使得不同蜂窝小区间无线信号干扰可控，并为用户提供连续的服务，还提出了切换、漫游、位置登记、功率控制等复杂策略，这些在仅提供固定无线接入的系统中是不需要考虑的。

蜂窝移动通信系统的基本架构、关键技术将在后续章节中介绍，此处不再赘述。

2. 局域无线接入系统

与蜂窝移动通信系统中要保证用户移动场景下的业务连续性不同，局域无线接入系统仅为用户提供固定或低速的无线接入服务，当用户由一个无线接入点覆盖的区域移动到另一个无线接入点覆盖的区域时，业务将会发生中断，重新在新的服务区域内建立无线连接后，业务才会继续。

与蜂窝移动通信系统相比，局域无线接入系统涉及的关键技术和机制较为简单，通常由具有二层交换能力的交换机、无线接入点（Access Point，AP）和终端站点（Station，STA）组成。

IEEE 802.11提出的Wi-Fi是典型的局域无线接入系统。局域无线接入系统提供了灵活部署模式，降低了有线网络部署带来的周期和复杂度，可扩展性更高，使得用户可以在任何时间任何地点接入网络，大大提高了工作效率和生活便利性。

无线局域网技术被广泛应用于家庭网络中。通过无线局域网技术，家庭用户可以轻松地实现多设备间的互联，实现智能家居控制、互联网接入和共享家庭娱乐资源等功能。无线局域网技术在企业办公中也扮演着重要的角色。企业可以通过无线局域网技术实现员工间的无缝沟通和协作，提升工作效率。无线局域网技术还被广泛应用于公共场所，如商场、酒店、机场等地方。通过无线局域网技术，用户可以方便地接入互联网，并享受高速稳定的网络服务。无线局域网技术也被应用于工业领域，实现设备间的自动化控制和数据传输。

3. 集群调度通信系统

集群调度通信系统是一种专用移动通信系统，由控制中心、调度台、基站和移动台组成，其系统架构如图8-4所示。

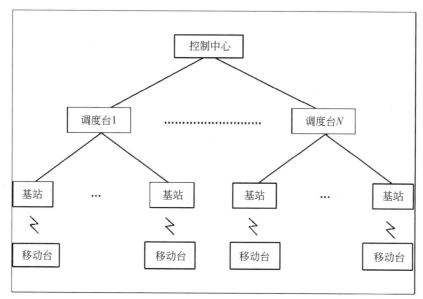

图 8-4 集群调度系统架构图

集群调度系统是一个多信道工作的系统,一般均采用自动信道选择方式。其最大特点是集中和分级管理并举,系统可供多个单位同时使用,系统设有一个控制中心,以便集中管理,每个单位又可以分别设置自己的调度台,并能进行相应的管理,这既实现了系统及频率资源的共享,又使公用性和独立性兼而有之。

4. 卫星通信系统

卫星通信指利用人造地球卫星作为中继站,转发或反射无线电波,在两个或多个地球站之间进行通信。地球站是设在地球表面,包括地面、海洋和大气中的通信站。按卫星的结构划分,通信卫星又可分为无源卫星和有源卫星。按卫星的运转轨道划分,通信卫星又可分为静止卫星和运动卫星。

静止卫星就是只发射到赤道上空 35 800km 附近圆形轨道上的卫星,其运动方向与地球自转方向一致,并且绕地球一周的时间恰好为 24h,与地球自转周期相同,从地球看过去如同静止一般,因此称为静止卫星。以静止卫星作为中继站所组成的通信系统为静止卫星通信系统或同步卫星通信系统。

一个完整的卫星通信系统由空间分系统、通信地球站分系统、跟踪遥测及指令分系统和监控管理分系统 4 部分组成,如图 8-5 所示。

空间分系统是指包括通信装置在内的通信卫星主体以及星体的遥测指令、控制模块和能源装置等。通信地球站分系统包括作为中央控制的通信业务控制中心和若干个普通地球站。跟踪遥测及指令分系统的功能主要是完成对卫星跟踪测量和控制,使其准确进入卫星轨道上的指定位置,并对卫星定期进行轨道修正和位置保持。监控管理分系统的功能主要是在业务开通前后对定点卫星进行通信性能检测和控制。

图 8-6 给出了一个典型的卫星通信线路,其中包括卫星转发器(通信卫星)、收发地球站、上下行无线传输线路。

当地球站 A 欲将来自市话局的多路电信号发往地球站 B 时,首先对这些多路信号进行

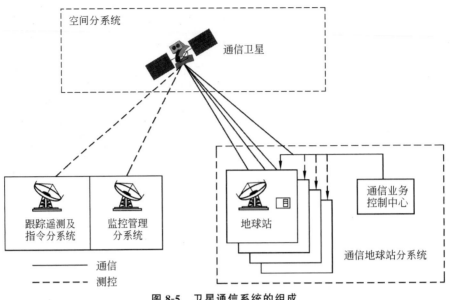

图 8-5　卫星通信系统的组成

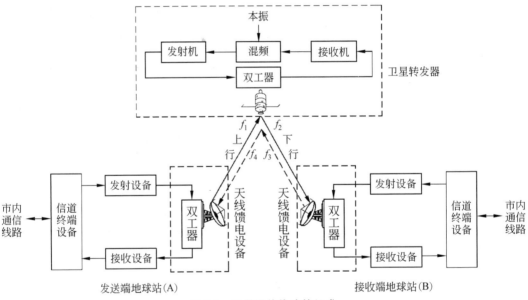

图 8-6　卫星通信线路的组成

复用,从而构成多路基带信号,然后由发射设备进行中频调制经上变频,将 70MHz 的中频信号变换成微波信号,再经射频功率放大器、双工器和地球站天线发往处于外层空间的卫星。信号经过大气层和宇宙空间传播。

当卫星转发器的接收机收到由地面发来的微波信号后,首先对微波频率为 f_1 的上行信号进行低噪声放大,然后将其转换为频率为 f_2 的下行微波信号,再经过卫星发射机的功率放大,通过双工器由天线将信号发往地面站。地球站 B 收到卫星转发的微波信号后,进行一系列的信号处理,将其恢复为多路电话信号后送往市内电话通信交换机或局端机房。

随着 5G 向 6G 的不断演进,由地面蜂窝移动通信系统走向陆海空天一体化覆盖成为了当前研究的热点,中低轨卫星通信及卫星与地面协同组网也成为了当前 6G 的热门研究方向之一。

5. 微波通信系统

微波是频率在 300MHz～300GHz(波长为 1m～1mm)范围内的电磁波,微波通信是利用微波作为载波来携带信息并通过电波空间进行传输的一种无线通信方式。

微波技术是第二次世界大战期间围绕着雷达的需要发展起来的,由于具有通信容量大、投资费用省、建设速度快、安装方便、相对成本低、抗灾能力强等优点而迅速发展。20 世纪 40 年代到 50 年代,产生了传输频带较宽,性能较稳定的模拟微波通信,成为长距离大容量地面干线无线传输的主要手段,其传输容量高达 2700 路,而后逐步进入中容量乃至大容量数字微波传输。20 世纪 80 年代中期以来,随着同步数字序列(SDH)在传输系统中的推广使用,数字微波通信进入了重要的发展时期。目前,单波道传输速率可达 300Mbps 以上,为了进一步提高数字微波系统的频谱利用率,使用了交叉极化传输、无损伤切换、分集接收、高速多状态的自适应编码调制解调等技术,这些新技术的使用将进一步推动数字微波通信系统的发展。

微波除了具有电磁波的一般特性外,还具有一些自身的特性。

(1) 视距传播特性。

微波的特点和光有些相似。因为微波的波长较短,和周围物体的尺寸相比要小得多。换言之,微波具有直线传播和在物体上产生显著反射的特性,因此,微波波束在自由空间中是直线传播的,也称作视距传播。

(2) 极化特性。

无线电波由随时间变化的电场和磁场组成,电场和磁场相互依存,相互转化,形成统一的时变电磁场体系。时变电磁场以波动的形式在空间存在和运动,因此也称为电磁波或无线电波。

无线电波具有一定的极化特性。极化的定义是迎着电磁波的传播方向,观察瞬间电场矢量端点所描绘的轨迹曲线。极化形式有三种:线极化、圆极化和椭圆极化。

如图 8-7 所示,微波中继通信系统由许多微波站构成,除了包括若干个终端站以外,还包括许多中继站。

图 8-7　微波中继系统架构图

终端站是位于微波线路两端的微波站。它的任务一方面是把数据信号调制为中频信号后,再进行变频,使其成为微波信号,通过天线发射出去;另一方面,终端站还要将接收到的微波信号经过变频后解调出对方送来的数据信号。终端站设备比较齐全,一般应装有微波收发信机、调制解调设备、分路滤波和波道倒换设备、多路复用设备以及监控系统等。终端站的特点是只对一个方向收发。

中继站的任务是完成对微波信号的转发和分路。根据它们的不同功能,通常可以将其分为如下三种类型。

(1) 中间站。

中间站只完成微波信号的放大与转发。具体来说,如图 8-8 所示,将 A 方向站传来的微波信号经变频、放大等处理后,向 B 方向站转发出去。同样,将 B 方向站传来的微波信号,经变频、放大等处理后,向 A 方向站转发出去。这种站的结构比较简单,主要配置天馈系统与微波收发信设备。中间站的特点是对两个方向实现微波转发,一般不能插入或分出信号,即不能上下话路。

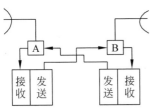

图 8-8　中间中继站系统架构图

(2) 再生中继站。

再生中继站可以分出和插入一部分话路。为了不增加信号噪声,在分路站不对整个信号进行调制或解调。在分出话路时,由分路设备把需要分出的话路信号滤出,然后对它们进行解调。在插入话路时,先把这些话路调制到载波上,并滤出需要的边带,再加到规定的信号中去。分路站的特点是可以上下话路。

(3) 枢纽站或主站。

枢纽站一般处在干线上,需要完成数个方向的通信任务,一般应配备交叉连接设备。就其每一个方向,枢纽站都可以看作一个终端站。在枢纽站中,可以上下全部或部分支路信号,也可以转接全部或部分支路信号,因此,枢纽站上的设备门类很多,可以包括各种站型的设备。

如图 8-9 所示,微波通信系统经过接力中继,能够提供长距离大容量的数据传输服务。

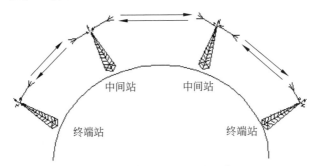

图 8-9　地面微波中继通信示意图

随着光通信技术的发展,长途大容量数据传输主要由地面骨干传输网络来承担,微波中继通信的使用已经越来越少。然而,随着移动通信技术的发展,在部分城市区域难以部署大容量光纤网络的站点,会采用微波通信技术作为基站节点与核心网之间回传的传输技术。

8.2　无线信号的传播特征

如前文所述,无线通信系统是利用电磁波在自由空间中传播从而进行信号传输。因此,本节将重点介绍无线电波的传播特征,并对常用的无线信道模型进行简要介绍。

8.2.1　无线电波传播特点

无线电波在空间或介质中传播具有折射、反射、散射、绕射以及吸收等特性。这些特性使无线电波随着传播距离的增加而逐渐衰减,如无线电波传播到越来越大的距离和空间区域,电波能量便越来越分散,造成扩散衰减;而在介质中传播,电波能量被介质消耗,造成吸收衰减和折射衰减等。

无线电波在真空中传播称为在自由空间传播,它的传播特征为扩散衰减。衰减的定义是距辐射源某传播距离处的功率密度同单位距离处的功率密度之比,其值与传播距离的平方成反比。

在传播介质中,无线电波的传播特性不仅有扩散衰减,还有介质的折射和吸收造成的衰减。

不同波长(或频率)的无线电波,其传播特性往往不同,具体概括如下。

(1) 长波传播。距离 300km 以内主要是靠地波,远距离(2000km)传播主要靠天波。用长波通信时,在接收点的场强稳定,但由于表面波衰减慢,对其他收信台干扰大。长波受天电干扰的影响也很严重。此外,由于发射天线非常庞大,所以长波用在通信和广播的情况并不多,仅在越洋通信、导航、气象预报等方面采用。

(2) 中波传播。白天天波衰减大,被电离层吸收,主要靠地波传播;夜晚天波参加传播,传播距离较地波远,它主要用于船舶与导航通信,波长为 2000~200m 的中波主要用于广播。

(3) 短波传播。有地波也有天波。但由于短波的频率较高,地面吸收强烈,地表面波衰减很快,短波的地波传播只有几十 km。天波在电离层中的损耗减少,常利用天波进行远距离通信和广播。但由于电离层不稳定,通信质量不佳,短波主要用于电话电报通信、广播及业余电台。

(4) 超短波传播。由于超短波频率很高,而地波的衰减很大,电波穿入电离层很深乃至穿出电离层,使电波不能反射回来,所以不能利用地表面波和天波的传播方式,主要利用空间波传播。超短波主要用于调频广播、电视,雷达、导航传真、中继、移动通信等。电视频道之所以选在超短波(微波及分米波)波段上,主要原因是电视需要较宽的频带(我国规定为 8MHz)。如果载频选得比较低,例如选在短波波段,设中心频率 $f_0 = 20\text{MHz}$,则相对带宽 $f/f_0 = 8/20 = 40\%$。这么宽的相对带宽会给发射机、天馈线系统、接收机以及信号传输带来许多困难,因此选超短波波段,应提高载频以减小相对带宽。

通信衰落指无线传输中信号强度随着距离的增加而衰减的现象。它是无线通信系统中一个重要的问题,对无线传输质量和系统性能有重要影响。无线传输中的衰落主要分为大尺度衰落和小尺度衰落两种情况。下面将分别介绍无线信号的大尺度衰落和小尺度衰落。

8.2.2　无线信号的大尺度衰落

相较于有线信道,无线信道的情况更为恶劣:移动台既可以处于城市建筑群之间,也可以处于山川、森林和海洋等地形复杂的区域,且由于移动台的移动性,无线电波的衰落特性就更为复杂,具有很大的随机性。

一般而言,大尺度衰落是描述收发机之间长距离或长时间范围内信号场强的变化。可以看出,大尺度衰落是由于信号传播环境的变化引起的信号强度变化,它通常发生在通信系统覆盖范围较大的区域内,如城市、乡村、山区等。

大尺度衰落主要由路径损耗和阴影衰落两种原因造成。

路径损耗是信号在实际信道传播过程中随着距离增加而产生的能量衰减。进一步而言,路径损耗是基站和终端之间的传播环境中引入的能量衰减量,仅与传播路径有关,路径越长,路径损耗就越大,因此,路径损耗也称为传播损耗。

路径损耗是由发射功率的辐射扩散及信道的传播特性造成的,反映宏观范围内接收信号功率均值的变化。如图 8-10 所示,随着与辐射源的距离增加,无线信号的辐射面积持续扩大,因此单位面积上的信号能量一定是在不断减小。在自由空间中,电磁辐射强度与距离的平方成反比,这一规律将在下面进行量化分析。

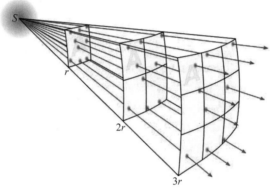

图 8-10   无线电信号在空间中传播的状态示意图

自由空间传播模型用于预测 LOS 环境中接收信号的强度(此时收发机之间无障碍物),参考著名的弗里斯公式:

$$P_r(d) = \frac{P_t G_t G_r \lambda^2}{(4\pi)^2 d^2 L}$$

其中,$P_r(d)$ 为接收端的信号功率,d 表示收发机之间的距离,G_t 和 G_r 为收发天线的增益,L 为与传播环境无关的系统损耗系数。可以看到,接收功率随着距离 d 呈现指数规律衰减,当收发天线无增益($G_t = G_r = 1$),且系统硬件无损耗($L = 1$)时,则上式可以化简为:

$$\mathrm{PL}_F(d)[\mathrm{dB}] = 10\log_{10}\left(\frac{P_t}{P_r}\right) = 20\log_{10}\left(\frac{4\pi d}{\lambda}\right)$$

此时,引入随环境变化的路径损耗指数 n,可以修正自由空间路径损耗模型,从而构造出一个更为普遍的路径损耗模型,也就是读者熟知的对数距离路径损耗模型:

$$\mathrm{PL}_{LD}(d)[\mathrm{dB}] = \mathrm{PL}_F(d_0) + 10n\log_{10}\left(\frac{d}{d_0}\right)$$

其中,d_0 为参考距离,对于不同的传播环境必须确定合适的参考距离。例如,在半径大于 10km 的蜂窝系统中,通常会设置 $d_0 = 1\mathrm{km}$,然而对于小区半径为 1km 的宏蜂窝系统或者具有极小半径的微蜂窝系统,可以设置参考距离为 100m 或 1m。n 主要由传播环境决定,其变化范围为 2~6,其中 $n=2$ 对应于自由空间的情况,当障碍物增加时,n 随之增大。

不同环境下的路径损耗指数取值如表 8-3 所示。

表 8-3　不同环境下的路径损耗指数取值

环　　　境	路径损耗指数(n)
自由空间	2
市区蜂窝	2.7～3.5
市区蜂窝阴影	3～5
建筑物内视距传输	1.6～1.8
建筑物内障碍物阻挡	4～6
工厂内障碍物阻挡	2～3

路径损耗主要受以下几个因素影响。

（1）传播距离。路径损耗随着传播距离的增加而增加,这是因为电磁波在传播过程中会散射、衍射或被吸收,导致信号衰减。路径损耗通常与传播距离的平方成正比。

（2）传播环境。不同的传播环境对路径损耗有不同的影响。例如,城市环境中的建筑物、树木和其他障碍物会导致信号衰减更快,而开阔的乡村或海洋环境则会减少路径损耗。

（3）频率。频率越高,路径损耗通常越大。这是因为高频信号更容易被吸收和散射,导致信号衰减更快。

（4）天线高度。发射和接收天线的高度对路径损耗也有重要影响。天线高度越高,传播路径中的障碍物越少,路径损耗越小。

（5）大气条件。天气条件如雨、雾、云层等也会影响路径损耗。例如,雨水和雾会导致信号散射和吸收,增加路径损耗。

在设计无线通信系统时,需要对路径损耗进行合理的估算和补偿,以确保系统的性能和覆盖范围满足预期要求。通常采用的方法包括使用合适的天线增益、选择适当的传输功率、优化天线布局和频率规划等。

在无线传播环境中,无线电波在传播路径上遇到起伏的山丘、建筑物、树林等障碍物阻挡,形成电波的阴影区,就会造成信号场强的缓慢变化,引起衰落。通常把这种现象称为阴影效应,由此引起的衰落又称为阴影衰落。

由于气象条件的变化,电波折射系数随时间的平缓变化,使得同一地点接收到的信号场强中值也随时间缓慢变化。但因为在陆地移动通信中随着时间的缓慢变化远小于随地形的缓慢变化,因而常常在工程设计中忽略了随时间的缓慢变化,而仅考虑随地形的缓慢变化。它是由于在电波传输路径上受到建筑物或山丘等的阻挡所产生的阴影效应而产生的损耗。它反映了中等范围内数百波长量级接收电平的均值变化而产生的损耗,一般遵从对数正态分布。

8.2.3　无线信号的小尺度衰落

小尺度衰落是由于信号的传播介质、随机性等因素引起的短时间尺度内的信号强度的快速变化。无线信号在经过短时间或短距离传播后其幅度快速衰落,以至于大尺度路径损耗的影响可以忽略不计。小尺度衰落是由于同一传播信号沿着两个或多个传播路径传播，以微小的时间差到达接收机的信号相互干涉所引起的，这些波被称为多径波。所谓干涉，就是当多径信号以可变相位到达接收天线时，相位相同的相长干涉，相位不同的相消干涉。

小尺度衰落主要受到以下因素的影响。

（1）多径传播干扰。由于信号经过多个不同路径传播到达接收端，会产生不同时间延迟的干扰波，导致信号叠加时产生衰落。尤其是在高速移动场景下，多径传播干扰更为明显。

（2）多普勒频移（Doppler Shift）。当通信系统中的移动终端或基站移动速度较快时，信号的频率会发生变化，导致信号的相位偏移，进而引起信号强度的快速变化。多普勒频移对信号的幅度和相位都会产生影响。

多径传播干扰和多普勒频移两者分别引起时间色散效应和频率色散效应。

多径传播干扰引起的时间色散导致发送的信号产生平坦衰落或频率选择性衰落。当时延扩展小于符号周期，即信号带宽小于信道带宽时，信号发生平坦衰落。当延迟扩展大于符号周期，即信号带宽大于信道带宽时，信号会发生频率选择性衰落。

多普勒频移导致的频率色散，导致发送的信号发生快衰落和慢衰落。当多普勒频移较大时，多普勒频移产生的相干时间小于符号周期，使得信道变化快于基带信号的变化，因此发生快衰落；当多普勒频移较小时，相干时间大于符号周期，使得信道变化慢于信号变化，因此产生慢衰落。

值得注意的是，无线信号在传播过程中，大尺度衰落和小尺度衰落是并存的，小尺度衰落是叠加在大尺度衰落之上的。可以这样理解，以收发两端点之间的路径损耗为基准，功率变化和路径损耗仅与距离有关，也就是路径损耗中的路径。下一步，叠加阴影衰落，如前文提到的，这是由于传播过程中障碍物的影响，因此无线信号功率会出现起伏变化。这两者加在一起就是大尺度衰落。大尺度衰落产生的影响对于损耗模型的影响是首位的。其次，在大尺度衰落模型之上，考虑小尺度衰落的影响，也就是前面提到的多径传播干扰和多普勒频移的影响，继续在大尺度衰落的基础之上叠加起伏的变化。

典型的描述小尺度衰落的分布函数有瑞利分布和莱斯分布。瑞利分布用于描述收发机之间不存在视距传播的独立多径分量的包络统计特性；莱斯分布是在瑞利分布的基础之上，又加了一条直射径的影响而造成的衰落类型。

8.3 无线局域网技术

随着无线通信技术的广泛应用，传统局域网络已经越发不能满足人们的需求，于是无线局域网（Wireless Local Area Network，WLAN）应运而生，且发展迅速，尤其随着移动互联网的发展，无线局域网也在朝着更大带宽、更高传输速率的方向持续演进。

无线局域网是无线通信技术与网络技术相结合的产物。从专业角度讲，无线局域网就是在家庭、企业、工厂、校园等局域环境中，通过无线信道来实现用户终端与网络设备之间的通信。通俗地讲，无线局域网就是在不采用网线的情况下，为用户提供以太网接入和互联的能力。

本节将首先介绍无线局域网的特征及经典的无线局域网技术；此后，将针对当前在无线局域网中占据绝对主导地位的无线保真(Wireless Fidelity,Wi-Fi)技术进行详细介绍,包括 IEEE 802.11 系列协议,Wi-Fi 的系统架构、典型 MAC 层机制;最后,对正在制定中的第七代 Wi-Fi 的技术特征进行简要介绍。

8.3.1 无线局域网技术概述

无线网络的历史起源可以追溯到第二次世界大战期间,当时,美国陆军研发出了一套无线电传输技术,采用无线电信号进行话音和资料的传输。这项技术令许多学者产生了灵感。1971 年,夏威夷大学的研究员创建了第一个无线电通信网络,称作 ALOHNET,这个网络包含 7 台计算机,采用双向星型拓扑连接,横跨夏威夷的四座岛屿,中心计算机放置在瓦胡岛上,这也是世界上的首个无线计算机网络,也为后续无线局域网技术的发展奠定了基础。

相比于有线接入网,无线局域网具有如下技术优点。

(1)灵活性和移动性。在有线网络中,网络设备的安放位置受网络位置的限制,而无线局域网在无线信号覆盖区域内的任何一个位置都可以接入网络。无线局域网另一个最大的优点在于其移动性,连接到无线局域网的用户可以移动且能同时与网络保持连接。

(2)安装便捷。无线局域网可以免去或最大程度地减少网络布线的工作量,一般只要安装一个或多个接入点设备,就可以建立覆盖整个区域的局域网络。

(3)易于进行网络规划和调整。对于有线网络来说,办公地点或网络拓扑的改变通常意味着重新建网。重新布线是一个昂贵、费时、琐碎的过程,无线局域网可以避免或减少以上情况的发生。

(4)故障定位容易。有线网络一旦出现物理故障,尤其是由于线路连接不良而造成的网络中断,往往很难查明,而且检修线路需要付出很大的代价。无线网络则很容易定位故障,只需要更换故障设备即可恢复网络连接。

(5)易于扩展。无线局域网有多种配置方式,可以很快从只有几个用户的小型局域网扩展到上千用户的大型网络,并且能够提供节点间漫游等有线网络无法实现的特性。

由于无线局域网有以上诸多优点,因此其发展十分迅速。最近几年,无线局域网已经在企业、医院、商店、工厂和学校等场合得到了广泛的应用。目前,无线局域网采用的传输媒体主要有两种,即红外线和无线电波。按照不同的调制方式,采用无线电波作为传输媒体的无线局域网又可分为扩频方式与窄带调制方式。

采用红外线通信方式与无线电波方式相比,可以提供极高的数据速率,有较高的安全性,且设备相对便宜而且简单。但由于红外线对障碍物的透射和绕射能力很差,因此其传输距离和覆盖范围都受到很大限制,通常红外线局域网的覆盖范围只限制在一间房屋内。

红外线局域网一般在早期行业应用中使用,由于红外线穿透能力差、移动性支持能力低,并未在公众市场上广泛应用。

扩频技术主要分为跳频技术(FHSS)和直接序列扩频(DSSS)两种方式。所谓直接序列扩频,就是用高速率的扩频序列在发射端扩展信号的频谱,而在接收端用相同的扩频码序列进行解扩,将展开的扩频信号还原成原来的信号。而跳频技术与直序扩频技术不同,跳频的载频受一个伪随机码的控制,其频率按随机规律不断改变。接收端的频率也按随机规律变化,并保持与发射端的变化规律一致。跳频的高低直接反映跳频系统的性能,跳频越高,抗干扰性能越好,军用的跳频系统可达到每秒上万跳。

早期的 Wi-Fi 版本(IEEE 802.11、802.11b 和 802.11a)就是采用直接序列扩频方式。扩频通信具有抗干扰能力和隐蔽性强、保密性好、多址通信能力强的特点,并且可以工作在非授权频段。

窄带微波局域网使用微波无线电频带来传输数据,其带宽刚好能容纳信号。但这种网络产品通常需要申请无线电频谱牌照,即窄带微波局域网是工作在授权频段,其他方式则可使用无需牌照的非授权频段。因此,这也限制了窄带微波局域网在各行业的应用。

由上面分析可以看到,以无线电作为传输介质的无线接入网技术更为主流,而其中又以 IEEE 802.11 系列协议制定的 Wi-Fi 技术在商用推广上最为成功,由于兼容以太网技术,成为了现代互联网的重要组成部分。然而,除了 IEEE 802.11 系列标准外,也还有其他无线局域网的技术标准。但需要注意的是,并非所有的无线局域网标准都有较好的市场应用,不同标准的应用范围、适用场景不同,会根据无线局域组网的需求选择不同的技术体制,但最终相应标准是否能够长远发展,则取决于市场选择的结果。

1. IEEE 802.11 系列标准

以 IEEE 802.11 系列协议制定的 Wi-Fi 技术是目前广泛应用的无线局域网技术,它为家庭、企业、校园、工厂等局域场景中笔记本电脑、手机等终端提供了高速、便捷的无线网络连接方式,是现代互联网的关键接入网络技术之一。Wi-Fi 仅有物理层和数据链路层协议,工作在不需要无线电管理部门授权的 2.4G 和 5.8G 频段,能够提供高速及超高速的无线接入(最新的 Wi-Fi 6 能够提供高达 9.6Gbps 的最高传输速率),并能够较好地与有线以太网兼容,因其应用广泛、成本较低,Wi-Fi 成为了当前几乎所有笔记本、平板电脑及手机都支持的无线接入技术,在无线局域网中占据了绝对主导地位。

对于 IEEE 802.11 系列标准的介绍将在 8.3.3 节展开,此处不再赘述。

2. 蓝牙规范

蓝牙是当前无线接入网中多设备间直接互联的重要无线接入技术标准。蓝牙规范是由 SIG(特别兴趣小组)制定的一个公共的、无需许可证的规范,其目的是实现短距离无线语音和数据通信。蓝牙技术工作于 2.4GHz 的非授权频段,基带部分的数据速率为 1Mbps,有效无线通信距离为 10～100m,采用时分双工传输方案实现全双工传输。蓝牙技术采用自动寻道技术和快速跳频技术保证传输的可靠性,具有全向传输能力,但不需要对连接设备进行定向。蓝牙技术是一种改进的无线局域网技术,但其设备尺寸更小,成本更低。在任意时间,只要蓝牙技术产品进入彼此有效范围之内,它们就会立即传输地址信息并组建成网,这一切工作都是设备自动完成的,无需用户参与。

蓝牙技术由于其成本低、尺寸小,容易被其他设备集成,已经成为手机终端、笔记本和平板电脑都支持的无线局域网技术之一;此外,蓝牙技术广泛应用于智能手环、智能手表、智能眼镜、智能健康监测设备等智能可穿戴设备中,通过局域环境下与具备互联网接入能力的网关的连接,使得局域网中多样化设备具备无线数据交互能力,有效推动了智能家居、智能医疗等新兴应用的发展,截至 2024 年 4 月,蓝牙技术的最新版本是 2021 年 7 月由蓝牙技术联盟发布的蓝牙 5.3 版本,其能够提供 2Mbps 的数据传输速率,并且在安全性、稳定性和功耗方面具有更好的表现。

3. HomeRF 标准

在美国联邦通信委员会(FCC)正式批准 HomeRF 标准之前,HomeRF 工作组于 1998

年为在家庭范围内实现语音和数据的无线通信制定了一个规范,即共享无线访问协议(SWAP)。该协议主要针对家庭无线局域网,其数据通信采用简化的 IEEE 802.11 协议标准。之后,HomeRF 工作组又制定了 HomeRF 标准,用于实现 PC 和用户电子设备之间的无线数字通信,是 IEEE 802.11 与泛欧数字无绳电话标准(DECT)相结合的一种开放标准。HomeRF 标准采用扩频技术,工作在 2.4GHz 频带,可同步支持 4 条高质量语音信道并且具有低功耗的优点,适合用于笔记本电脑。

4. HyperLAN/2 标准

2002 年 2 月,ETI 的宽带无线接入网络(Broadband Radio Access Networks,BRAN)小组公布了 HiperLAN/2 标准。HiperLAN/2 标准由全球论坛(H2GF)开发并制定,在 5GHz 的频段上运行,并采用 OFDM 调制方式,物理层最高速率可达 54Mbps,是一种高性能的局域网标准。HyperLAN/2 标准定义了动态频率选择、无线小区切换、链路适配、多波束天线和功率控制等多种信令和测量方法,用来支持无线网络的功能。基于 HyperRF 标准的网络有其特定的应用,可以用于企业局域网的最后一部分网段,支持用户在子网之间的 IP 移动性。在热点地区,为商业人士提供远端高速接入因特网的服务,以及作为 W-CDMA 系统的补充,用于 3G 的接入技术,使用户可以在两种网络之间移动或进行业务的自动切换,而不影响通信。

5. 星闪技术

星闪是由我国提出的新一代短距离无线通信技术,最早由华为公司于 2019 年荣耀手机发布会上提出。2020 年,工信部牵头制定了星闪的近距离无线通信标准。同年 9 月,星闪联盟成立,目标是推动新一代无线短距通信技术 SparkLink 的创新和产业生态,该技术可广泛满足智能汽车、工业智造、智慧家庭、个人穿戴等多场景对低时延、高可靠、精同步、多并发的技术需求。

星闪技术提供了星闪基础接入技术(SparkLink Basic,SLB)和星闪低功耗接入技术(SparkLink Low Energy,SLE)两种无线通信接口,满足不同场景下的无线通信需求。

星闪技术的特点包括以下几点。

(1)低功耗:星闪技术采用了高效的功耗管理策略,使得设备在待机或低负载状态下可以显著降低功耗,从而延长设备的使用寿命。

(2)低时延:星闪技术的传输时延非常低,这使得它非常适合需要实时性的应用场景,如在线游戏、实时音视频通信等。

(3)高速率:星闪技术的传输速率远高于传统的蓝牙和 Wi-Fi 技术。这使得它可以满足大数据量传输的需求,如高清视频流、大文件传输等。

(4)高可靠性:在日常的数据或信息传输过程中,星闪技术具有强大的抗干扰能力,因此可以在复杂的电磁环境中保持稳定的连接。

(5)高灵活性:星闪技术支持多设备同时连接,提供了更加灵活的无线局域组网方案,支持多种设备的无线互联。

8.3.2　无线局域网典型组网架构

从 8.3.1 节可以看出,当前存在多种无线局域网技术标准,在实际应用中,无线局域网具有两种典型的组网架构,即对等模式(Ad-hoc)和基础结构模式(Infrastructure),下面将对两种组网模式进行介绍。

1. Ad-hoc 组网模式

如图 8-11 所示,Ad-hoc 组网模式中没有中心站点,所有在覆盖范围内的终端站点间均可建立无线连接,实现一台终端站点和另一台或多台其他终端站点间的直接通信。该方式也称为"自组织"组网。

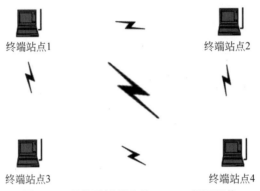

图 8-11　无线局域网中的 **Ad-hoc** 组网架构

在 Ad-hoc 组网模式中,所有终端站点间的关系是对等的,即不存在集中控制点或主从关系。

Ad-hoc 组网模式中,终端站点可以移动,这会导致终端站点之间的链路增加或消失,使得网络拓扑结构动态变化。此外,Ad-hoc 模式不需要依赖功能强大的网络通信设施就可以随时随地构建一个无线接入网络,只要在无线信号的覆盖范围内,终端节点间均可进行"对等的"数据交互,实现分布式组网,使得网络具有一定的独立性。然而,分布式特性也导致了该模式下会出现碰撞、干扰等问题,造成信道带宽不大、数据传输速率不高的问题。

在日常生活中,基于蓝牙的多设备互联就是典型的 Ad-hoc 组网架构。IEEE 802.11 也支持 Ad-hoc 组网模式,但仅支持一跳的数据传输。

2. Infrastructure 模式

Infrastructure 模式是无线局域网中使用更为广泛的一种组网架构,这种架构包含一个接入点和多个无线终端,其组网架构如图 8-12 所示。接入点通过电缆连线与有线网络连接,通过无线电波与无线终端连接,可以实现无线终端之间的通信,以及无线终端与有线网络之间的通信。通过对这种模式进行复制,可以实现多个接入点相互连接的更大的无线网络。

由图 8-12 可以看出,一个接入点(AP)和多个无线终端(MT)组成了一个基本服务集(BSS),AP 是用于无线设备和有线网络的连接设备,为用户提供无线接入以太网功能,可提供话音和数据的接入服务。AP 包括无线处理模块和以太网侧的接口模块,AP 应能完成简单的对无线用户的管理和对无线信道的动态分配。

如图 8-12 所示,通过有线网络的连接,可以将多个 AP 连接在一起,从而扩大了无线局域网的通信范围。

IEEE 802.11 支持的典型组网架构就是 Infrastructure 模式。

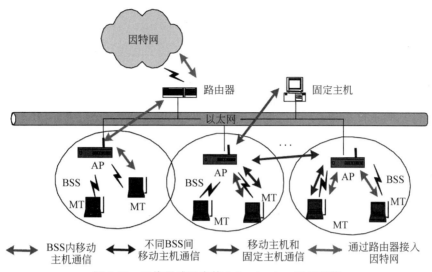

图 8-12 无线局域网中的 Infrastructure 组网架构

8.3.3 IEEE 802.11 系列协议特征

IEEE 802.11 是美国电机电子工程师协会(IEEE)为解决无线网络设备互连问题,于 1997 年 6 月制定发布的无线局域网标准。802.11 是 IEEE 制定的第一个无线局域网标准,主要用于解决办公室局域网和校园网中用户与用户终端的无线接入问题,业务主要限于数据访问,速率最高只能达到 2Mbps。由于它在速率和传输距离上都不能满足人们的需要,IEEE 相继推出了 802.11b 和 802.11a 两个新标准,使得无线接入速率能够达到 11Mbps 和 54Mbps。然而,随着互联网和移动互联网的飞速发展,人们对无线接入速率和安全性的要求不断增强,IEEE 也针对 802.11 进行了相应的技术增强,制定了一系列新的标准协议,如 802.11g、802.11n、802.11ac、802.11ax 等,用户速率也提升到 600Mbps(802.11n)、6.8Gbps(802.11ac)和 9.6Gbps(802.11ax),安全性也得到了极大提升。表 8-4 给出了 Wi-Fi 不同版本的发布时间、工作频段、带宽和最大支持数据速率。

表 8-4 Wi-Fi 不同版本标准能力

IEEE 协议名称	发布时间	工作频段	带宽能力	最大数据速率
802.11	1997	2.4GHz	22MHz	2Mbps
802.11b	1999	2.4GHz	22MHz	11Mbps
802.11a	1999	5GHz	20MHz	54Mbps
802.11g	2003	2.4GHz	20MHz	54Mbps
802.11n(Wi-Fi 4)	2009	2.4/5GHz	20/40MHz	600Mbps(4T4R)
802.11ac(Wi-Fi 5)	2013	5GHz	20/40/80/160MHz	6.8Gbps
802.11ax(Wi-Fi 6)	2019	2.4/5GHz	20/40/80/160MHz	9.6Gbps
802.11ax(Wi-Fi 6E)	2021	6GHz	20/40/80/160MHz	9.6Gbps
802.11be(Wi-Fi 7)	?	2.4/5/6GHz	20/40/80/160/320MHz	30Gbps

1. IEEE 802.11

该标准是 802.11 系列中的首个无线局域网标准，于 1997 年正式发布，因此也称为 IEEE 802.11-1997。这一标准采用了具有冲突避免功能的载波侦听多路访问协议（CSMA/CA），定义了无线数据通信设备的协议和兼容互连标准。该协议支持三种物理层技术，包括以 1Mbps 工作的红外、支持 1Mbps 和可选 2Mbps 数据速率的跳频扩展频谱和同时支持 1/2Mbps 数据速率的直接序列扩展频谱。由于互操作性问题、成本以及缺乏足够的吞吐量，因此该协议未被广泛接受和应用。

2. IEEE 802.11b

IEEE 802.11b 的标准于 1999 年发布，相应产品于 1999 年中期投放市场。它使用 2.4GHz～2.5GHz 的非授权频段，占用 2.4GHz（1、6、11）三个非重叠的 22MHz 信道，物理层采用了直接序列扩展频谱，并利用补码键控（CCK）作为调制技术，在 MAC 层采用与原始标准中定义的相同的 CSMA/CA 媒体接入访问方式，最大理论数据速率为 11Mbps。802.11b 吞吐量的显著提高以及价格的大幅降低，使得 802.11b 成为了被广泛接受的无线局域网接入技术。

3. IEEE 802.11a

IEEE 802.11a 的标准于 1999 年发布，采用与原始标准相同的核心协议，工作频率为 5GHz，使用正交频分复用（OFDM），最大理论数据速率为 54Mbps，由此实现 20Mbps 的实际吞吐量。其支持的其他数据速率包括 6、9、12、18、24、36 和 48Mbps。由于 802.11a 与 802.11b 在不同的非授权频段中运行，因此二者无法互操作。

4. IEEE 802.11g

IEEE 802.11g 标准于 2003 年发布，相应产品于 2003 年夏季上市。它使用与 802.11a 相同的 OFDM 技术，并像 802.11a 一样，支持的最大理论速率为 54Mbps。802.11g 使用正交频分复用（OFDM）和 2.4GHz（1、6、11）三个非重 20MHz 信道，其实是将 5GHz 的 802.11a 技术转移到 2.4GHz 频段，调制方式和编码等不变。

5. IEEE 802.11n

IEEE 802.11n 标准于 2009 年发布，其产品也称为 Wi-Fi 4。该协议能支持双频工作模式，同时支持 2.4GHz 和 5GHz 两个频段，前向兼容 IEEE 802.11g 和 802.11a。由于在物理层采用了多输入多输出（Multiple Input and Mutiple Output，MIMO）技术，在 MAC 层增加了帧聚合技术，因此该版本标准的数据传输速率大幅提升，理论最大数据传输速率达到 600Mbps。

MIMO 是一种使用多个发射和接收天线实现多路数据流并行发送，从而提升无线链路容量的方法。这些天线需要在空间上分离，以使从每个发射天线到每个接收天线的信号具有不同的空间特征，以便在接收机上将这些流分离为并行的独立信道，允许最多 4 个空间流，最大理论吞吐量为 600Mbps。

6. IEEE 802.11ac

IEEE 802.11ac 标准于 2013 年发布，其产品也称为 Wi-Fi 5。802.11ac 提供千兆速率的无线接入，极大提升了 Wi-Fi 的高速接入能力。802.11ac 在 802.11n 协议基础上进行了扩展，主要增强技术包括更宽的带宽（最高 160MHz）、更多的 MIMO 空间流（最高 8 个）、下行链路多用户 MIMO（MU-MIMO，最多 4 个客户端）和更高阶调制（最高 256QAM）。此外，

802.11ac 支持 3/4、5/6 编码速率(MCS8/9)下的 256QAM,这要求更严格的 6dB 系统级 EVM(—34dB)。

802.11ac 仅在 5GHz 频段工作,因此双频接入点和客户端将继续使用 2.4GHZ 的 802.11n。 2013 年发布的首批 802.11ac 仅支持 80MHz 信道和最多 3 个空间流,在物理层提供最高 1300Mbps 的数据传输速率。

第二波产品(802.11ac Wave 2)于 2015 年发布,支持更多信道绑定、更多空间流和 MU-MIMO,支持 20/401/80/80+80/160MHz 带宽,支持 8×8 MIMO,最高支持 256-QAM 调制。MU-MIMO 是 802.11ac 的重大进步。虽然 MIMO 把多个流定向到单个用户,但 MU-MIMO 可以将空间流同时定向至多个客户端,从而提高了网络效率。此外,802.11ac 采用了波束赋形技术,能够利用多天线为不同的用户设备服务,提升频谱的空间效率。802.11ac 路由器兼容 802.11b、802.11g、802.11a 和 802.11n,这意味着所有传统客户端都可以与 802.11ac 路由器正常工作在 5GHz 频段。

7. IEEE 802.11ax

IEEE 802.11ax 标准于 2019 年发布,是在 802.11ac 优势的基础上构建的第六代 Wi-Fi (Wi-Fi 6),可提供更大的无线容量和更高的可靠性,这也是目前正式商用中最先进的 Wi-Fi 技术。

802.11ax 支持 2.4 和 5GHz 双频工作,物理层仍然采用 OFDM,并采用了更高阶的 1024-QAM 调制技术,相同带宽下能够提供更高的数据速率。此外,802.11ax 支持最高 8 路数据流、MU-MIMO 技术,最大带宽为 160MHz,最高速率为 9.6Gbps。

8. IEEE 802.11be

该标准目前还在制定中,其正式版本尚未发布。IEEE 802.11be 对应的 Wi-Fi 7 将是速度最快的一代 Wi-Fi,这项技术可提供超过 30Gbps 数据传输速率和极低的延迟,为了达到这一目标,该标准引入了多项新技术,如三频运行(支持 2.4GHz、5GHz 和 6GHz 频段)、超宽的 320MHz 信道带宽、更高阶的 4096-QAM 调制、最高 16×16 的 MIMO、多链路操作 (MLO)和支持时间敏感网络功能。

当然,除了上述标准外,IEEE 还针对无线局域网的安全增强、资源管理、服务质量 (QoS)保障等制定了相应的标准,如 IEEE 802.11e(QoS)、IEEE 802.11i(安全增强)、IEEE 802.11k(无线资源管理)等。

8.3.4　802.11 冲突避免机制

在 IEEE 802.11 系列标准中,媒体接入控制层(Medium Access Control,MAC)发挥着重要作用。MAC 层负责协调多个节点之间的数据传输,控制着帧的发送和接收顺序,管理节点之间的竞争和冲突,以及实现适当的数据帧的传输优先级,以确保网络资源的有效利用和数据的顺利传输。

冲突避免的载波侦听多路访问(Carrier Sensing Multiple Access with Collision Avoidance,CSMA/CA)协议是 Wi-Fi 中多节点接入时避免干扰的机制,是 MAC 层中重要的随机接入协议。该机制来源于有线局域以太网的带有冲突检测的载波侦听多路访问协议(Carrier Sensing Multiple Access with Collision Detection,CSMA/CD),然而,冲突检测机制难以适应无线通信特殊环境,因此提出了 CSMA/CA 协议。在介绍 CSMA/CA 之前,本节先介绍无线通信中的隐藏节点和暴露节点的问题,这是无线网络冲突避免中的经典问题。

8.2 节中已经介绍了无线电波的传播特性,读者可以知道无线信号在传播过程中存在路径损耗和阴影衰落,因此无线信号的覆盖范围是有限的。如图 8-13 所示,该图中有一个无线接入节点(AP1)和两个终端节点(STA1 和 STA2),STA1 和 STA2 均能和 AP1 进行无线通信。由于 STA1 和 STA2 距离较远,两者均无法收到对方的无线信号,即 STA1 和 STA2 间相互无法通信,互不感知。当 STA1 向 AP1 发送数据时,STA2 无法感知到 STA1 的信号,导致 STA2 认为当前信道空闲,也向 AP1 发送数据,导致数据在 AP1 端发生了冲突。在这里,STA1 和 STA2 就互为隐藏节点。

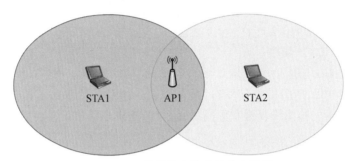

图 8-13   无线通信中的隐藏节点问题

如图 8-14 所示,系统中有两个无线接入点(AP1 和 AP2)和两个终端站点(STA1 和 STA2),AP1 和 AP2 离得较近,都在对方的覆盖范围内;STA1 离 AP2 较远,并不能接收到 AP2 的信号,仅能接收到 AP1 的信号,而 STA2 正好相反,能收到 AP2 的信号,收不到 AP1 的信号。当 AP2 向 STA2 发送数据时,AP1 能收到 AP2 的信号,此时 AP1 认为无线信道被占用,不能进行通信,但实际上,AP1 是能够给 STA1 发送数据的,AP2 的出现影响了AP1 和 STA1 之间的正常通信,这就是暴露节点问题,而 AP1 和 AP2 互称为暴露节点。

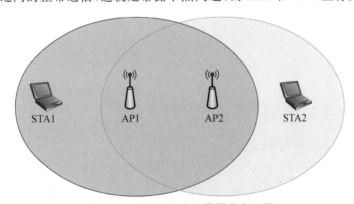

图 8-14   无线通信中的暴露节点问题

隐藏节点和暴露节点问题说明了在无线通信中是不能采用信道侦听的方式来避免干扰,因此提出了 CSMA/CA 协议。下面对 CSMA/CA 的原理流程进行阐述。

CDMA/CA 的基本思想是在发送数据前先发送一个请求短帧,当接收节点收到该请求短帧后,返回一个应答确认短帧,从而使得接收站点周围的站点监听到该帧,并在一定时间内避免发送数据。这样的方式有效地避免了隐藏节点和暴露节点的问题。

结合图 8-15,阐述 CSMA/CA 的具体步骤如下。

(1) 当节点 A 有数据希望发送给节点 B 时,节点 A 首先侦听无线信道占用情况,若信道空闲,则等待规定时间后,节点 A 向节点 B 发送一个"请求发送"(Request To Send,RTS)的短帧,其目的是避免发生碰撞,对拟传输的用户数据造成影响。

(2) 节点 A 保持信道侦听,若存在多个节点同时发送 RTS,则表明 RTS 发生碰撞,节点 A 需要随机选择一个退避时间,等待该退避时间后,重复步骤(1);若节点 A 未侦听到碰撞,则进入步骤(3),此时,由于 A 周围的节点都收到了 RTS,表明节点 A 即将发送数据,收到节点 A 发送的 RTS 信号的节点(除节点 B 以外)在一段时间内都不会发送数据。

(3) 节点 B 收到节点 A 的 RTS 后,知道节点 A 有数据向自己发送,根据资源情况确认能够接收节点 A 的传输请求后,节点 B 会发送一个"应答请求"(Clear To Send, CTS)短帧。此时,节点 B 覆盖范围内的节点都能收到 CTS 短帧,知道节点 B 即将要接收某个节点发送的数据,因此在一段时间内不会向节点 B 发送数据。

(4) 节点 A 收到 CTS 应答后,知道已经完成了随机接入过程,开始进行数据传输。

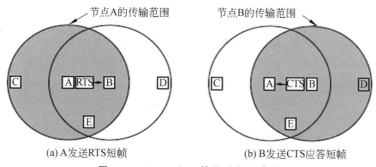

(a) A发送RTS短帧　　　　　(b) B发送CTS应答短帧

图 8-15　CSMA/CA 协议流程示意图

为了尽量减少碰撞概率,802.11 标准采用了一种"虚拟载波监听"机制,这就是让源站把它要占用的信道时间长度写入所发送的数据帧中(即首部中的"持续时间"字段写入需要占用信道的持续时间,以微秒为单位,一直到目的站把帧确认完为止),以便使其周围所有的站在这段时间内都不要发送数据。"虚拟载波监听"的意思是其他各站并没有监听信道,但由于这些站点都知道了源站点在使用信道,因此不会发送数据,就好像是其他站都在监听信道一样。

8.3.5　Wi-Fi 7 技术特征概述

Wi-Fi 6 是目前最先进的商用化 Wi-Fi 技术(截至本书成书时),在物理层调制编码、MU-MIMO 等方面提出了更强的增强机制,从而能实现 9.6Gbps 的高速数据传输速率。然而,Wi-Fi 当前正朝着大带宽、低时延的角度持续进行技术研究,目前 Wi-Fi 7 在 Wi-Fi 6 基础上做了技术升级,并提出了一些新的物理层及 MAC 层技术。

由表 8-5 中可以看出,Wi-Fi 7 在物理层采用了更高阶的 4096-QAM 调制方式,系统带宽也增加了一倍,支持 16×16 MU-MIMO,此外,还引入了诸多新技术。

表 8-5　Wi-Fi 7 与 Wi-Fi 6 的物理层能力对比

技 术 名 称	Wi-Fi 6	Wi-Fi 7
编码方式	1024-QAM	4096-QAM
码率	5/6	5/6
最大信道带宽	160MHz	320MHz
有效子载波数量	1960	3920
单位时间符号传输数量	73529	73529
空间流数量	8×8 MU-MIMO	16×16 MU-MIMO
峰值速率	9.6Gbps	46.12Gbps

1. 上下行 MU-MIMO 技术

MU-MIMO 在 802.11ac 中就已经引入,但只支持 DL 4×4 MU-MIMO(下行)。在 802.11be 中进一步增加了 MU-MIMO 数量,可支持 DL 16×16 MU-MIMO,借助 DL OFDMA 技术,可同时进行 MU-MIMO 传输和分配。不同资源单元进行多用户多址传输,既增加了系统并发接入量,又均衡了吞吐量。SU-MIMO 与 MU-MIMO 的差别如图 8-16 所示。

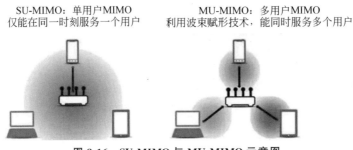

图 8-16　SU-MIMO 与 MU-MIMO 示意图

2. 多链路传输技术

多链路传输技术(Multi-Link Operation,MLO)指的是在一个 AP 中有多个射频芯片:2.4GHz 芯片、5GHz 芯片、6GHz 芯片。AP 的多个芯片可以同时和一个 STA 建立链路通信。MLO 是 MAC 层技术,可以跨频段地将多个链路捆绑为一个虚拟链路,如图 8-17 所示。

图 8-17　多链路传输技术示意图

MLO 有两种工作模式——多发单收模式和多发多收模式。多发单收模式是多链路传输同一信息,系统自动选择最好的链路传输。例如当 2.4GHz 频段干扰大时,自动切换到信号更干净的 5GHz 频段传输信息。多发单收模式总是选择最优信道传输,效果是大大降低时延。在多终端的高密环境下,这种方式还可以提高传输的可靠性和质量。多发多收模式是将同一信息分拆成多条链路分别传输,STA 接收到之后再整合。这种方式就大幅提升了传输速率。

3. 多资源单元

多资源单元(Multiple Resource Unit,MRU)指能够为一个用户分配多个非连续的资源单元,提升频谱资源利用率。

如图 8-18 左侧所示,该图是 Wi-Fi 5 的 OFDM 工作模式,横轴是时域,纵轴是频域。在一个最小时间单位里,一个信道只向一个用户发送信息。即一个用户占用一个单位时间整个信道,不管这个用户的信息是否能占满整个信道,存在资源浪费。

如图 8-18 右侧所示,Wi-Fi 7 引入资源单元(Resource Unit,RU)的概念。把这 20MHz 的信道在同一个时域单位上划分成多个 RU。Wi-Fi 标准规定了 RU 的固定组合形式,主要有 26-tone RU(即 26 个子载波组成一个 RU)、52-tone RU、106-tone RU、242-tone RU、484-tone RU、996-tone RU、1992-tone RU。在 Wi-Fi 6 中,一个用户只能对应一个 RU。Wi-Fi 7 提出了 MRU 概念,一个用户可以分配多个 RU。

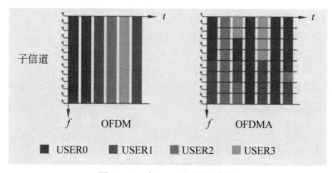

图 8-18　多 RU 分配示意图

4. 前导码打孔

前导码打孔(Preamble Puncturing,以下简称 Puncturing)在 Wi-Fi 6 标准里是可选技术,由于其技术成本高,一般产品的实际功能里没有这个功能。到 Wi-Fi 7 标准中,前导码打孔成为强制标准,即产品必须要具备的功能。

在 Wi-Fi 中,为了提升速率,可采用信道捆绑技术提升系统最大带宽,如将 8 个 20MHz 的信道捆绑成一个 160MHz 的信道,如图 8-19 所示。

在信道捆绑中,有主信道(Primary channel)和辅信道(Secondary channel)之分。在捆绑成 40MHz 的信道中,有 Primary 20 信道,Secondary 20 信道;然后这两个信道又共同组成一个捆绑 80MHz 信道的 Primary 40,另外的是 Secondary 40;以上信道共同组成 Primary 80,其余的组成 Secondary 80。

信道捆绑应遵从两条原则:第一,只能捆绑连续的信道;第二,在捆绑信道模式下,必须在主信道干净、无干扰的情况下,辅信道才能传输信息。

假设当 Secondary 20 出现干扰时,Primary 40 整体就是不干净的信道,那么 Secondary 40 就无法传输信息了;再进一步,Primary 80 也不干净,那 Secondary 80 也无法传输信息;最后,一个捆绑成 160MHz 的信道,因为其中一个 Secondary 20 的 20MHz 信道干扰,一下

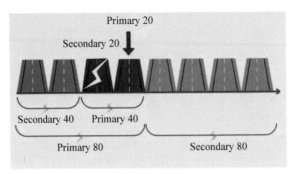

图 8-19　主辅信道捆绑示意图

子下降为只剩 20MHz(Primary 20)传输信息了,7/8 信道资源都浪费了。

　　Wi-Fi 7 的 Puncturing 技术允许非连续地进行信道捆绑。继续就上面提到的例子进行讲解,Secondary 20 信道受到干扰,采用 Puncturing 技术,直接将这个 Secondary 20 信道打孔、屏蔽,然后剩余的 140MHz 信道继续捆绑在一起传输信息。此时,还是工作在 160MHz 捆绑信道模式下,但实际传输时将 Secondary 20 信道置于 Null(空)状态。采用 Puncturing 技术,信道利用率是之前的 7 倍(140∶20)。

　　Puncturing 技术的核心是提升了非连续信道的利用率,极大增强了系统带宽,提高了最大数据传输速率。

8.4　蜂窝移动通信网络技术

　　移动通信系统兴起之初,人们更多关注人与人之间的信息交互和数据传输,经过几十年的发展,移动通信实现了城市、乡村、公路及铁路等重要场景的广域覆盖,成为人们生活及工作中不可或缺的关键元素。随着无线接入技术的宽带化和泛在化,移动通信开始关注人与机器、机器与机器间的数据交互与智慧连接,已经由移动互联网走向了移动物联网,尤其随着 5G 的部署,移动通信已经成为智能生产、智慧生活的信息基础设施。

8.4.1　蜂窝移动通信系统基本架构

　　移动通信系统是通信参与方中至少有一方采用无线电方式进行信息交换和数据传输的通信网络体系,采用无线电方式的通信方可以处于移动状态或静止状态。移动通信系统通常可以分为蜂窝移动通信、无线集群通信、卫星通信等,当前人们所提及的"移动通信系统"更多泛指蜂窝移动通信系统,这也是目前世界上覆盖范围最广、服务用户最多的陆地公用移动通信系统。

　　蜂窝移动通信采用蜂窝无线组网方式,在终端和网络设备之间通过无线通道进行连接,进而实现用户在移动中可相互通信。蜂窝移动通信网络在设计时,需要考虑扩大覆盖范围、提高系统容量、提供较好的业务传输质量保障、满足多样化业务需求。一个基本的蜂窝系统由移动台、基站和移动交换中心三部分组成,如图 8-20 所示。

　　移动台即用户终端设备,用于实现无线接入通信网络,完成控制和业务数据处理,其硬件结构主要包括收发机、控制电路和天线等。

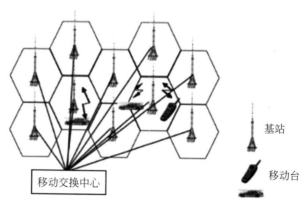

基站

移动台

移动交换中心

图 8-20 蜂窝移动通信网络架构示意图

基站作为移动台和移动交换中心之间的桥梁,一方面通过空中无线接口与移动台进行连接,另一方面通过有线链路或微波链路与移动交换中心通信。当前的蜂窝移动通信系统通常采用分布式的基站设计,即将基站的基带处理与射频处理分离,放在不同的地理位置上,二者之间通过光纤等方式进行连接。基带单元负责集中控制与管理整个基站系统,完成信号编码调制、资源调度、数据封装等基带协议处理功能,并提供与射频单元、传输网络的物理接口,完成信息交互。射频单元负责信号的变频、数模转换、滤波、信号放大等处理功能。

移动交换中心负责移动用户之间的交换、连接与管理的功能,主要包括呼叫处理、通信管理、移动性管理、安全性管理、用户数据和设备管理、部分无线资源管理、计费记录处理、本地运行维护等。随着技术的发展和演进,移动交换中心的功能和架构也不断变化。

8.4.2 蜂窝移动通信网络发展历程

1. 第一代移动通信系统

20 世纪 70 年代,美国贝尔实验室提出了蜂窝小区和频率复用的概念,现代移动通信由此开始发展起来。1978 年,美国贝尔实验室开发了先进的数字移动电话系统(Advanced Mobile Phone Service,AMPS),这是第一种真正意义上具有随时随地通信的大容量的蜂窝移动通信系统。其他工业化国家也相继开发出蜂窝式公用移动通信网。英国在 1985 年开发出全地址通信系统(Total Access Communication System,TACS),首先在伦敦投入使用,以后覆盖了全国,频段为 900MHz。加拿大推出 450MHz 移动电话系统(Mobile Telephone System,MTS)。瑞典等北欧四国于 1980 年开发出 NMT-450(Nordic Mobile Telephone),并投入使用,频段为 450MHz。这些系统都是双工的基于频分多址(Frequency Division Multiple Access,FDMA)的模拟制式系统,称为第一代蜂窝移动通信系统。这一阶段的特点是蜂窝状移动通信网络结构成为实用系统,并在世界各地迅速发展。移动通信大发展的原因,除了用户要求迅猛增这一主要推动力之外,还依赖技术进展所提供的条件。首先,微电子技术在这一时期得到长足发展,使得通信设备的小型化、微型化有了可能,各种轻便电台不断被推出。其次,人们提出并形成了移动通信新体制。随着用户数量增加,大区制所能提供的容量很快饱和,这就要求人们必须探索新体制。蜂窝网,即所谓的小区制,由于实现了频率再用,大大提高了系统容量。可以说,蜂窝概念真正解决了公用移动通信系统要求容量大与频率资源有限的矛盾。最后,随着大规模集成电路的发展,微处理器技术日趋成熟,计算机技术迅猛发展,为大型通信网的管理与控制提供了技术手段的保证。

2. 第二代移动通信系统

20世纪80年代中期,随着日益增长的业务需求,人们推出了数字移动通信系统。第一个数字蜂窝标准GSM(Global Standard for Mobile Communications)于1992年由欧洲提出。美国提出了两个数字标准,分别为基于TDMA的IS-136和基于窄带DS-CDMA的IS-95。日本第一个数字蜂窝系统是个人数字蜂窝系统,于1994年投入运行。在这些数字移动通信系统中,应用最广泛、影响最大的是采用TDMA技术的GSM系统和采用CDMA技术的IS-95系统。从此,移动通信跨入了第二代数字移动通信系统。

相比于第一代移动通信系统,第二代移动通信系统(2G)具有如下特点:

(1) 频谱利用率高,有利于提高系统容量;

(2) 提供多种业务服务,提高通信系统通用性;

(3) 抗噪声、抗干扰、抗多径衰落能力强;

(4) 能实现更有效、更灵活的网络管理和控制;

(5) 便于实现通信的安全保密;

(6) 降低设备成本。

3. 第三代移动通信系统

20世纪90年代后期,随着全球经济一体化和社会信息化的进展,移动通信用户数和移动通信业务量均呈高速增长趋势,这使得第二代通信系统在系统容量和业务种类上逐渐趋于饱和,很难满足个人通信的要求。在此背景下,新一代移动通信技术产生了,这就是基于新的标准体系的3G,从此移动通信进入高速IP数据网络时代,互联网技术得以广泛应用,音频、视频、多媒体文件等各种数据可以通过移动互联网高速、稳定地传输。

第三代移动通信采用码分多址(Code Division Multiple Access,CDMA)技术,全球主流的3G标准主要有三个:WCDMA、CDMA2000和TD-SCDMA。WCDMA(Wideband Code Division Multiple Access,宽带码分多址)是欧洲提出的宽带CDMA技术,由GSM网络发展而来,通信运营商可以较为容易地实现从GSM网络的逐步演进。CDMA2000由美国主导,起源于窄带CDMA(CDMA IS-95)技术。WCDMA与CDMA2000采用的基本技术比较类似,例如二者都采用Rake接收技术,均在前向和后向链路采用相干解调和快速功率控制等。二者的区别主要在于码片速率、基站同步方式、导频信道设计等方面。TD-SCDMA是我国提出的3G标准,融入了智能天线、联合检测、用户定位、接力切换、动态信道分配等关键技术。三种技术的对比情况如表8-6所示。

表8-6　第三代移动通信标准对比

	WCDMA	CDMA2000	TD-SCDMA
信道间隔	5MHz	1.25MHz	1.6MHz
双工方式	FDD	FDD	TDD
多址方式	FDMA+CDMA	FDMA+CDMA	FDMA+TDMA+CDMA
码片速率	3.84Mcps	1.2288Mcps	1.28Mcps
基站同步方式	异步	同步	同步

续表

	WCDMA	CDMA2000	TD-SCDMA
帧长	10ms	20ms	5ms 子帧
切换	软切换、硬切换	软切换、硬切换	硬切换或接力切换
功率控制	开环、闭环(1500Hz)、外环	开环、闭环(800Hz)、外环	开环、闭环(200Hz)、外环
接收检测	相干解调	相干解调	联合检测

4. 第四代移动通信系统

第四代移动通信系统能够提供更高的频谱效率和更强的移动宽带体验,主要包括 TDD-LTE 和 FDD-LTE 两种制式,二者的差异主要在双工模式上。

LTE 系统由无线接入网 E-UTRAN 和分组核心网 EPC 组成:无线接入网只有基站 (eNodeB)单个网元;分组核心网包括 MME、SGW/PGW、HSS 等主要网元。相比于前几代移动通信系统,LTE 网络架构更趋扁平化和简单化,部署便捷,维护方便。

LTE 采用的主要技术包括以下三项。

(1) 正交频分复用(Orthogonal Frequency Division Multiplexing,OFDM)。OFDM 是对多载波调制技术的改进,可有效对抗频率选择性衰落和窄带干扰。通过子载波重叠排列,同时保持子载波的正交性,LTE 可以在相同带宽中容纳数量更多的子载波,提升频谱效率。

(2) 多输入多输出(Multiple Input Multiple Output,MIMO)。LTE 在收发双端采用多根天线,分别同时发射与接收,通过空时处理技术,充分利用空间资源,在不增加频谱资源和发射功率的情况下,可以成倍提升通信系统的容量与可靠性,提高频谱利用率。

(3) 基于分组交换的核心网。4G 通信系统采用基于 IP 的全分组交换的方式传送数据流,不再有电路域。LTE 能够支持多种网络结构,具有灵活的组网能力,以及高吞吐量和高速处理的能力,同时能够支持智能化的故障检测能力,具有高可靠性。

8.4.3 5G 标准化历程及各版本技术特征

在标准化方面,5G 国际标准的制定主要在 ITU-R WP5D 和 3GPP 两大标准化组织中进行。ITU(国际电信联盟)是主管信息通信技术事务的联合国专门机构之一,负责分配和管理全球无线电频谱与卫星轨道资源,制定全球电信标准,促进全球电信发展。ITU 的组织结构主要分为电信标准化部门(ITU-T)、无线电通信部门(ITU-R)和电信发展部门(ITU-D)。其中 ITU-R 从 1990 年代后期推动了全球移动通信的 IMT 系统标准制定,包括 IMT-2000 和 IMT-Advanced 等标准。ITU-R WP5D 是 ITU 中专门负责地面移动通信业务的工作组,其重点制定 5G 系统需求、指标以及性能评价体系,在全球征集 5G 技术方案,开展技术评估,确认和批准 5G 标准,但并不做具体的技术和标准化规范制定工作。

2015 年,ITU 完成了对 5G 的命名,决定 5G 在 ITU 正式命名为 IMT-2020,并开始逐步定义 5G 的技术性能要求,如图 8-21 所示。根据广泛讨论,ITU 确定的 5G 三大应用场景包括:增强移动宽带(eMBB,enhanced Mobile Broadband),该场景是 5G 最早实现商用的场景,主要面向超高清视频、虚拟现实(VR)、增强现实(AR)、高速移动上网等大流量移动宽带应用,是 5G 对 4G 移动宽带场景的增强,单用户接入带宽可与目前的固网宽带接入达到类似量级，接入速率增长数十倍；大规模物联网（mMTC，massive Machine Type Communications），主要面向以传感和数据采集为目标的物联网等应用场景，具有小数据包、海量连接、更多基站间协作等特点，随着物联网的发展，mMTC 应用也会随之逐渐增多，连接数将从亿级向千亿级跳跃式增长；超高可靠低时延通信（URLLC，Ultra Reliable and Low Latency Communications），主要面向车联网、工业控制、远程医疗等垂直行业的特殊应用场景，要求 5G 的无线和承载网络具备低时延和高可靠等处理能力。

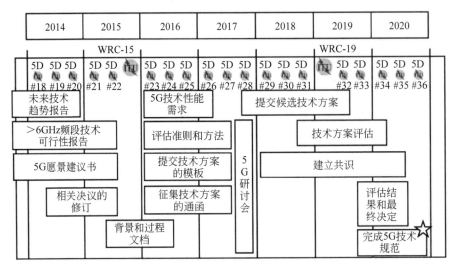

图 8-21 ITU 的 5G 标准制定计划

3GPP 作为全球 3G 和 4G 主流移动通信标准制定组织，从事具体的标准化技术讨论和规范制定，并将制定好的标准规范提交到 ITU 进行评估，满足 ITU 的 5G 指标后将被批准为全球 5G 标准。3GPP 成立于 1998 年 12 月，多个电信标准组织伙伴共同签署了《第三代伙伴计划协议》。该组织涵盖蜂窝电信技术，包括无线接入网、核心网和服务能力，为移动通信网络提供完整的系统描述。3GPP 规范还提供了与非 3GPP 网络之间的互通方式。3GPP 组织包括项目协调组（PCG，Project Cooperation Group）和技术规范组（TSG，Technology Standards Group）。PCG 主要负责 3GPP 总体的管理、时间计划、工作分配、事务协调等。TSG 主要负责技术方面的工作，包括 RAN（Radio Access Network）、SA（Services & Systems Aspects）和 CT（Core Network & Terminals）3 个工作组。

2020 年 7 月，在来自世界各地的政府主管部门、电信制造及运营企业、研究机构约 200 多名会议代表和专家们的共同见证下，ITU-R WP5D♯35e 会议宣布 3GPP 5G 技术满足 IMT-2020 5G 技术标准的各项指标要求，正式被接受为 ITU IMT-2020 5G 技术标准。

目前 3GPP 已经完成 R15、R16 和 R17 的 5G 标准制定，正在进行 R18 版本的研究。

1. 3GPP R15 版本

R15 作为 3GPP 第一个 5G 标准版本，也是前期商业部署最重要的版本，重点面向 eMBB 应用场景，并定义了 uRLLC 基本功能，奠定了 5G 的技术基础。R15 分为 3 个阶段先后完成：Early drop（早期交付），支持 5G NSA（非独立组网）模式，系统架构选项采用 Option 3，于 2017 年 12 月完成；Main drop（主交付），支持 5G SA（独立组网）模式，系统架构选项采用 Option 2，于 2018 年 6 月完成；Late drop（延迟交付），包含了考虑部分运营商升级 5G 需要的系统架构选项 Option 4 与 7、5G NR 新空口双连接等，于 2019 年 3 月完成。

在无线接入网物理层方面，R15 引入了新型信道编码、大规模天线、大带宽、灵活帧结构等重要特性，是实现中高频点部署、高速率、低时延等 5G 关键指标的重要基础。在业务场景方面，R15 在设计时主要针对增强移动宽带（eMBB）和低时延高可靠通信（uRLLC）场景，海量机器类通信（mMTC）主要通过 LTE 的增强机器类通信（eMTC）或窄带物联网（NB-IoT）来支持。

2. 3GPP R16 版本

R16 作为 5G 第二阶段标准版本，在兼容 R15 的基础上，对 eMBB 场景进一步增强，并积极拓展面向垂直行业的网络能力。

R16 在网络基础能力增强方面主要包括以下几点。

（1）大规模天线增强，通过多点传输、降低码本开销等技术进一步提升小区容量及用户体验。

（2）载波聚合增强，新增更多载波组合，支持 CA 小区间帧边界不对齐的异步部署场景，并对不同参数集的跨载波调度、辅载波的快速激活机制和上行容量进行增强。

（3）进一步围绕减少切换时延和提升切换的鲁棒性方面继续增强，适用于高铁、高速公路等相对明确的路线，且对切换时延要求极高的场景

（4）通过 DRX 自适应、RRM 测量放松、跨时隙调度增强、UE 辅助上报增强等方式，进一步增强终端的节能能力，支持终端性能和节能自适应。

R16 在满足垂直行业需求方面，主要包括以下几点。

（1）uRLLC。3GPP R15 版本中完成了 uRLLC 的部分基础功能标准制定，R16 在 R15 版本基础上，针对 uRLLC 新的应用场景，向着更高的可靠性和更低的时延的目标进行增强，主要包括以下几点。

① 低时延增强。通过提升短周期的检测能力，支持一个时隙内多个物理上行控制信道（Physical Uplink Control Channel，PUCCH）进行 HARQ-ACK 反馈，支持一个带宽子集（Bandwidth Part，BWP）内多个激活的上行免调度传输配置，支持调度时的跨时隙物理上行共享信道（Physical Uplink Shared Channel，PUSCH）资源分配和动态指示等增强技术，有效降低时延。

② 可靠性增强。引入紧凑的下行控制信息（Downlink Control Information，DCI）格式，实现 PDCCH 信道可靠性的增强；通过支持短时隙级的重复传输，并将重复次数最大可配置为 16，实现对 PUSCH 可靠性增强；此外，通过支持最多 4 个无线链路控制（Radio Link Control，RLC）实体的 PDCP 重复，基于多点协作的 PDSCH 传输等技术以及针对业务性能管理需求制定 QoS 监控功能，大幅提升 5G NR 的可靠性。

③ 与 eMBB 业务共存机制增强。支持 UE 同时构建两个不同物理信道优先级的 HARQ-ACK 码本；定义物理层优先级实现上行时域重叠信道的复用或优先处理；引入上行取消指示（Cancel Indication，CI），支持上行 uRLLC 业务抢占 eMBB 业务占用的资源；增强上行功控机制，支持提升 uRLLC 业务的传输功率等。实现终端多种业务共存/复用定义多种场景下的同信道碰撞时的优先级和抢占规则，保证 uRLLC 业务传输的可靠性。

（2）5G LAN。针对工业场景中设备间 L2 层通信的需求，R16 中引入了 5G LAN 技术，可以使 5G 网络支持 L2 层的单播、多播通信和广播域隔离，从而不需要架设隧道设备将

工业 L2 层协议报文封装在 IP 隧道报文中传输,降低组网复杂度和成本。5G LAN 能够提供 L3 层 VPN 服务,以及 L2 层 LAN 服务,支持单播/组播/广播业务,支持用户移动性,支持细分子网,以及基于子网的管理能力,可以满足工业专网所需的易用性和业务隔离特性。

(3) 车联网。R16 5G V2X 主要面向编队行驶、传感扩展、高级驾驶和远程驾驶等应用场景更加严苛的通信需求。R16 在车与网络通信(Vehicle to Network,V2N)的基础上,支持车与车(Vehicle to Vehicle,V2V)和车与基础设施(Vehicle to Infrastructure,V2I)直连通信,并新增基于 NR 的直通链路(Side Link)。

(4) 定位能力。R16 充分利用 5G 大带宽和多波束的特点,通过空口定位技术实现定位精度从 4G 的百米级提升到米级,应用场景更加丰富。R16 在继承 4G 定位技术的同时,支持采用多站往返时延(Multiple Round Trip Time,MultiRTT)、到达时间差(Time Difference Of Arrival,TDOA)、上行到达角度测距(Uplink Angle of Arrival,UL-AoA)和下行出发角度测距(Downlink Angle of Departure,DL-AoD)等多种方案。

(5) TSN。5G R16 在 uRLLC 标准基础上扩展支持 IEEE 802.1AS 时钟同步机制、802.1Qbv 门限控制机制和 802.1QccTSN 管理机制等协议,具备构建端到端的确定性传输和时间特征感知的能力,从而广泛应用在工厂智能制造、智能电网和本地的多媒体控制系统。主要特性如下。

① TSN 与 5G 架构融合。5G 系统作为透明传输的网桥被集成到 TSN 网络中,通过位于 5G 边缘的终端侧转换器(Device Side TSN Translator,DS-TT)和网络侧转换器(Network Side TSN Translator,NW-TT)支持/执行 IEEE802.1AS 协议功能,实现 TSN 系统与 5G 系统之间用户面的交互。

② 时钟同步机制。为了实现 TSN 同步机制,整个端到端 5G 系统可看作一个 IEEE 802.1AS 时间感知系统。其中,5G 系统内部通过 5G 主时钟实现内部节点的同步,而 TSN 时钟传递则是通过 NW-TT 和 DS-TT,基于广义时钟同步协议(generalized Precision Time Protocol,gPTP)和时间戳等 IEEE TSN 协议,实现 5G 与 TSN 主时钟的转换与时间计算,并达到授时精度 10ns 级。

③ QoS 控制。5G DS-TT 和 NW-TT 支持 802.1Qbv 的存储转发机制,TSN 业务流的服务质量(Quality of Service,QoS)需求将由时延敏感 GBR (Guaranteed Bit Rate)保障。

3. 3GPP R17 版本

作为 5G NR 标准的第三个主要版本,R17 进一步从网络覆盖、移动性、功耗和可靠性等方面扩展了 5G 技术基础,并致力于 5G 网络的应用扩展。

R17 在能力增强方面主要包括以下几点。

(1) MIMO 增强。包括增强的多 TRP(发射和接收点)部署和增强的多波束操作;提升 SRS(探测参考信号)灵活性、容量和覆盖;结合 FDD 系统 DL/UL 信道空域时延域互易性特征,设计高性能低复杂度的高分辨率 Type-II 码本等。

(2) 载波聚合与双连接增强。UE 可以基于网络配置的条件,自主执行主辅小区切换和添加来提高切换成功率;网络侧可依据 UE 的需求,通过动态地激活或去激活辅小区组或辅小区,降低功率消耗。

(3) 上行覆盖增强。为上行控制和数据信道设计引入多个增强特性,例如增加重传次数以提升可靠性,以及跨多段传输和跳频的联合信道估计。

（4）小包数据增强。在 inactive 态下快速完成小包数据的传输,缩短流程、减少信令,降低 UE 功耗。

（5）多 SIM 卡的优化。优化双卡终端的两个网络的冲突问题,例如寻呼冲突、两个网络间切换等场景,从而优化用户体验。

（6）终端节电增强。在 idle/inactive 态,增加寻呼增强和跟踪参考信号辅助同步;在 connected 态,引入新的 PDCCH 监听策略,实现终端节电。

（7）定位。引入 RRC_Inactive 态定位、定位参考信号增强、优化测量流程、考虑视距/非视距的影响等技术,实现厘米级定位精度,同时降低定位时延,提高定位效率。此外,还支持利用 GNSS 辅助信息提高 5G 定位性能和效率。

（8）切片。优化小区重选和随机接入的资源机制,以及优化切片移动性,实现切片快速接入和服务连续性。

（9）uRLLC 增强。终端内复用和资源抢占排序、CSI/HARQ-ACK 反馈增强、授时传播时延补偿等,来降低时延、提高可靠性和确定性。

在能力扩展方面,R17 主要包括引入 Red Cap、IoT NTN,丰富物联应用场景;引入 MBS(Multicast Broadcast Service,多播广播服务),提供差异化的个人及行业应用;探索 5G 与 AI 技术的融合,为智能网络奠定基础。

4. 3GPP R18 版本及后续展望

2021 年 12 月,R18 标准成功立项,开启了 5G-Advanced 元年。自首批 28 个课题成功立项至 2022 年 6 月 9 日 3GPP RAN 第 96 次会议,总计 41 个课题立项,R18 立项工作基本完成。3GPP 在 2021 年 4 月正式将 5G 演进的名称确定为 5G-Advanced,开启了 5G 演进的新征程,如图 8-22 所示。

5G-Advanced 将为 5G 发展定义新目标,打造新能力。通过 XR(扩展现实)增强、全双工、空天地一体、网络智能、绿色低碳等关键技术,打破 eMBB、uRLLC、mMTC 单一业务模型局限,实现跨场景多维度融合。在当前下行 Gbps 速率、上行百 Mbps 速率、十万联接密度、亚米定位精度的基础上进一步提升,实现下行 10Gbps 速率、上行 Gbps 速率、毫秒级时延、低成本千亿物联,以及感知、高精度定位等超越连接的能力。

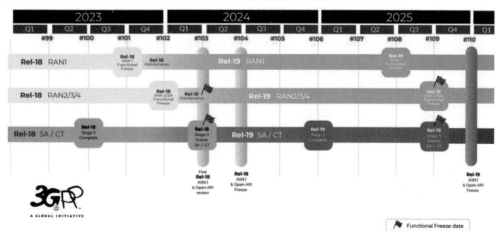

图 8-22 3GPP 标准演进时间计划

8.4.4 5G 网络架构及特征

5G 组网支持 SA 和 NSA 两种方式：SA 网络属于独立组网，在 SA 组网下，5G 网络独立于 4G 网络，5G 与 4G 仅在核心网级互通，互连简单。在 SA 组网下，终端仅连接 NR 一种无线接入技术，两种网络间通过网络切换进行移动性管理。NSA 网络属于非独立组网，在 NSA 组网下，终端连接 LTE 和 NR 两种无线接入技术，在同一时间采用双链接，当一个网络覆盖不佳的情况下不影响使用，但会影响用户感知。

3GPP 提出了 8 个部署架构选项，如图 8-23 所示，其中选项 a、b、e、f 是独立组网，选项 c、d、g、h 是非独立组网。在 8 种架构选项中，选项 b、c、d、e、g 是 3GPP 标准以及业界重点关注的 5G 候选组网部署方式。

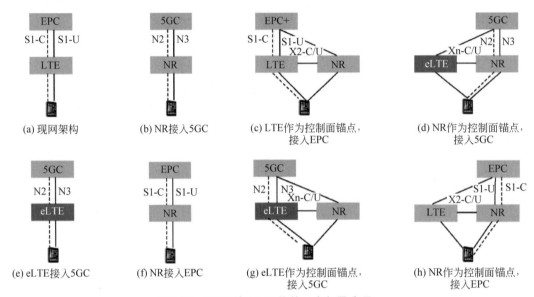

图 8-23 3GPP 中 5G 网络的 8 个部署选项

8.4.5 5G 基站功能架构

为了支持灵活的网络部署方式及接入网络的虚拟化，5G NR 引入了 gNB-CU/gNB-DU 分离的架构。其中，gNB-CU 是中心控制节点，包括 RRC 和 PDCP 功能；gNB-DU 是分布节点，包括 RLC、MAC 和物理层。通过 CU/DU 的架构，可以提升各节点间资源协调和传输协作能力，并通过将 CU 进行云化和虚拟化提升网络资源的处理效率。另外，为了进一步增强部署的灵活性和实现的便利性，可将 gNB-CU 的控制面和用户面部署在不同的位置，引入 gNB-CU-CP/gNB-CU-UP 分离（用户面和控制面分离）的架构，如图 8-24 所示。一个 gNB 可由一个 gNB-CU-CP 和多个 gNB-CU-UP 以及多个 gNB-DU 组成。gNB-CU-CP 通过 E1 接口和 gNB-CU-UP 连接，gNB-DU 通过 F1 接口和 gNB-CU 连接，其中 F1-C 终止在 gNB-CU-CP，F1-U 终止在 gNB-CU-UP。

E1 接口主要支持接口管理和承载管理的功能。F1 接口分为控制面和用户面。F1 接口控制面提供接口管理、系统信息管理、UE 上下文管理、寻呼及 RRC 消息传递等功能；F1

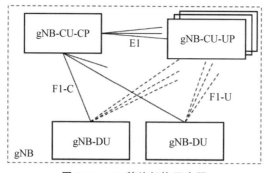

图 8-24 5G 基站架构示意图

接口用户面主要在 gNB-DU 和 gNB-CU-UP 之间提供数据传输,同时,F1 用户面还支持数据传输的流控机制,以进行拥塞控制。

8.4.6 5G 核心网关键网元概述

区别于 4G 等传统的网络采用网元(或网络实体)来描述系统架构,5G 系统中引入了网络功能(Network Function,NF)和服务的概念。不同的 NF 可以作为服务提供者为其他 NF 提供不同的服务,此时其他 NF 被称为服务消费者。NF 服务提供和消费之间的关系非常灵活:一个 NF 既可使用一个或多个 NF 提供的服务,也可以为一个或多个 NF 提供服务。服务化架构基于模块化、可重用、自包含的思想,充分利用了软件化和虚拟化技术。每一个服务就是软件实现的一个基本网络功能模块,系统可以根据需要对网络功能进行编排,这使得网络的部署和演进非常方便灵活,也有利于引入对新业务的支持。

5G 核心网架构如图 8-25 所示,其包含的关键网元如下。

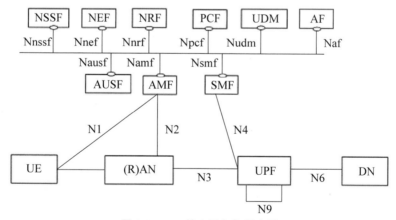

图 8-25 5G 核心网架构示意图

1. AMF

AMF 负责接入和移动性管理。与 4G MME 相比,AMF 没有会话管理的功能,会话管理交由 SMF 负责。相应地,AMF 增加了非接入层(NAS)透传的功能,能够转发 UE 与 SMF 间会话管理相关的 NAS 消息(NAS.SM Message)。此外,AMF 还支持 non-3GPP 接入。

2. SMF

SMF 负责会话管理,主要功能包括会话建立、修改和释放,IP 地址分配和管理,UPF 的选择和控制,策略执行和 QoS 的控制,计费数据收集等功能。4G 网络中会话管理由 MME、SGW-C 以及 PGW-C 三个 NE 负责,而 5G 网络中的会话管理统一由 SMF 负责。相比于 4G MME/SGW-C/PGW-C,SMF 可以选择性地激活/去激活 PDU 会话以及负责确定 PDU 会话的业务和会话连续性(SSC)模式。

3. UPF

UPF 是用户面的 NF,负责用户面数据的处理,主要功能包括数据报文路由、转发、监测及 QoS 处理、流量统计及上报、移动性的锚点等功能。4G 网络中,核心网用户面数据由 SGW-U 和 PGW-U 两个 NE 负责,而 5G 网络中的核心网用户面数据统一由 UPF 负责处理。相比于 4G PGW-U/SGW-U,UPF 还新增了对上行分类器(UL CL)和分支点(Branching Point)功能的支持。

4. UDM

UDM 负责统一数据的管理。5G 核心网允许 UDM、PCF 和 NEF 仅保留数据处理能力而将结构化数据存储在 UDR 中,从而使得计算资源和存储资源解耦。UDM 和 UDR 配合可提供相当于 4G HSS 的功能。

5. AUSF

AUSF 配合 UDM 负责用户鉴权数据相关的处理,支持的功能为对 3GPP 接入和非授信 non-3GPP 接入的鉴权。

6. PCF

PCF 负责策略控制,包括业务数据流检测、QoS 控制、基于流量的计费、额度管理、提供网络选择和移动性管理相关的策略等。

7. NEF

NEF 负责网络能力开放。NF 的能力和事件可以通过 NEF 安全地向第三方应用功能以及边缘计算功能开放。此外,NEF 还支持从外部应用向 3GPP 网络安全地提供信息,以及内部—外部信息的转换等功能。

8. NSSF

NSSF 是 5G 核心网新增的 NF,负责网络切片的选择。根据 UE 的切片选择辅助信息、签约信息等确定 UE 允许接入的网络切片实例。

9. NRF

NRF 负责存储 5G 核心网中的 NF 信息,以及针对 NF 和 NF 服务的自动化管理。

10. UDR

UDR 负责存储来自 UDM 的签约数据、来自 PCF 的策略数据及来自 NEF 的结构化数据。

8.4.7　5G 应用场景概述

5G 作为最新一代的商用化移动通信技术,将为各个行业和领域带来全新的应用场景和商业机会。智能城市、工业互联网、智能交通、远程医疗、增强现实(AR)/虚拟现实(VR)、智能家居等领域将成为 5G 技术的重要应用场景。以下是 5G 应用场景的概述。

1. 智能城市

5G 技术将为智能城市的建设提供重要支撑,实现智能交通、智能能源、智能安防等领域的创新。借助 5G 网络的高带宽和低延迟,智能城市将实现智慧交通管理、智能路灯控制、远程医疗服务等应用。

2. 工业互联网

5G 技术将推动工业互联网的发展,实现工业自动化、智能制造和物联网设备的互联互通。通过 5G 网络连接工业设备和传感器,可以实现远程监控、智能物流、智能制造等应用,提高生产效率和质量。

3. 智能交通

5G 技术将改变交通运输行业,实现智能交通管理、智能驾驶和智能车联网。基于 5G 网络的车联网技术,可以实现车辆之间和车辆与基础设施的实时通信,提高交通安全和效率。

4. 远程医疗

5G 技术将促进远程医疗服务的发展,实现远程医学诊断、远程手术和智能医疗监护。借助 5G 网络的高速率和低延迟,医疗机构可以实现远程会诊、远程手术指导等服务,提高医疗资源利用效率。

5. 增强现实(AR)/虚拟现实(VR)

5G 技术将推动增强现实和虚拟现实技术的应用,实现沉浸式体验和交互式娱乐。基于 5G 网络的高带宽和低延迟,AR/VR 应用将更加流畅和逼真,应用场景涵盖游戏娱乐、教育培训、虚拟旅游等多个领域。

6. 智能家居

5G 技术将促进智能家居设备的互联互通,实现智能家居控制、远程监控和智能家电管理。通过 5G 网络连接智能家居设备,可以实现远程控制和智能化管理,提高家居生活的便利性和舒适度。

通过学习 5G 应用场景的概述,读者可以了解到 5G 技术在不同行业和领域中的应用前景和潜力,以及 5G 技术对社会经济发展和生活方式的深远影响。

8.5 本章小结

本章重点对无线及移动通信网络的基本概念和典型技术进行了分析。首先,本章对无线通信系统中的基本组成原理图进行了介绍,并介绍了无线电波的传播特性,重点讲解了路径损耗和阴影衰落,并对传播过程中的大尺度衰落和小尺度衰落产生的原因进行了分析。此外,本章针对无线局域网技术和蜂窝移动通信网络技术进行了介绍,并对目前最新的 Wi-Fi 7 和 5G 网络的系统架构、增强功能进行了讲解。

习题

8-1 请简述无线信号的传播特征,并指出在无线信号传播过程中对信号功率影响较大的是什么衰落。

8-2　请简述无线通信系统的分类,并阐述相应体系的特征。

8-3　请阐述蜂窝移动通信系统与局域无线接入系统的特征,并指出两个系统的相同点和不同点。

8-4　请阐述无线局域网技术的技术特征,并说明 Wi-Fi 和 WLAN 是否表达的是相同的含义,并说明原因。

8-5　请简述 CSMA/CA 的工作原理。

8-6　请阐述卫星系统线路的组成,并请结合卫星系统和蜂窝移动通信系统,阐述两种系统是否有融合系统的技术可行性,并说明原因。

8-7　请阐述无线通信中暴露节点和隐藏节点的问题。

8-8　考虑有 5 个无线站点 A、B、C、D、E,每个站点都是半双工模式,站点 A 能够与其他所有站点通信,B 能够与 A、C、E 通信,C 能够与 A、B、D 通信,D 能够与 A、C、E 通信,E 能够与 A、B、D 通信,请问:①当 A 给 B 发送数据时,其他哪些站点间存在通信的可能? ②当 B 给 A 发送数据时,其他哪些站点间存在通信的可能? ③当 B 给 C 发送数据时,其他哪些站点间存在通信的可能?

8-9　请简述蜂窝移动通信系统的主要组成,并阐述各部分的功能。

8-10　请阐述 5G 移动通信系统的框架和主要组网模式。

8-11　简述 5G 系统能够在哪些行业应用,并阐述 5G 系统在行业应用中的功能和作用。

8-12　请给出 5G 系统控制面和数据面的关键控制网元,并简述这些网元的主要功能。

第 9 章 光纤通信网络技术

光纤通信系统是以光信号为载体,利用纯度极高的玻璃拉制成极细的光导纤维作为传输介质,用光来传输信息的通信系统。随着互联网蓬勃发展,高清视频、AR/VR 等新兴互联网应用日益盛行,对网络带宽的需求也与日俱增,光纤通信因其传输性能稳定、传输速率高的特点,成为了当前骨干传输网及宽带接入网的主流技术。光通信的覆盖范围也由骨干传输网逐步延伸到驻地接入网,由最初的光纤到路边(Fiber-To-The-Curb,FTTC)扩展到光纤到楼(Fiber-To-The-Building,FTTB),并发展到目前已经基本在我国普及的光纤到户(Fiber-To-The-Home,FTTH);随着大量智能可穿戴终端、智能家居终端和智能机器人的应用,光通信网络的触角也发展到了光纤到房间(Fiber-To-The-Room,FTTR)。由此可见,光通信网络已经深入我们的生产及生活各领域,成为人们进入高度数字化、智能化科技生活的"信息高速公路"。

本章将介绍光通信网络的基本概念和分类,并重点讲述光纤通信系统的通信介质、系统架构和关键器件。此后,本章将重点介绍光纤通信中两种典型的传输技术,即同步数字体系(Synchronous Digital Hierarchy,SDH)和光传送网络技术(Optical Transport Network,OTN)。最后,本章将结合光纤通信由骨干网络向接入网下沉趋势,重点介绍目前在接入网中应用广泛的无源光纤网络技术(Passive Optical Network,PON)。

9.1 光纤通信系统基本概念

从广义上讲,只要是采用光波作为信息载波信号的通信都称为光通信。光通信系统使用电磁波谱中的可见光或近红外区域的高频电磁波(约 100THz)。如图 9-1 所示,从光的频谱图上可以看出光的频率都很高,响应带宽也很宽,光通信充分利用这一优点实现高速、大容量数据通信。在光通信系统中,除了一些特殊场合使用可见光外,现代光纤通信系统一般使用近红外光,典型波长为 1300nm 和 1500nm,对应的频率分别为 230THz 和 193THz。然而,近年来随着 6G 等技术的发展,可见光通信又再次成为了热门研究方向之一。

根据光的传输媒介不同,光通信系统可分为大气激光系统(无线光通信)和光纤通信系统(有线光通信)。

大气激光系统主要指用激光作为信息的载波信号,并以大气自由空间作为信道的通信系统,可以完成点对点或点对多点的信息传输。由于激光传输深受大气吸收和散射、大气湍流、背景光等因素的影响,大气激光通信系统在地面通信系统中大多用在特殊场景。在当前针对 6G 空天地一体化网络技术的研究中,利用激光通信进行星间、星地连接以实现大容量数据传输的技术方案也是热点的议题。

光纤通信系统主要指用激光作为载波信号,并以光纤为信道的通信系统,这是目前在地面骨干传输网络、宽带接入网络中广泛使用的通信技术。需要说明的是,一般情况下提及的光通信系统大多都指光纤通信系统。因此,本章也将着重介绍光纤通信系统的基本概念。

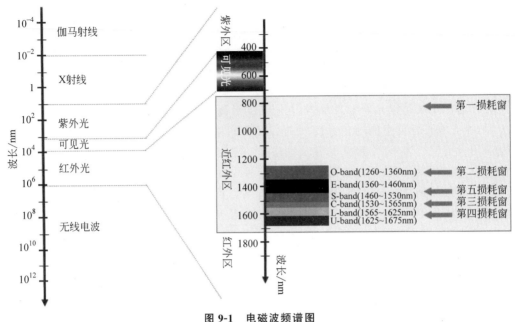

图 9-1　电磁波频谱图

9.1.1　光纤通信系统基本架构

如图 9-2 所示,典型的光纤通信系统由光发射机、光纤和光接收机等基本单元构成,若进行长距离光传输,还需要在线路中插入光放大器构成光中继器,确保传输信号的质量。

图 9-2　光纤通信系统的基本组成

1. 光发射机

光发射机由光源、驱动器和调制器构成,作用是将电信号转换为光信号,然后将光信号注入光纤进行传输。应用在光纤通信的光源主要有激光器(LD)和发光二极管(LED)。LD 的调制速率和耦合效率更好,在高容量长距离通信应用较广。LED 则由于寿命更长,成本低,此外电流—光输出曲线的线性好,适用于小容量短距离的传输系统。

2. 光纤线路

光纤的作用是为光信号的传送提供传送媒介(信道),将光信号由一个设备发送到另一个设备。光纤通信系统中主要采用石英光纤,要求传输过程中衰减和色散要尽可能小。

3. 光中继器

由于光纤本身存在损耗和色散,传输距离越长,能量损失就越大,超过一定距离后,光信号会发生失真和衰减。如果不及时对信号进行修复,信号将无法被接收端感知并正确解调。

为了解决这一问题,光中继器承担了光信号长途传输过程中信号修复的角色。传统光中继器的主要形式是光—电—光形式,将光信号转换成电信号,将电信号进行放大,然后再转换成光信号注入光纤中进行传输。

随着光通信技术的发展,承担信号修复的另一种新方案是采用光放大器。光放大器首先解决的是光路损耗的功率补偿问题。光放大器能对光信号进行直接放大,省去光电转换的麻烦,得到了广泛的应用。因此,光放大器的出现是继光纤、激光器之后在光信息领域的新突破,在光纤通信中享有重要的地位,为全光网络构建提供了重要的器件支撑。

4. 光接收机

光接收机的作用是将光纤送来的光信号还原成原始的电信号。它一般由光检测器、放大器和相关电路构成。

9.1.2　光纤的基本结构及特性

光纤是光通信系统中光信号传输的重要载体,是由纤芯和包层构成的同心玻璃体,呈柱状,其直径一般为 $2\sim50\mu m$。常用的光纤是一种高度透明玻璃纤维,其纤芯由纯石英拉制而成,成分中包含高纯度二氧化硅和少量掺杂剂(如五氧化二磷和二氧化锗)构成。图 9-3 给出了光纤的图片及横截面示意图。从横截面上看,光纤由三部分组成:折射率较高的纤芯、折射率较低的包层以及涂覆层。

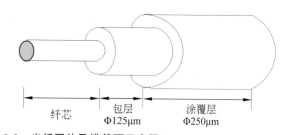

图 9-3　光纤图片及横截面示意图

需要注意的是,光纤的纤芯和包层仅在折射率等参数上不同,二者在结构上是一个完整整体;而涂覆层的主要作用是为光纤提供保护,避免光纤出现老化、断裂等问题,影响光通信系统性能。

光纤有三个低损耗传输的窗口,分别位于 850nm 波段、1310nm 波段和 1550nm 波段。在光纤研究的初期,对原材料经过严格提纯以后,人们发现红外波段的 850nm 波段石英光纤的损耗比较低,后来就在这个波段将光纤损耗降到了 20dB/km,现在该波段的损耗已经降到 3dB/km 以下,这就是所谓的短波长窗口,20 世纪 70 年代至 80 年代初期的光纤通信系统用的就是这一波段。850nm 通常为多模窗口,一般满足短距离的通信需求。通过对光纤损耗原因作进一步分析,人们发现光纤材料中的水汽(主要是氢氧根离子)对光纤损耗影响很大,特别是在 $1.38\mu m$ 波长处有一个强烈的吸收峰。在改进工艺中降低这个吸收峰以后,人们又发现在 1310nm 和 1550nm 这两个波长处有比 $800\sim900$nm 波段更低的损耗。1310nm 波长的最低损耗可达 0.35dB/km 以下,1550nm 波长的最低损耗可达 0.15dB/km。这两个波长就是所谓的长波长窗口。由于 1310nm 激光器首先成熟,它得到了广泛应用。不过,由于 1550nm 波长的损耗最低,其损耗系数大约为 1310nm 波长区的一半,因此又称

1550nm 波长区为石英光纤的最低损耗窗口,继 850nm 和 1310nm 波长之后,被称为第三窗口,1550nm 波长光纤也是当前光纤通信系统中应用最为广泛的光纤类型。

光纤的种类多样,按照折射率的不同,光纤可以分为阶跃型光纤和渐变型光纤;按照二次涂覆层结构的不同,光纤可以分为紧套结构光纤和松套结构光纤;按照纤芯材料的不同,光纤可以分为石英系光纤、多组分玻璃光纤、塑料包层石英芯光纤、全塑料光纤和氟化物光纤;按照传导模式不同,光纤可以分为单模光纤和多模光纤。下面将重点就按照折射率和传导模式阐述不同类型光纤的特性。

1. 按照折射率不同分类

按照光纤横截面上折射率的不同,可以将光纤分为阶跃型光纤和渐变型光纤。如图 9-4(a)所示,阶跃型光纤的纤芯和包层间的折射率保持一个恒定常数,在纤芯和包层的交界面,折射率呈阶梯型突变。如图 9-4(b)所示,渐变型光纤纤芯的折射率随着半径的增加按一定规律减小,在纤芯与包层交界处减小为包层的折射率。纤芯的折射率的变化近似于抛物线。

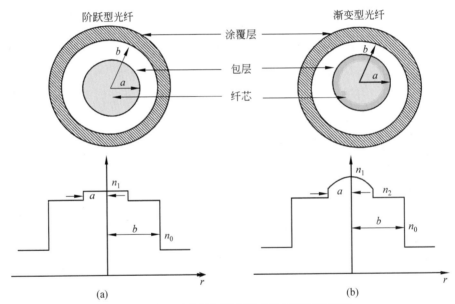

图 9-4　阶跃型光纤和渐变型光纤横截面示意图

2. 按照传导模式不同分类

光以一个特定的入射角度射入光纤,在光纤和包层间发生全反射,从而可以在光纤中传播,即称为一个模式。当直径较小时,只允许一个方向的光通过,就称单模光纤(Single Mode Fiber,SMF),如图 9-5(a)所示;当光纤直径较大时,可以允许光以多个入射角射入并传播,此时就称为多模光纤(Multi-Mode Fiber,MMF),如图 9-5(b)所示。

标准单模光纤折射率呈阶跃型分布,纤芯直径较小,纤芯直径只有 $8\sim10\mu m$,光线沿轴直线传播。单模光纤只能传输基模(最低阶模),不存在模间时延差,具有比多模光纤大得多的带宽,这对于高速数据传输是非常重要的。

多模光纤纤芯直径较大,可以传播数百到上千个模式,根据折射率在纤芯和包层的径向分布的不同,又可分为阶跃多模光纤和渐变多模光纤。

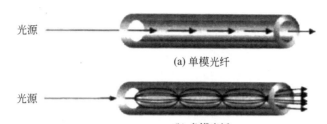

(a) 单模光纤

(b) 多模光纤

图 9-5 单模光纤和多模光纤示意图

为了规范光纤种类,国际电信联盟电信部门 ITU-T 对光纤代号进行了规范,目前光纤系统中常用的光纤代号有 G.651 光纤(多模光纤)、G.652 光纤(常规单模光纤)、G.653 光纤(色散位移光纤)、G.654 光纤(低损耗光纤)、G.655 光纤(非零色散位移光纤)。

根据我国国际标准,关于光纤类别的代号有如下规定:光纤类别应采用光纤产品的分类代号表示,即用大写 A 表示多模光纤,大写 B 表示单模光纤,再以数字和小写字母表示不同种类光纤。根据我国国家标准制定的光纤类别代号如表 9-1 和表 9-2 所示。

表 9-1 我国国家标准中制定的多模光纤代号

类 型	折射率分布	纤芯直径/μm	包层直径/μm	材 料
A1a	渐变折射率	50	125	二氧化硅
A1b	渐变折射率	62.5	125	二氧化硅
A1c	渐变折射率	85	125	二氧化硅
A1d	渐变折射率	100	140	二氧化硅
A2a	阶跃折射率	100	140	二氧化硅
A2b	阶跃折射率	200	240	二氧化硅
A2c	阶跃折射率	200	280	二氧化硅
A3a	阶跃折射率	200	300	二氧化硅芯塑料包层
A3b	阶跃折射率	200	380	二氧化硅芯塑料包层
A3c	阶跃折射率	200	430	二氧化硅芯塑料包层
A4a	阶跃折射率	980~990	1000	塑料
A4b	阶跃折射率	730~740	750	塑料
A4c	阶跃折射率	480~490	500	塑料

表 9-2 我国国家标准中制定的单模光纤代号

类 型	名 称	材 料	标称工作波长/nm
B1.1	非色散位移	二氧化硅	1310,1550
B1.2	截止波长位移	二氧化硅	1550
B2	色散位移	二氧化硅	1550
B3	色散平坦	二氧化硅	1310,1550
B4	非零色散位移	二氧化硅	1540~1565

单模光纤又可以按照最佳传输频率窗口分为常规型单模光纤和色散位移型单模光纤。常规型单模光纤是将光纤传输频率最佳化在单一波长的光上,如131nm,相关国际标准为ITU-T G.652。色散位移型单模光纤是将光纤传输频率最佳化在两个波长的光上,如1310nm 和 1550nm,相关国际标准为 ITU-T G .653。

色散位移型单模光纤的目的是使光纤较好地工作在1550nm 处,这种光纤可以对色散进行补偿,使光纤的零色散点从1310nm 移到1550nm 附近。这种光纤也称为1550nμm 零色散单模光纤,是单信道、超高速传输的较好传输介质。这种光纤已用于通信干线网,特别是用于海缆通信类的超高速率、长中继距离的光纤通信系统中。色散位移光纤虽然用于单信道、超高速传输,是很理想的传输媒介,但当它用于波分复用多信道传输时,又会由于光纤的非线性效应而干扰传输的信号。特别是在色散为零的波长附近,干扰尤为严重。因此,又出现了一种非零色散位移光纤,这种光纤将零色散点移到1550nm 工作区以外的1600nm以后或在1530nm 以前,但在1550nm 波长区内仍保持很低的色散,相关国际标准为 ITU-T G.655,这种非零色散位移光纤不仅可用于单信道、超高速传输,而且还可适应于将来用波分复用来扩容。如表 9-3 所示,目前工作于1550nm 波长范围的光纤是光纤通信系统中的主流。

表 9-3   光纤发展历程

	工作波长	光纤	激光器	比特率 B	中继距离 L
第一代 20 世纪 70 年代	850nm	多模	多模	10~100Mbps	10km
第二代 20 世纪 80 年代初	1300nm	多模 单模	多模	<100Mbps 1.7Gb/s	20km 50km
第三代 20 世纪 80 年代中~ 90 年代初	1550nm	单模	单模	2.5~10Gbps	100km
第四代 20 世纪 90 年代	1550nm	单模	单模	2.5Gbps 10Gbps	21 000km(环路) 1500km 光放大器系统
第五代	1550nm	单模	单模	波分复用 (WDM)	单路速率 ⇒40Gbps,160Gbps,640Gbps 信道数⇒8,16,64,128,1022 超长传输距离⇒27 000km(Loop) 6380km(Line)

9.1.3   光纤通信的特点

由于光波的频率比电波和微波高出几个数量级,而传输中光纤的损耗很低,因此,光纤通信具有如下特点。

(1) 光纤通信系统的带宽大、容量高。

光波具有很高的频率(约 10^{14} Hz),因此光纤具有很大的通信容量,能够承载比铜线或同轴电缆更高的数据速率。光纤通信系统的传输容量取决于光纤特性、光源特性和调制特性,光纤外径只有几 μm 至几百 μm,一条光缆包含了成百上千根光纤,并且光纤的传输带宽比电缆大很多,从而大大提高了传输容量。

(2) 光纤通信系统的损耗低、中继距离长。

目前,实用的光纤通信系统使用的光纤多为石英光纤,此类光纤在 1550nm 波长区的损耗可低到 0.18dB/km,比已知的其他通信线路的损耗都低得多,因此,由其组成的光纤通信系统的中继距离也较其他介质构成的系统长得多。

如果今后采用非石英光纤,并工作在超长波长($>2\mu m$),光纤的理论损耗系数可以下降到 $10^{-3} \sim 10^{-5}$ dB/km,此时光纤通信的中继距离可达数千甚至数万 km。

(3) 抗电磁干扰能力强,安全隐患小。

石英具有良好的抗腐蚀性能和绝缘性能,并且不受电磁场的干扰,能避免电通信中电磁干扰的问题。由于光缆中传输的是光,不会产生电辐射,可以安装部署在复杂的环境中,不会存在安全隐患。

(4) 重量轻、体积小。

相同容量的话路,光缆的质量比电缆减少了 90%～95%,直径低于电缆的 1/5,由于光纤较柔软,解决了地下铺设拥挤或者相互干扰的问题。

(5) 保密性能好。

保密性是对通信系统的重要要求之一。随着科学技术的发展,电通信方式很容易被人窃听:只要在明线或电缆附近(甚至几 km 以外)设置一个特别的接收装置,就可以获取明线或电缆中传送的信息。无线通信方式更容易被人窃听。而从光缆中窃听需要采用特殊的工具分接光纤,实行起来就会更加困难。

然而,由于光纤自身的特征,光纤通信系统也存在以下局限性问题。

(1) 非线性效应。

在长距离的光纤通信系统中,需要光放大器对信号进行修复。然而光放大器本身会引入更多的非线性效应,这给信号的传输质量带来了许多问题。

(2) 接收机的工作效率。

接收机是光纤通信系统中的最后一个环节,也是光纤通信中十分重要的一个环节。信号是否能被高效地解调出来十分依赖接收机的性能,通常要求接收机具备较高的敏感程度和工作效率,接收机的工作效率将会直接影响光纤通信的效率。

(3) 其他因素。

光纤抗拉强度低、连接困难,而光纤在铺设施工过程中,大多需要对光纤进行熔接,这对工艺要求很高,熔接过程中很容易产生泄漏,也会影响光纤通信的质量。同时,一些外在的因素,例如施工对光纤链路造成的破坏、光纤弯折、光纤遇水等因素都会对光纤通信质量造成影响。

9.2　SDH 技术概述

传输网是用作传送通道的网络,是互联网、移动通信网络、数据网络等电信业务系统的支撑网络,其不仅包含物理层传输技术和通路,还包括对底层信号的控制和管理。随着以语音为主的电信业务向综合业务的发展,尤其是数据业务的迅速增长,对传输网络质量的宽带化、可靠性和灵活性要求更加严格,传输网络需要满足多样化大容量业务的汇聚、疏导,传输网络技术趋于智能化,并且需要具有良好的扩展性。

为了更好为业务系统提供端到端服务,在实际系统中,传输网络大多采用分层式架构,主要包括核心层、汇聚层和接入层。其中核心层和汇聚层应需要完成大量数据的汇聚传输,对系统容量、数据传输速率及业务控制的灵活性有着较高要求,一般采用光传输技术进行承载;接入层主要负责用户多样化终端接入网络,一般也称为用户驻地网,属于传输网的末梢,主要解决信息"最后一公里"的问题,其技术体制较为多样,但随着高清视频、智能家居、视频直播等业务的兴起,接入网络的宽带化、智能化需求进一步凸显,光纤通信技术也由骨干和汇聚层向接入层延展,实现了 FTTH 和 FTTR。

本节和 9.3 节即将介绍的 SDH 和 OTN 技术都属于用于骨干或汇聚传输的光纤通信技术。而 9.4 节介绍的 PON 技术则是用于接入层的光纤通信技术。

SDH 作为承载综合数据业务的传输网络技术,在推动数据业务发展方面发挥了极其重要的作用。本节将分别对 SDH 系统架构、工作原理和系统特征进行介绍。

9.2.1 SDH 技术的产生背景

同步数字体系(SDH)是一种完整而严密的传输网技术方案,由 ITU 制定其一系列标准协议栈,规范了统一网络节点接口、数字传送与复用体制。总而言之,光同步数字体系是由一些 SDH 网元组成的,在光纤上进行同步信息传输、复用、分插和交叉连接的网络,能够为综合数据业务提供大容量数据传输服务。

计算机通信网络兴起于 20 世纪 60 年代初,主要解决分布式终端与集中式中央主机间的通信问题。随着计算机网络到因特网的变化,数据业务需求蓬勃发展,如何利用以承载话音为主的通信网络进行数据业务发展,成为当时通信领域的重要研究话题。在此背景下,准同步数字体系(Plesiochronous Digital Hierarchy,PDH)应运而生。PDH 是 20 世纪 60 年代逐步发展起来的一种数字复用多路技术,可以很好地适应传统的点对点通信,但这种数字系列主要是为话音设计的,因此,为了适应点对点的应用而选择了准同步复用方式,以实现在同一信道上传输多路信号,从而提高信道利用率。

如表 9-4 所示,由于各个国家或地区对于 PDH 数字体系有不同标准,导致不同体系互不兼容,国际互通难以实现。

表 9-4 PDH 各次群的标准速率

	我国及欧洲	北　美	日　本
一次群	30/32 路 2.048Mbps	24 路 1.544Mbps	24 路 1.544Mbps
二次群	30×4=120 路 2.048×4+0.256= 8.448Mbps	24×4=96 路 1.544×4+0.136= 6.312Mbps	24×4=96 路 1.544×4+0.136= 6.312Mbps
三次群	120×4=480 路 8.448×4+0.576= 34.368Mbps	96×7=672 路 6.312×7+0.552= 44.736Mbps	96×5=480 路 6.312×5+0.504= 32.064Mbps

	我国及欧洲	北　美	日　本
四次群	480×4＝1920 路 34.368×4＋1.792＝ 139.264Mbps	672×2＝1344 路 44.736×2＋0.528＝ 90Mbps	480×3＝1440 路 32.064×3＋1.536＝ 97.728Mbps

PDH 在复接成一次群时,采用的是同步复接,即复接的各支路都采用同一时钟源;而当 PDH 复接成二、三、四次群时则采用异步复接,即各一次群各有自己的时钟源,并且这些时钟都允许有 100bps 的偏差,因此每个一次群的瞬时码速各不相同,这种对比特率偏差的约束就是所谓的准同步工作。

由于 PDH 主要是为话音设计的,这样准同步的复用方式很明显不能满足大容量信息传输的要求,也不能适应现代通信网对信号宽带化、多样化的要求,制约了传输网向更高的速率发展。除此之外,PDH 传输体制还存在如下缺陷。

(1) 接口方面。

PDH 没有统一的光接口规范。为了让设备对光路上的传输性能进行监控,各厂家各自采用自行开发的线路码型,不同厂家同一速率等级的光接口码型和速率不一致,致使不同厂家的设备无法实现横向兼容。

(2) 复用方式。

PDH 的高次群是异步复接,每次复接就进行一次码速调整,用来匹配和容纳时钟的差异,这就导致当低速信号复用到高速信号时,在高速信号帧结构中的位置没有规律性和固定性,无法直接从高次群中提取低速支路信号。

(3) PDH 网络结构简单。

PDH 体系建立在点对点传输的基础上,网络结构较为简单,无法提供最佳的路由选择,使得设备利用率较低。

(4) 运行维护方面。

PDH 预留的插入比特(开销字节)较少,这也就是为什么在设备进行光路上的线路编码时,要通过增加冗余编码来完成线路性能监控功能。开销字节少,对完成传输网的分层管理、性能监控、业务的实时调度、传输带宽的控制、告警的分析定位很不利。没有统一的网管接口,网络的运行、管理和维护(OAM)较为困难;此外,各厂家提供的管理系统不兼容,不利于对大规模、端到端的数据传输提供可靠的网络管理。

为了解决 PDH 在技术体制上面临的种种问题,结合兴起的光纤通信技术,一种称为同步光网络(Synchronous Optical Network,SONET)的新的数字体系就此产生。国际电报电话咨询委员会(CCITT)接受了 SONET 的概念,并将其重新命名为同步数字体系,即 SDH。SDH 概念的核心是从统一的国家电信网和国际互通的高度来组建数字通信网,所构建的传输网络是一个高度统一的、标准化的、智能化的网络。

随着波分复用技术的发展,虽然骨干传输网络技术逐渐向 OTN 演进,但目前在不少场景中仍然有 SDH 的应用。

9.2.2　SDH 技术的传输原理

SDH 定义了统一的网络节点接口和标准化的信息结构等级,具有丰富的开销比特专用于网络的维护管理,采用同步复用结构,并且具有横向兼容性,因而能够灵活、动态地适应任何业务和网络的变化。

图 9-6 给出了 SDH 的组网结构,由图中可以看出,SDH 定义了一系列规范的网络节点间接口(NNI)。其中,TR 代表支路信号,Line 和 Radio 代表 SDH 可以在无线或光纤线路中进行传输,EA 表示外部接入设备,DXC 表示数字分叉复用器,SM 表示终端同步复用器。

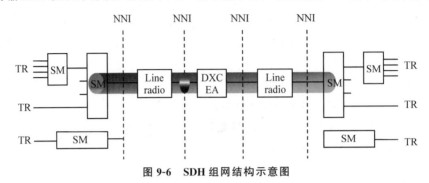

图 9-6　SDH 组网结构示意图

在上述设备中,最重要的就是终端同步复用器 SM 和数字分叉复用器 DXC。终端同步复用器的主要任务是将低速支路信号和 155Mbps 电信号纳入 SDH 定义的标准帧结构中,再进入更高速率的帧结构中,然后在光纤系统中进行传输。数字分叉复用器是将同步复用与数字交叉连接功能综合于一体,具有灵活的分插任意支路信号的能力,使业务的上下路更加方便。由这两种基本网络单元组成的典型网络拓扑有多种形式,有点到点应用、线型应用、构成枢纽网、构成环型网、构成双环型网和网孔型应用。

在接口方面,SDH 提供电接口和光接口。SDH 信号的线路编码仅对信号进行扰码,不再进行冗余码的插入。扰码的标准是世界统一的,这样对端设备仅需通过标准的解码器就可与不同厂家 SDH 设备进行光口互连。扰码的目的是抑制线路码中的长连 0 和长连 1,便于从线路信号中提取时钟信号。

下面将分别对 SDH 的帧结构和复用方式进行介绍。

SDH 帧结构是实现 SDH 组网的基础,其表征的是网络节点接口中串行数据流的信息组成与时序分布规律。由于需要进行同步复用,SDH 帧结构设计的原则需要满足同一支路信号在每一帧内的分布应当是均匀、规则和可控的,既要便于由帧中接入和取出任意支路信号,或者对各支路信号执行同步复用和交叉连接等操作;又要尽量减少相邻字节间的内容关联性。在 SDH 帧结构中,需要同时支持业务(客户信息)和开销(特征信息)两类信息的传送处理,同时还需要满足光纤媒质传输特性的要求。

ITU-T 的 G.707 协议规范规定了同步传输模块(Synchronous Transport Module,STM)帧结构,STM-N 帧是以字节为单位的矩形块状帧结构,如图 9-7 所示。

帧结构中帧结构中字节的传输是从左到右,从上而下顺序传输,每秒 8000 帧。由图 9-7 中可以看到,帧结构中主要分为三部分。

(1) 信息净负荷(Payload)区域是帧结构中存放业务信息负荷的地方,其中还有少量用于通道性能监视、管理和控制的通道开销(POH)。通常,POH 作为净负荷的一部分与其一起在网络中传送,它负责对低速支路信号(例如 2.048Mbps 信号)进行通道性能监视管理和控制。

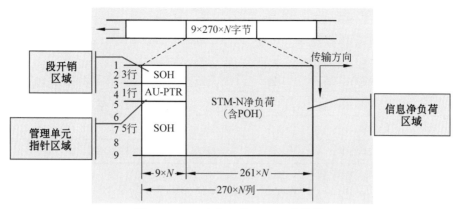

图 9-7　SDH 中定义的 STM-N 帧结构

（2）段开销区域（Section OverHead，SOH），SOH 是 STM 帧结构中为了保证信息净负荷正常、灵活传送所必须的附加字节，是供网络运行、管理和维护（OAM）使用的字节。需要注意的是，SOH 与 POH 监控、管理的对象不同。

（3）管理单元指针（Administration Unit Pointer，AU-PTR），AU-PTR 是一种指示符，用来指示信息净负荷的第一字节在 STM-N 帧中的准确位置，以便在接收端能根据这个位置指示符的值（指针值）正确分离信息净负荷。采用指针方式是 SDH 的重要创新，可以使之在准同步环境中完成复用同步和 STM-N 信号的帧定位，这一方法消除了常规准同步系统中滑动缓存器引起的延时和性能损伤。

对于 PDH 的基础帧结构 STM-1 而言，其帧容量为 $9 \times 270 \times 8 = 19440$ 比特，而一秒钟传送 8000 帧，因此 STM-1 的传送码率为 $19440 \times 8000 = 155.520$Mbps。当进行复用后，可以存在 STM-4、STM-16、STM-64、STM-256。将图 9-7 的帧结构进行三维展开后，得到如图 9-8 所示的 STM-N 帧结构的另一个视图。

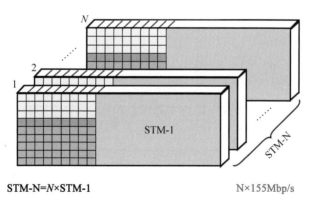

STM-N=N×STM-1　　　　N×155Mbp/s

图 9-8　SDH 中 STM-N 帧结构的三维视图

当传输的是 STM-N 帧结构时，码流由左至右，自上而下排成串行码流传输。而由上面计算的 STM-1 码流，STM-N 码流如表 9-5 所示，可以看出 SDH 的标准速率等级都是以 4 的倍数在增加。

表 9-5　SDH 标准速率等级

信 息 等 级	线路速率（Mbps）
STM-1	155.52
STM-4	622.08
STM-16	2488.32
STM-64	9953.28
STM-256	39 813.12

在介绍完 SDH 帧结构后，下面介绍 SDH 的复用结构，这是 SDH 技术的核心。SDH 的复用包括两种情况：一种是低阶的 SDH 信号复用成高阶 SDH 信号，如多路 STM-1 信号复用为 STM-4 或 STM-16 信号；另一种是低速支路信号，例如 2Mbps、34Mbps、140Mbps 等不符合 SDH 速率要求的低速数据支路，复用成 SDH 中的 STM-N 帧格式。

对于第一种情况，即将低阶的 SDH 信号复用成高阶的 SDH 信号，一般通过字节间插复用方式来完成，这样低速 SDH 信号在高速 SDH 信号的帧中的位置是固定的、有规律性的，也可以说是可预见的，这样就能从高速 SDH 信号例如 2.5Gbps（STM-16）中直接分/插出低速 SDH 信号，例如 155Mbps（STM-1）。这样就简化了信号的复接和分接，使 SDH 体制特别适合于高速大容量的光纤通信系统。

对于第二种情况，用得最多的就是将 PDH 信号复用到 STM-N 信号中。由于 SDH 采用了同步复用方式和灵活的映射结构，可将 PDH 低速支路信号（例如 2Mbps）复用进 SDH 信号的帧中（STM-N），这样低速支路信号在 STM-N 帧中的位置也是可预见的，于是可以从 STM-N 信号中直接分插出低速支路信号，于是节省了大量的复接/分接设备（背靠背设备），增加了可靠性，减少了信号损伤、设备成本功耗、复杂性等，使业务更加简便。

ITU-T G.707 为 SDH 制定了一整套完整的复用结构，也称为复用路线，这里会涉及多个复用单元，包括容器（C-N）、虚容器（VC-N）、支路单元（TU-N）和支路单元组（TUG-N）、管理单元（AU-N）和管理单元组（AUG-N），其中 N 为 PDH 系列等级序号。图 9-9 给出了 ITU-T G.707 定义的复用结构。

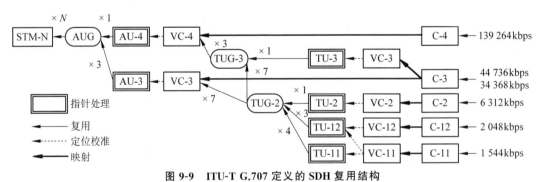

图 9-9　ITU-T G.707 定义的 SDH 复用结构

需要注意的是，从一个有效信息净负荷到 STM-N 的复用线路不是唯一的，也就是说有多种复用方法，但是对于同一个国家或地区而言，其复用路线应该是唯一的。图 9-10 给出了我国制定的 SDH 复用结构。

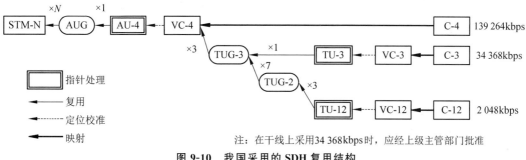

注：在干线上采用34 368kbps时，应经上级主管部门批准

图 9-10 我国采用的 SDH 复用结构

我国光同步传输体制规定以 2.048Mbps 为基础的 PDH 系列作为 SDH 的有效载荷,并选用 AU-4 复用线路。

具有一定频差的各种支路的业务信号最终进入 SDH 的 STM-N 帧都要经过三个过程:映射、定位和复用。

映射是将支路信号适配进虚容器的过程。各种速率的 G.703 信号首先进入相应的不同接口容器 C 中,在那里完成码速调整等适配功能。由标准容器出来的数字流加上通道开销(POH)后就构成了所谓的虚容器 VC,VC 在 SDH 网中传输时可以作为一个独立的实体在通道中任意位置取出或插入,以便进行同步复接和交叉连接处理。这个在 SDH 网络边界处(例如 SDH/PDH 边界处)将支路信号适配进虚容器的过程称为映射。

定位是指向低阶 VC 的起点在 TU 中的具体位置或高阶 VC 的起点在 AU 中的具体位置。从 VC 出来的数字帧进入管理单元(AU)或支路单元(TU),并在 AU 或 TU 中进行速率调整。在调整过程中,设置指针(AU-PTR 和 TU-PTR)指向低阶 VC 的起点在 TU 中的具体位置或高阶 VC 的起点在 AU 中的具体位置,这个过程称为定位。

复用是通过字节间插方式把 TU 组织进高阶 VC 或把 AU 组织进 STM-N 的过程。由于经由 TU 和 AU 指针处理后的各 VC 支路已经进行相位同步,此复用过程为同步复用,复用原理与数据的并串变化类似。

9.2.3 SDH 主要设备概述

由前文所述可以看出,SDH 是一套可进行同步信息传输、复用、分插和交叉连接的标准化数字信号的结构等级,通过不同的设备完成 SDH 网络的上下业务、交叉连接业务等功能,并能够实现点对点和多点之间的网络传输。

SDH 的主要设备包括 SDH 终端设备或 SDH 终端复用器(Terminal Multiplexer,TM)、分插复用设备(Add/Drop Multiplexer,ADM)、数字交叉连接设备(Digital Cross Connect Equipment,DXC)和再生中继器(Regenerative Repeater,REG)。

TM 主要用在网络的终端站点上,其主要功能是复接/分接和提供业务适配,例如将支路端口的低速信号(如 E1)复用到线路端口的高速信号 STM-N 中,或从 STM-N 的信号中分出低速支路信号。其连接示意如图 9-11 所示。

ADM 是一种特殊的复用器,主要用于 SDH 网络

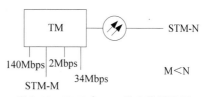

图 9-11 SDH 中 TM 的功能示意图

的转接站点处,主要是实现中间站点在不影响端到端业务传输的情况下,实现本站业务的上/下站。ADM 是 SDH 中最具特色、应用最广泛的设备。如图 9-12 所示,ADM 是一个三端口的器件,利用分接(Drop) 功能将输入信号所承载的信息分成两部分:一部分直接转发到下一站点;另一部分一部分卸下给本地用户,同时通过复接(Add)功能将转发部分和本地上送的部分合成输出。ADM 常用于链状组网或环型组网,如图 9-13 所示。

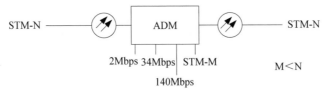

图 9-12　SDH 中 ADM 的功能示意图

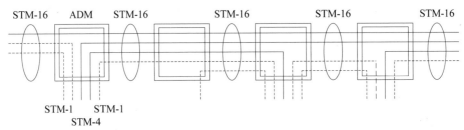

图 9-13　ADM 在组网中的应用

DXC 是一个多端口器件,实际上相当于一个交叉矩阵,通过适当配置,完成各信号间的交叉连接,其功能如图 9-14 所示。

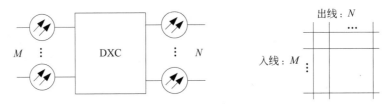

图 9-14　SDH 中的 DXC 功能示意图

DXC 具有一个或多个准同步数字体系(G.702)或同步数字体系(G.707)信号的端口,可以在任何端口信号速率(及其子速率)间进行可控连接和再连接。

如图 9-15 所示,REG 是双端口器件,只有两个线路端口 W 和 E,其作用是将 W/E 侧的光信号经光/电信号转换、抽样、判决、再生、整形、电/光信号转换,在 E 或 W 侧发出。REG 只需要处理 STM-N 帧中的 SOH,且不需要交叉连接功能(W-E 直通即可)。

图 9-15　SDH 中的 REG 功能示意图

9.2.4　SDH 技术特征总结

由前述介绍可以看出,SDH 是由一系列标准规范定义的数字同步传输系统,采用了全球统一的接口以实现设备多厂家环境的兼容,在全程全网范围实现高效的协调一致的管理和操作,能够支持灵活的组网与业务调度。SDH 技术具有如下特点。

(1) 使 1.5Mbps 和 2Mbps 两大数字体系在 STM-1 等级上获得统一。数字信号在跨越国界通信时,不再需要被转换为另一种标准,第一次真正实现了数字传输体制上的世界性标准。

(2) 采用了同步复用方式和灵活的复用映射结构。各种不同等级的码流在帧结构净负荷内的排列是有规律的,而净负荷与网络是同步的,因而只需要利用软件即可使高速信号一次直接分插出低速支路信号,即所谓的一步复用特征。这样既不影响别的支路信号,又避免了需要对全部高速复用信号进行分用的做法,省去了全套背靠背复用设备,使网络结构得以简化,上下业务十分容易,也使 DXC 的实现大大简化。利用同步分插能力还可以实现自愈网,改进网络的可靠性和安全性。此外,背靠背接口的减少还可以改善网络的业务透明性,便于端到端的业务管理,使网络易于容纳和加速各种新的贷款业务的引入。

(3) SDH 帧结构中安排了丰富的开销比特,因而使得网络的 OAM 能力大大加强。此外,由于 SDH 中的 DXC 和 ADM 等一类网元是智能化的,通过嵌入的控制通路可以使部分网络管理能力分配到网元,实现分布式管理,使新特性和新功能的开发变得比较容易。

(4) 由于将标准光接口综合进各种不同的网元,减少了将传输和复用分开的需要,从而简化了硬件,缓解了布线拥挤。此外,有了标准光接口和通信协议后,光接口成为了开放型接口,基本光缆段上可以实现横向兼容,满足多厂家环境要求,降低了联网成本。

(5) 由于用一个光接口代替了大量电接口,因而 SDH 网所传输的业务信息可以不必经由常规同步系统所具有的一些中间背靠背电接口,而直接经由光接口通过中间节点,省去了大量的相关电路单元和跳线光缆,使网络的可用性和误码性能都获得改善。而且,电接口数量的锐减导致运行操作任务的简化以及设备种类和数量的减少,使运营成本减少 20%~30%。

在 SDH 的优点中,最核心的是同步复用、标准的光接口和强大的网络管理功能,而这些优点都是以牺牲其他方面为代价的。

(1) 系统带宽利用率低。如 PDH 的四次群(140Mbps)可以容纳 64×2Mbps 信息量;而同样的信息量,在 SDH 是 155Mbps(STM-1)。

(2) 指针调整机理复杂。指针的作用就是时刻指示低速信号的位置,以便在拆包时能正确地拆分出所需的低速信号,实现从高速信号中直接分插出低速支路信号。指针的使用是 SDH 的一大特色,但指针功能的实现增加了系统的复杂性,并使系统产生 SDH 的一种特有抖动——由指针调整引起的结合抖动。

(3) 软件的大量使用对系统安全性的影响。在 SDH 中,软件在系统中占有相当大的比重,这就使系统很容易受到计算机病毒的侵害;另外,网络层上存在人为的错误操作,软件故障对系统的影响也是致命的,所以系统的安全性就成了很重要的一方面。

9.3 OTN 技术概述

随着互联网业务发展,宽带数据业务成为了当前通信网络中的主流承载业务,同时伴随着用户数量的急剧增长,以 IP 交换为基础的分组业务大量涌现,传送网络提出了新的要求。SDH 具有统一的标准和灵活的传输速率配置,偏重于业务的电层处理,具有良好的调度、管理和保护能力,OAM 功能完善。但是,SDH 以 VC4 为主要交叉颗粒,采用单通道线路,其交叉颗粒和容量增长对于大颗粒、高速率、以分组业务为主的承载逐渐出现了不适应的情况。作为传送网发展方向之一的 OTN 技术,将 SDH 的可运营和可管理能力应用到波分复用(WDM)系统中,同时具备了 SDH 和 WDM 的优势,更大程度地满足多业务、大容量、高可靠、高质量的传送需求,可为数据业务提供电信级的网络保护,更好地满足目前电信运营商的需求和互联网新兴业务的发展。

本节首先介绍 OTN 的标准化历程,并对 WDM 的技术特征进行了阐述。接下来重点介绍了 OTN 工作原理和关键设备,最后对 OTN 技术的特征进行了总结。

9.3.1 OTN 标准发展历程

OTN 概念和整体技术架构是在 1998 年由 ITU.T 正式提出的,在 2000 年之前,OTN 的标准化基本采用了与 SDH 相同的思路,以 G.872 光网络分层结构为基础,分别从网络节点接口(G.709)、物理层接口(G.959.1)、网络抖动性能(G.8251)等方面定义了 OTN。此后,经过 20 余年的发展,OTN 标准体系日趋完善,目前已形成一系列框架性标准,如图 9-16 所示。

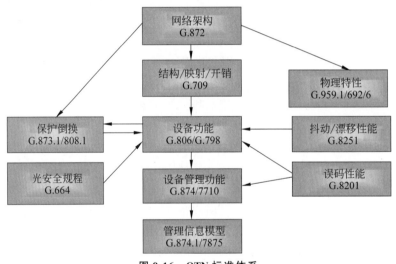

图 9-16 OTN 标准体系

(1) ITU-TG.872 定义了光传送网的网络架构。采用基于 G.805 的分层方法描述了 OTN 的功能结构,规范了光传送网的分层结构、特征信息、客户/服务层之间的关联、网络拓扑和分层网络功能,包括光信号传输、复用、选路、监控、性能评估和网络生存性等。

(2) ITU-T G.709 定义了光网络的网络节点接口。建议规范了光传送网的光网络节点接口,保证了光传送网的互连互通,支持不同类型的客户信号。建议主要定义光传送模块 n (OTM-n)及其结构,采用了"数字封包"技术定义各种开销功能、映射方法和客户信号复用方法。通过定义帧结构开销,可以实施光通路层功能,例如保护、选路、性能监测等;通过确定各种业务信号到光网络层的映射方法,实现光网络层面的互联互通,因为未来的光网络工作在多运营商环境下,并不仅是各业务客户信号接口的互通。其地位类似于 SDH 体制的 G.707。

（3）ITU-T G.798 建议采用 G.806 规定的传输设备的分析方法，对基于 G.872 规定的光传送网结构和基于 G.709 规定的光传送网网络节点接口的传输网络设备进行分析。ITU-T G.798 定义了 OTN 的原子功能模块，各个层网络的功能，包括客户/服务层的适配功能、层网络的终结功能、连接功能等。其地位类似于 SDH 体制的 G.783。

（4）ITU-TG.7710 定义了通用设备管理功能需求，适用于 SDH、OTN。ITU-T G.874 则对 OTN 网络管理信息模型和功能需求进行了规范。G.7710 描述了 OTN 的五大管理功能（FCAPS：Fault 故障、Configuration 配置、Accounting 计费、Performance 性能、Security 安全）。G.808.1 和 G.808.2 则对适用于 SDH 和 OTN 的通用保护倒换-线性保护进行了标准化。G.873.1 定义了 OTN 线性 ODUk 保护，而 G.873.2 则定义了 OTN 环形 ODUk 保护。G.8251 根据 G.709 定义的比特率和帧结构定义了 OTN 网络间接口的抖动和漂移要求；G.8201 定义了 OTN 误码性能。而 OTN 物理层特性在 G.959.1 及 G.664 等标准中进行了规定。

9.3.2　WDM 技术概述

OTN 能够提供大容量数据传输服务，很大程度上得益于其在光通道层采用了波分复用（Wavelength Division Multiplexing，WDM）技术。WDM 将光纤中光信号按照不同的波长进行切分，同时每个波长都是作为独立的信号载体进行信号的传输，以此达到复用的效果，WDM 功能原理如图 9-17 所示。

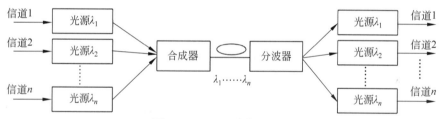

图 9-17　WDM 功能原理图

最初，WDM 系统在光纤的两个低损窗口 1310nm 和 1550nm 进行波分复用。伴随着掺铒光纤放大器（Erbium Doped Fiber Amplifier，EDFA）的使用，波长的间隔很窄，因此，WDM 系统后来更多地被称为密集波分复用（Dense Wavelength Division Multiplexing，DWDM）系统。DWDM 的出现充分利用了光纤无限带宽的潜力，有效地减少了光纤总量，具有更高的带宽和频带宽度，提高了光纤的利用率。DWDM 最初是为了解决长距离传输网络中光纤损耗大的问题，而现在已经成为了通信业发展的重要驱动力。DWDM 对比特率和格式不敏感，并且在不扩容新的光纤的情况下，允许传输网络不断增加传输容量，达到降低成本，增加灵活性的目的。DWDM 将窄间距信道放置在相同的光纤上，然后通过 16、32、40 或更大的倍数在现有的光纤上增大传输容量。DWDM 系统中使用 G.652 型标准单模光纤和 G.655 型非零色散位移单模光纤。DWDM 的功能示意如图 9-18 所示。

DWDM 系统一般由光转发单元（Optical Transponder Unit，OTU）、波分复用/解复用单元和光放大单元组成。OUT 单元将业务信号转换为 WDM 中要求的标准波长光信号；波分复用单元是在发送端将不同波长的光信号合路到光纤中进行传输，而波分解复用单元的功能则是在接收端识别不同波长光信号并输出；光放大单元是当传输距离过长时，需要对

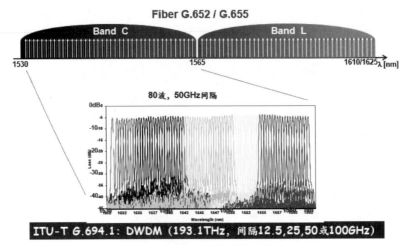

图 9-18　DWDM 的功能示意图

光信号再生放大,确保光信号在进行远距离传输时信号不失真。

　　图 9-19 给出了 SDH、WDM 和 OTN 在发展时间历程上的关系。SDH 是单信道系统,WDM 仅提供了光通路的点对点连接,是多信道系统,但 WDM 组网能力弱、网络保护方式不完善。而随着 IP 分组业务的飞速发展,IP over SDH over WDM 不再适应大颗粒度 IP 分组业务的传送需求,因此具有更加灵活结构、更适应大颗粒度 IP 分组业务传输的 OTN 技术产生。WDM 是面向传送层的技术,而 OTN 实际也更多关注传送层功能的技术,所以 OTN 基本可以理解成为 WDM 量身定制的技术。

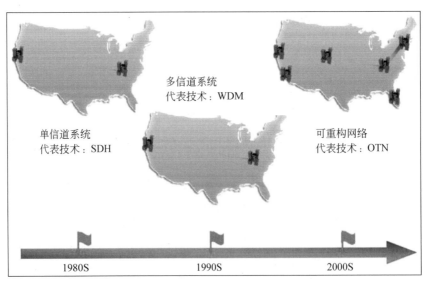

图 9-19　SDH、WDM 与 OTN 时间发展历程概览

9.3.3　OTN 分层架构

　　OTN 是一个层次化网络,业务信号在不同层次之间进行映射、复用、传输及处理。在 ITU-T G.872 中,将 OTN 分为三层:光信道层、光复用段层和光传送段层,如图 9-20 所示。

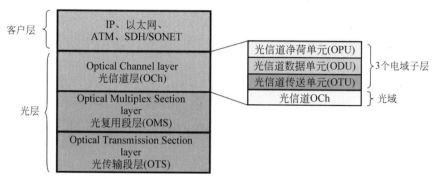

图 9-20　OTN 分层体系架构

1. 光信道层

光信道层(Optical Channel layer，OCh)为各种客户信号(如 SDH STM-N、cell-based ATM、GE 等)提供透明的端到端的光传输通道，提供连接、交叉调度、监测、配置、备份、光层保护与恢复等功能，主要包括光信道的重新连接功能(Optical Channel Connection Rearrangement)以保证网络路由的灵活性；光信道层头部信令开销的处理；光信道层的操作、维护、管理等。

由于发展初期受到光元器件技术水平的限制，光信道层的功能无法全部在光层完成，为此，G.872 增加了 OTN 的电层(Digital OTN Layered Structure)，主要包括 OUT 层(Optical Channel Transport Unit)，在 OTN 网络的两个 3R(Reamplification，Reshaping and Retiming)点之间传输 ODU 信号；ODU 层(Optical Channel Data Unit)，为客户信号提供端到端的传输。

2. 光复用段层

光复用段层(Optical Multiplex Section layer，OMS)支持波长的复用，以信道的形式管理每一种信号。光复用段层提供包括波分复用、复用段保护和恢复等服务功能，主要包括光复用段层报文头部开销处理，光复用段层的操作、管理及维护。

3. 光传送段层

光传送段层(Optical Transmission Section layer，OTS)为光信号在不同类型的光介质(G652、G653、G655 光纤等)上提供传输功能，光传输段层用来确保光传输段适配信息的完整性，同时实现光放大器或中继器的检测和控制功能，主要包括光传送段层报文头部开销处理；光传送段层的操作、管理及维护。

OTN 的层次关系及信息流处理如图 9-21 所示。

图 9-22 从端到端角度，对 OTN 分域分层传输过程中不同段的信息处理流程进行了说明。

9.3.4　OTN 光网络管理

OTN 提供全面的光网络管理手段，在 ITU-T G.872 中，针对 OTN 提出光网络管理需求主要包括八方面：连续性监视、连通性监视、维护信息、信号质量监测、适配管理、保护控制、子网/级联/未用连接监测、管理通信。

在光网络管理中，性能监视是重要的管理功能，OTN 性能监视主要是在光传输段层、

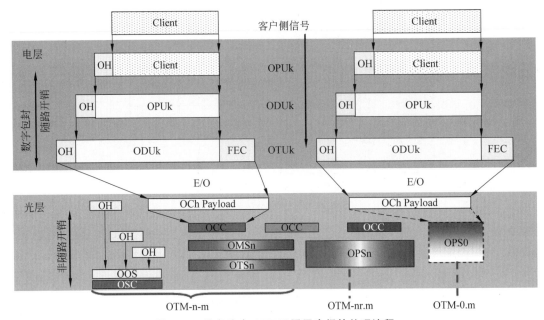

图 9-21 信息流在 OTN 不同层次间的处理流程

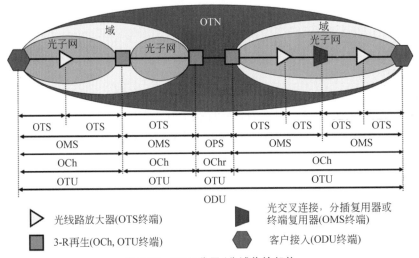

图 9-22 OTN 分层/分域传输架构

光复用段层或光通道层中监测所给定连接的完整性,主要是通过检测和报告所给定连接的传输性能情况和连接情况实现的。

OTN 采用 ITU-T G.805 建议的四种连接监视技术,即内在监视方式、非介入性监视、介入性监视和子层监视方式。

(1)内在监视方式:这种方式不适用于光传输段层,因为物理介质层不能提供数据。

(2)非介入性监视:这种方式同样不适用光传输段层,除非光传输段层的网络连接使用没有线路放大器的系统。

(3)介入性监视:这种方式适用于路径建立的开始或间隙测试,可以用于光纤连续性和故障定位。

（4）子层监视：这种方式不适用于光复用段和光传输段层。

如表 9-6 所示，给出光网络管理需求对于 OTN 不同层级的要求。

表 9-6　OTN 光网络管理需求

管　理　能　力	过　　程	功　　能	网　络　层　次		
			OCh	OMS	OTS
连续性监视	连续性丢失检测	TT	R	R	R
连通性监视	路径踪迹识别	TT	R	NR	R
维护信息	前向检测显示	TT	R	R	R
	后向检测显示	TT	R	R	R
	后向质量显示	TT	FFS	FFS	FFS
信号质量监测	性能监视	TT	R	FFS	R
适配管理	净负荷类型显示	A	R	FFS	FFS
保护控制	自动保护倒换规程	A/T	FFS	FFS	NR
子网/级联/未用连接监测	连接监测	A/T	FFS	FFS	FFS
管理通信	信息通道	A	NR	FFS	R
	辅助通道	A	NR	NR	O
	操作者规范	A	NR	NR	R
	国家使用	A	NR	NR	FFS

R：需要（Required）；NR：不需要（Not Required）；O：可选择（Optional）；FFS：待研究（For Further Study）；TT：路径终端功能（Trail Terminal function）；A：适配功能（Adaptation Function）；A/T：过程可分配给一个或多个功能，分配待研究（The process can be allocated to one or more functions and the allocation is for further study）

9.3.5　OTN 技术特征总结

OTN 技术作为一种新的光传送网技术，同时具备了 SDH 的灵活可靠和 WDM 的大容量特点，既可以提供超大容量的带宽，又可以直接对大颗粒业务进行调度，并能够实现类似于 SDH 完善的保护和管理功能。因此，随着宽带分组业务的快速发展，当前骨干传输网上已经商用部署了 100G 的 OTN 设备，而 400G 的 OTN 设备也在逐步商用部署过程中。

OTN 是面向传送层的技术，内嵌标准 FEC，在光层和电层具备完整的维护管理开销功能，适用于大颗粒业务的承载与调度。SDH 主要是面向接入和汇聚层，无 FEC，电层的维护管理开销较为丰富，对于大小颗粒业务都适用。

从分层结构上看，相比 SDH，OTN 由于光纤信道可以将复用后的高速数字信号经过多个中间节点，不需要电的再生中继，直接传送到目的节点，因此可以省去 SDH 再生段，只保留复用段，OTN 的分层结构可以看作在 SDH 的分层结构上引入了光层（光信道层、光复用段层、光传送层）；从复用及映射看，SDH 有 VC-12、VC-3、VC-4 等不同速率的虚容器及其复用映射关系，OTN 也有三种 OPU 及其映射复用关系与之对应，SDH 中进入虚容器的是 PDH 或者是低速率的以太网信号等，OTN 中进入 OPU 的可能是 STM-16、STM-64、G 比特以太网等；从开销字节看，OTN 中的 GCC0～GCC2、APS/PCC、FAS、SM 等开销字节与 SDH 中 D1～D12、K1、K2、A1、A2、J0 等开销字节具有相同或类似的功能；从生存性技术上看，OTN 具有 WDM 所有的保护功能，提供类似 SDH 的保护功能；除此之外，OTN 和 WDM 具有相同的光监控信道（OSC），采用了 FEC、掺铒光纤放大技术等技术来提高传输距离。从上述的分析不难看出，OTN 在电层大量借鉴了 SDH 映射、复用、交叉、嵌入式开销等概念，在光层借鉴了 WDM 的技术体系并有所发展。正是由于 OTN 在技术上借鉴了 SDH 和 WDM 技术，所以从功能上看，OTN 既继承了 SDH 调度灵活、安全可靠、便于管理和维护等优点，同时具有 WDM 大容量传输的优势，非常适合大颗粒业务的传输。

SDH、WDM、OTN 三种技术体系对比如表 9-7 所示。

表 9-7 OTN、SDH、WDM 技术体系对比

技 术 体 系	OTN	SDH	WDM
分层结构	ODUk（电通道层）、OTUk（电复用段层）、OCh（光信道层）、OMS（光复用段层）、OTS（光传送层）	通道层、复用段、再生段	光信道层、光复用段层、光传送层
复用及映射	OPU1、OPU2、OPU3 及其映射复用关系，OTN 中进入 OPU 的可能是 STM-16、STM-64、G 比特以太网等	VC-12、VC-3、VC-4 等不同速率的虚容器及其复用映射关系，SDH 中进入虚容器的是 PDH 或者是低速率的以太网信号等	
开销字节	GCC0～GCC2	D1～D12	
开销字节	APS/PCC	K1、K2	
开销字节	FAS	A1、A2	
开销字节	SM、PM	J0、BIP-8	
开销字节	PSI	C2	
开销字节	TCM1～6	N1	
光监控通路	OSC，1510nm		OSC，1510nm
生存性技术	基于光通道的 1+1 和 1:n 保护		
生存性技术	基于 ODUk 的 1+1 保护和 1:n 保护	通道保护环，1+1 和 1:n 保护	
生存性技术	基于 ODUk 的环网保护	复用段保护环	
生存性技术	基于光通道的环网保护		
生存性技术	传统光层保护（OCP/OLP/OMSP）		传统光层保护（OCP/OLP/OMSP）
其他技术	FEC、掺铒光纤放大技术、拉曼放大技术等		FEC、掺铒光纤放大技术、拉曼放大技术等

9.4 PON 技术概述

PON 是一种接入网技术,定位在常说的"最后一公里",即在服务提供商、电信局端和商业用户或家庭用户之间提供解决方案,成为当前宽带接入中的主流光接入技术。因此,在讲解 PON 技术前,首先对接入网的概念进行介绍。从图 9-23 中可以看出,传送网络采用了分层式架构,汇聚层和核心层一般采用 10.2 节和 10.3 节介绍的 SDH 和 OTN 技术。接入网指汇聚层与家庭网络之间的网络部件,面向广大家庭和企业用户,通过传输介质(光纤、双绞线、同轴线缆)为用户提供各种业务,是电信基础网络组成部分。

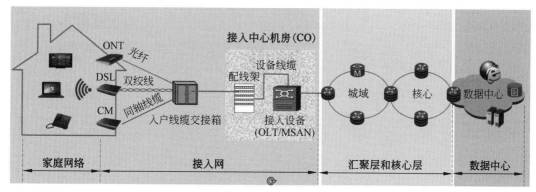

图 9-23 接入网范围及功能示意图

接入网的作用是实现多种用户终端的网络连接,实现业务接入,汇聚后进行传输。接入网是传送网络的末梢,因此具有接口丰富和接入方式多样的特点。

随着 IPTV、4K/8K/VR 等业务的普及,用户对带宽诉求越来越高,而传统基于双绞线的 DSL 带宽与距离成反比(离机房越远,带宽越小),因此在高带宽业务驱动下,光纤逐步从中心机房(Central Office,CO)下移到路边(FTTC)、大楼(FTTB),直至演变成离用户越来越近,进入用户家庭(FTTH),实现端到端的纯光网络。图 9-24 给出了 FTTX 中光缆、电缆的渗透,从 FTTC 到 FTTB 再到 FTTH,光纤通信逐步深入接入网末梢,实现了"光进铜退"。

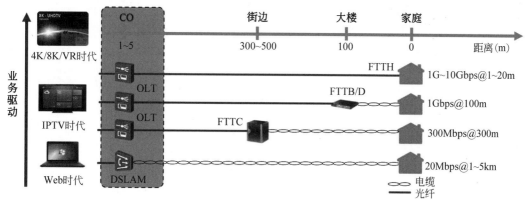

图 9-24 FTTX 示意图

本节将重点阐述 PON 组网架构及关键设备介绍、PON 工作原理和主要机制、PON 技术分类等主要内容。

9.4.1　PON 组网架构及主要设备

PON 是一种点对多点结构的无源光网络,如图 9-25 所示,PON 系统由局端设备光线路终端(Optical Line Terminal,OLT)、光分配网络(Optical Distribution Network,ODN)和用户端的光网络终端(Optical Network Terminal,ONT)组成。所谓"无源",指 ODN 全部由无源光分路器和光纤等无源器件组成,不包括任何有源器件。

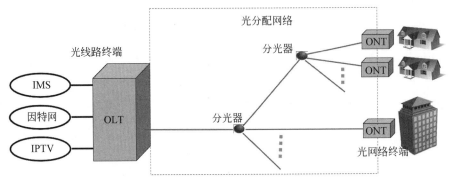

图 9-25　PON 组网架构示意图

OLT 是局端设备,上行接入互联网、IP 多媒体子系统(IP Multi-media Subsystem,IMS)、IPTV 等核心网或业务系统;下行提供网络侧接口,并经过一个或多个 ODN 和用户侧的 ONU 通信,OLT 和 ONU 的关系为主从通信关系。OLT 设备形态如图 9-26 所示。

图 9-26　OLT 设备形态图

ODN 是 OLT 和 ONU 之间提供光传输通道,其主要功能是完成光信号功率的分配,ODN 是由光纤、光连接器和无源分光器等无源光器件等组成的光分配网。ODN 设备形态多样,如图 9-27 所示,ODN 可以是放在局端机房的光配线架(ODF),也可以是街边的光交箱、抱杆上的分纤箱、地下人手井中的接头盒。

分光器(Splitter)是一个光功率分配器件,是 ODN 中的关键核心器件,通常是 1∶N 或 2∶N 结构,如图 9-28 所示。分光器的损耗大小取决于输出端口的多少。1∶2 分光器的衰减为 3.01dB,1∶16 分光器衰减为 12.04dB,而 1∶64 分光器衰减为 18.06dB。

ONT 是用户层设备,也称为光网络单元(ONU),俗称"光猫"。ONT 为光接入网提供

中心机房-光配线架(ODF)　　户外街边-光交箱　　抱杆-分纤箱　　地下人手井-接头盒

图 9-27　ODN 设备形态图片

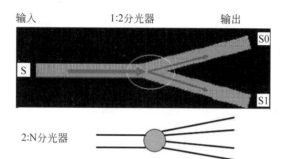

图 9-28　1∶N 分光器与 2∶N 分光器示意图

远端用户侧接口,用户侧的终端(计算机、手机、平板电脑、智能家居终端等)通过 ONT 接入光网络,为用户提供上网、视频、语音通话等综合业务。ONT 的设备形态如图 9-29 所示。

图 9-29　ONT 设备形态图

图 9-30 给出了 ONT 的家庭组网示意图,ONT 通过光纤线路与 OLT 连接,而在用户侧一般提供以太网电口或 Wi-Fi 无线路由功能。

9.4.2　PON 关键技术

PON 系统采用 WDM 技术,并且实现单纤双向传输,如图 9-31 所示。为了分离同一根光纤上多个用户的来去方向的信号,上行数据流采用 TDM 技术,而下行数据流则采用广播技术。从图右侧可以看出,下行数据(OLT 到 ONT)使用 1490nm 波长传输,而上行数据(ONT 到 OLT)使用 1310nm 波长传输。

1. PON 中的上下行数据传输技术

如图 9-32 所示,PON 系统的下行数据采用广播方式传输,所有的 ONU 都能接收到相同的数据,但是通过特定的链路 ID 来区分不同的业务数据,ONU 通过过滤来接收自己的数据。

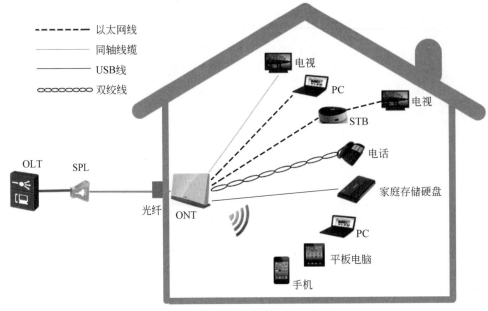

图 9-30　ONT 的家庭组网示意图

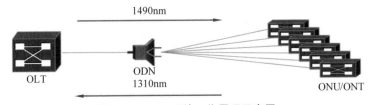

图 9-31　PON 系统工作原理示意图

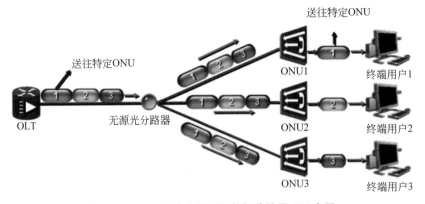

图 9-32　PON 系统中的下行数据传输原理示意图

在上行数据传输中，PON 通过时分复用（TDMA）的方式传输数据，每个 ONU 收到数据报文后都还会收到 OLT 发给它的 grant 消息，每个 ONU 按 OLT 告知的时间点发送 OLT 指定的报文数量，这样所有的 ONU 就可以按照一定的秩序发送自己的数据了，不会在上行光路上冲突。PON 系统的上行数据传输如图 9-33 所示。

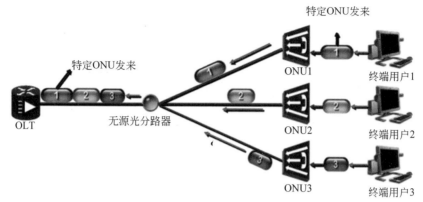

图 9-33　PON 系统上行数据传输原理示意图

2. PON 中上行动态带宽分配技术

为了提供 PON 端口的上行线路带宽利用率,增加更多的用户接入,PON 系统中引入了动态带宽分配(Dynamically Bandwidth Assignment,DBA)技术,能在微秒或毫秒级的时间间隔内完成对上行带宽的动态分配机制,使得 PON 能够有效应对多业务接入,尤其是带宽突变较大业务的传输服务。DBA 技术能提高带宽利用率,同时减小突发时延。

3. PON 系统中的数据安全技术

如图 9-34 所示,由于下行数据在分光器上为广播复制,每个 ONU 都可以收到同样的数据。在 OLT 上需要采用加密处理,提高线路数据的可靠性。

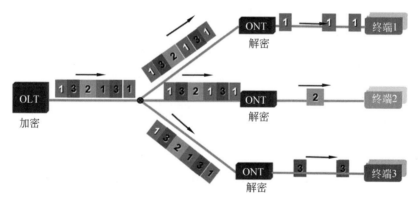

图 9-34　PON 系统中的数据安全技术示意图

4. PON 网络保护方式

如设备没有任何备份措施,如图 9-35 所示,仅提供了备用光纤,当主干光纤故障后,由人工切换至备用光纤,此时业务肯定中断,从而影响用户的业务体验。为了提升 PON 网络的传输可靠性,OLT 设备上提供两个 PON 接口,如图 9-36 所示,该方式提供了双光纤热备,一旦主光纤发生故障,可以通过设备马上切换到另一个 PON 接口进行数据传输。然而,值得注意的是,此种方式保护对象仅限于 OLT 与 ODN 之间的光纤故障和 OLT 单板硬件故障,对其他类型的故障没有涉及,若故障发生在 ONU 侧,仍然可能会引起业务中断,影响用户体验。

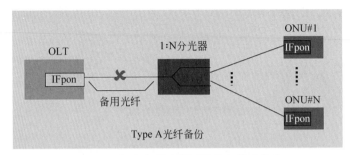

图 9-35　仅有备用光纤而无设备端口备份

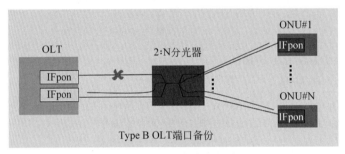

图 9-36　OLT 设备有备份端口

5. PON 中的光功率预算

光信号在 PON 网络的传输过程中,不可避免地存在信号衰减。尤其是从 OLT 到 ONU,二者之间的 ODN 是无源光分配网络,这就决定了 ONU 与 OLT 之间的距离应该要满足光衰减需求,因此,在规划设计 PON 网络时,必须进行光功率预算,以保证光信号传输到 ONU 端时有足够强的功率,满足数据通信的需要。

光信号的传输损耗主要来自以下几方面:每公里光纤上的损耗、分路器上的损耗、连接器上的损耗、接头处的损耗等。

下面通过图 9-37 来阐述 PON 中光链路的损耗。

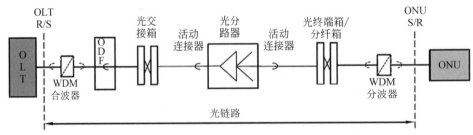

图 9-37　PON 系统中 OLT 到 ONU 间的光链路示意图

定义 OLT 与 ONU 之间的传输距离为 L,则应该满足:

$$L \leqslant \frac{P - \mathrm{IL} - A_c \times N - A_{\mathrm{WDM}} - M_c - \beta}{A_F}$$

其中,P 表示系统的光链路预算(最大允许插损),IL 表示 OLT 与单个 ONU 之间所有光分路器插损之和,A_c 表示单个活动连接器的损耗,而 N 表示 OLT 与单个 ONU 之间的活动接头数量,A_{WDM} 表示 WDM 器件的插锁,M_c 表示线路维护余量,而 β 表示存在模场直径不匹配的光纤连接等引入的附加损耗，A_F表示光纤线路的衰减系数。

如图 9-38 所示，假设该图中光模块支持的最大插损为 32dB；按 1H：128 设计，一级光分路器为 1：8（插损 10.5dB），二级光分路器为 1：16（插损 13.8dB），光分路器总插损 24.3dB；活接头总插损 0.5×4+0.25×4=3dB；无附加损耗；线路维护余量 2.5dB；按上行方向（1310nm）光纤衰减系数（含固定接续）0.4dB/km 测算，则传输距离 $L \leqslant (32-24.3-3-2.5)/0.4=5.5$km。

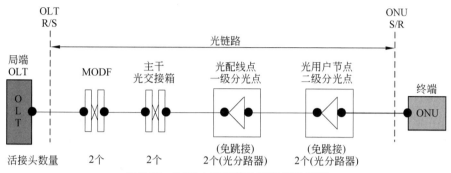

图 9-38　PON 中光预算计算案例示意图

9.4.3　PON 技术分类

PON 技术可以细分为很多种，目前常见的有 APON（ATM PON）、EPON（Ethernet PON）和 GPON（Gigabit PON），它们的主要区别体现在数据链路层和物理层的不同。

APON 以 ATM 作为数据链路层；EPON 使用以太网作为数据链路层，并扩充以太网使之具有点到多点的通信能力；GPON 则结合了 APON 和 EPON 的优点，使用 ATM/GEM 作为数据链路层，能够对多种业务提供良好支持，同时引入了更多来自电信业的网络管理和运行维护思想。

目前，APON 技术由于成本高，宽带低，已经基本被市场淘汰，主流代表技术为 EPON 和 GPON。GPON 和 EPON 技术对比如表 9-8 所示。

表 9-8　GPON 和 EPON 技术对比

	GPON	EPON
标准	ITU.T	IEEE
速率	2.488G/1.244G	1.25G/1.25G
分光比	1：64～1：128	1：16～1：32
承载	ATM，以太网，TDM	以太网
带宽效率	92%	72%
QOS	非常好，包括以太网，TDM，ATM	好，仅有以太网
光模块等级	Class A/B/C	P×10/P×20
测距	EqD 逻辑等距	RTT
DBA	标准格式	厂家自定义
OAM	ITU-T G.984 OMCI（强）	Ethernet OAM（弱，厂家扩展）

目前,PON 网络已经进入 10GPON 的阶段,即千兆光网络传输,并将持续向 25G PON 和 50G～100G PON 的方向持续演进,如图 9-39 所示。

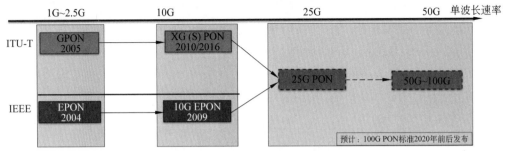

图 9-39　PON 技术演进路线图

9.5　本章小结

光通信是现代通信网络技术中的重要组成部分,光纤通信系统构建了高速、敏捷、可靠的宽带接入和大容量传输网络,为推动网络宽带化、IP 化和移动化发展奠定了坚实网络基础。

1966 年,英籍华人高锟(K.C.Kao,当时工作于英国标准电信研究所)博士深入研究了光在石英玻璃纤维中的严重损耗问题,发现这种玻璃纤维引起光损耗的主要原因是其中含有过量的铬、铜、铁与锰等金属离子和其他杂质,其次是拉制光纤时工艺技术造成了芯、包层分界面不均匀及其所引起的折射率不均匀,他还发现一些玻璃纤维在红外光区的损耗较小。在高锟理论的指导下,1970 年,美国的康宁公司拉出了第一根损耗为 20dB/km 的光纤。1977 年,美国在芝加哥进行了 44.736Mbps 的现场实验,1978 年,日本开始了 32.064Mbps 和 97.728Mbps 的光纤通信实验;1979 年,美国 AT&T 和日本 NTT 均研制出了波长为 1.35μm 的半导体激光器,日本也做出了超低损耗的光纤(损耗为 0.2dB/km,波长为 1.55μm),同时进行了多模光纤(同时允许多个方向的光线在其中传送的光纤)1.31μm 的长波长传输系统的现场试验。

到如今,光纤通信已经发展到以采用光放大器(Optical Amplifier,OA)增加中继距离和采用波分复用(Wavelength Division Multiplexing,WDM)增加传输容量为特征的第四代系统,并形成了覆盖核心层、汇聚层和接入层的光纤通信技术,为社会、经济的数字化转型和智能化应用普及提供了坚实的网络支撑。

本章重点介绍了光通信系统的概念及分类,并重点介绍了光纤通信的基本概念。然后,着重介绍了核心层和汇聚层重点采用的 SDH 及 OTN 技术,对 SDN 的产生背景、传输原理、主要设备和技术特征进行了介绍;并进一步对 OTN 的标准演进、WDM 技术发展、OTN 技术架构及关键技术进行了介绍。最后,本章结合 FTTX 发展,介绍了宽带接入网中的无源光网络技术 PON,对 PON 组网架构、主要设备、关键技术等进行了介绍。

本章以重点了解光纤通信系统的发展脉络为主,读者应重点掌握 SDH、OTN、PON 的技术核心和应用范围。

习题

9-1 简述光纤通信系统的主要部件及各部分的主要功能。

9-2 请给出光纤的三个低损耗传输窗口的波长范围及各波段的特征。

9-3 请简述多模光纤和单模光纤的定义,并简述两种类型光纤的特征。

9-4 对比无线通信系统,请简述光纤通信系统的特征和优势。

9-5 请简述 SDH 的体系结构和 SDH 体制的优点。

9-6 请列举 SDH 中的关键设备及其功能。

9-7 简述 WDM 的概念,并回答 WDM 在光传输网络 OTN 中的作用。

9-8 请问 OTN 的光网络管理采用的连接监测方式,并给出不同监测方式的适用范围。

9-9 请简述 OTN 的技术特征和系统优势。

9-10 请简述 FTTB、FTTH 的区别,并阐述在这些概念中光接入网的作用范围。

9-11 请简述 PON 组网架构及主要设备功能。

9-12 请简述 APON 和 EPON 的技术特征,并对比两种技术的优缺点。

第 10 章　网络服务质量

随着网络的发展,人们对于网络的要求越来越高,因特网上的内容也从单一的数据传输变为数据、语音、图像、视频等多媒体的传输。多媒体信息对网络的带宽要求很高,而且要求信息传输延迟低。现如今又出现了云计算、大数据、物联网等大流量的传输要求,或是实时对战游戏、直播平台、自动驾驶这一类对时延、抖动要求极高的网络应用。因特网与生俱来的"尽力而为"(Best-effort)特点,无法满足现如今越发多样化的网络应用以及用户对网络传输质量的不同要求。如何提供与应用需求相匹配的服务质量,提高整个网络系统的服务性能和质量,以期为下一代网络应用、为用户提供更高质量的网络传输,一直是网络技术研究与发展关注的问题。保证服务质量要求的技术主要有资源预留 RSVP、区分服务 DiffServ、多协议标记交换 MPLS 等。

10.1　QoS 概述

服务质量(Quality of Service,QoS)是用户和服务网络之间关于信息传输质量的约定。网络在传输数据流时要满足一系列服务请求,具体可以量化为带宽、时延、抖动、丢失率、吞吐量等性能指标。QoS 设计目标是为因特网应用提供服务区分和性能保证。服务区分指网络能根据不同的应用需求,为其提供不同的网络服务;性能保证则要避免网络拥塞、降低时延、减少丢包、调控流量。

IETF 在 1997 年 9 月开始制定一系列与 QoS 有关的 RFC 标准,RFC 2215 定义了因特网综合服务(Integrated Services,IntServ);RFC 2216 定义了 QoS 服务要求规范,同时定义了网络单元(network element)、流(flow)、服务(service)、行为(behavior),以及流量规范(Traffic Specification,TSpec)等概念;RFC 2205 给出了实现 QoS 的资源预留协议 RSVP。为了解决 IntServ 可扩展性差、实现难度大的问题,RFC 2474 又提出了一种可扩展性好的区分服务 (Differentiated Service,DiffServ)体系结构。RFC 3031 发布了多协议标签交换(Multi-Protocol Label Switching,MPLS)技术的核心规范。

IETF 将 QoS 定义成二维空间:<服务类型>,<参数类型>。用户需要与网络系统进行协商。协商就是用户之间或用户与网络之间就 QoS 要求进行交互,最后确定 QoS 规程的过程。

用户可以表达的 QoS 描述包括以下内容。

(1)信息流特征,例如信息流产生的峰值速率和平均速率等。体现用户让网络知晓自己的特定的流量特征,需要的 QoS 服务。

(2)信息流的性能要求、同步要求,如吞吐量、延迟、抖动、丢包率的各种要求。

(3)服务层次,例如是想要可控负载型服务、保证性服务,还是尽力而为服务。

当网络发生拥塞时,所有的数据流都有可能被丢弃;为满足用户对不同应用不同服务质量的要求,就需要网络能根据用户的要求分配和调度资源,对不同的数据流提供不同的服务质量：对实时性强且重要的数据报文优先处理；对于实时性不强的普通数据报文，提供较低的处理优先级，网络拥塞时甚至可能会丢弃。

QoS 通常提供以下三种服务模型：尽力而为服务模型（Best-Effort Service）、综合服务模型（IntServ）、区分服务模型（DiffServ）。

（1）Best-Effort 服务模型是一个单一的服务模型，也是最简单的服务模型。对 Best-Effort 服务模型，网络尽最大的可能性来发送报文，但对延时、可靠性等性能不提供任何保证。Best-Effort 服务模型是网络的默认服务模型，通过先入先出（FIFO）队列来实现，适用于绝大多数网络应用，如 FTP、E-Mail 等。

（2）IntServ 服务模型是一个综合服务模型，它可以满足多种 QoS 需求，是端到端的基于流的 QoS 技术。这种服务需要预留网络资源，确保网络能够满足通信流的特定服务要求。

（3）DiffServ 服务模型将根据服务要求将通信流分类，然后将它们加入效率不同的队列中，使一些通信流优先于其他类别的通信流得到处理。与 IntServ 不同，DiffServ 不需要通知网络为每个业务预留资源。

由于集成服务和区分服务都没有明显的优势，QoS 机制仍然采用集成服务和区分服务相结合的技术来提供网络上需求的服务带宽。

10.2 综合服务 IntServ 和资源预留协议

综合服务模型（IntServ）中所有的中间系统和资源都显式地为流提供预定的服务，这种服务是通过使用资源预留协议（Resource Reservation Protocol，RSVP）实现的，RSVP 运行在从源端到目的端的每个设备上，可以监控每个流的状态。

10.2.1 IntServ 的基本工作原理

IntServ 模型的基本工作原理是：数据流在发送之前，发送端给接收端发送一个路径（PATH）消息，描述业务流的特征。路径中每个中间路由器把 PATH 消息转发给由路由协议决定的下一个节点。当收到一个 PATH 消息时，接收端采用 RSVP 协议为该业务流请求资源，包括带宽、时延等，并将其流量配置文件告诉网络中的每个中间节点，请求网络提供一种能够满足其带宽和延迟要求的服务。每个中间路由器可以拒绝或接受资源预留信息请求。如果 QoS 请求不能满足，路由器将发送一个差错信息给接收端；如果能够接受 QoS 请求，就为该流（FLOW）分配所要求的链路带宽和缓冲区空间。发送端在确认网络已经为该流量预留了资源后，才开始发送数据。流可以定义为具有相同源 IP 地址、源端口号、目的 IP 地址、目的端口号、协议标识符与服务质量要求的分组序列。

IntServ 包括以下功能的服务质量控制组件。

（1）接纳控制。对于 QoS 传输，IntServ 要求对一个新的流要进行资源预留。如果网络内的路由器共同认定没有足够的资源来保证所请求的 QoS，则这个流就不允许进入网络。IntServ 在传送过程中维护每一个流的状态信息（流标记、源端 IP 地址、目的端 IP 地址、端口号、协议号），同时基于这个状态执行报文的分类、流量监管、排队调度等。

（2）路由选择算法。IntServ 可以基于许多不同的 QoS 参数来决定路由的选择。

（3）调度算法。IntServ 的一个重要元素就是有效的排队和调度策略，能够考虑不同流的不同需求。

（4）丢弃策略。如果有许多数据包在输出端口排队，当数据包使用完缓冲区，在能够管理拥塞和满足 QoS 时，采用数据包丢弃策略来保证服务质量。

10.2.2 资源预留协议 RSVP

在综合服务体系结构中，最主要的是资源预留协议（RSVP）。该协议的主要功能是预留资源，发送数据则需要使用其他协议。RSVP 的控制分组主要有路径（PATH）分组与预留（RESV）分组。PATH 分组主要用来支持传输通告服务。发送端将 PATH 分组发送给网络中的下游节点，并根据传输路径收集各网络设备与链路信息，同时把这些信息传送给数据接收端，以便接收端做出是否进行预留的选择。RESV 分组描述了 QoS 所需要的流量和期望性能，以预留相应的资源。RESV 分组由接收端发送到发送端，其路径与 PATH 分组的到达路径一致。

网络中端到端资源预留过程如图 10-1 所示，大致可以分为以下 5 个步骤。

（1）数据发送端发送 PATH 分组，该消息描述了将要被发送数据流所需要的带宽、延迟和延迟抖动等 QoS 参数。

（2）网络传输路径上支持 RSVP 协议的路由器接收到 PATH 分组时，保存 PATH 分组中描述上一跳路由器或主机 IP 地址的路由状态信息，并继续向路径上的下一跳节点发送 PATH 分组。

（3）当接收端接收到 PATH 分组之后，将沿着 PATH 分组中获取的路径的相反方向发送一个 RESV 分组，该 RESV 分组包含数据流进行资源预留所需要的流量、性能等 QoS 需求信息，并发给上一跳路由器请求资源预留。

（4）当网络中某个路由器接收到该 RESV 分组时，它将根据 QoS 需求信息确定自己是否有足够的资源可以满足这些资源预留请求。如果该路由器不能满足 QoS 需求，则拒绝并向接收端反馈一个错误信息；如果可以满足，则预留出带宽与缓冲区等资源，并存储相关信息，继续向下一跳路由器转发 RESV 分组，请求预留资源。

（5）发送端收到 RESV 分组后，说明数据流的预留过程已经完成，可以开始向接收端发送数据。数据流发送完毕后，路由器将释放资源，为新的传输提供服务。

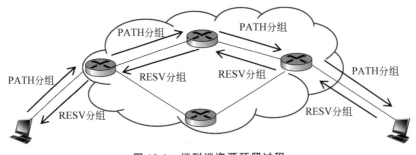

图 10-1 端到端资源预留过程

在进行资源预留时，接收方可以有选择地指定一个或多个期望接收的数据源。它也可以说明在预留期间这些选择是否固定不变，或者是否希望以后还可以改变数据源。路由器利用这些信息来优化带宽的使用计划,尤其当两个接收方都同意以后不再改变数据源时,那么它们只需要共享一条路径即可。采用了这种完全动态策略的理由是将被预留的带宽与数据源的选择分离开。一旦接收方已经预留了带宽,那么它可以直接切换到另一个数据源,保留现有路径上那部分带宽,并且对新数据源仍然有效。

资源预留方式可分为以下两类。

(1) 独占式。适合于多个数据源同时发送的应用程序,针对每个发送方预留资源。

(2) 共享式。适合多个数据源不太可能同时发送的应用程序。

共享式又可分为两种:共享显式和通配符过滤器。共享显式是为多个明确的源预留资源;通配符过滤器是为所有源预留资源。

IntServ 提供细粒度、严格质量保证,能很好地满足 QoS 的要求。但所有的网络节点必须支持 RSVP 协议,且网络核心设备功能复杂,基于单个数据流的端到端资源预留和缓冲区管理的网络开销太大,每个流的状态维护机制太复杂;系统的可扩展性与鲁棒性差,难以在因特网核心网络实施。IntServ/RSVP 多用于企业网的接入层或校园网、小型公司的网络。

10.3 区分服务 DiffServ

为了解决 IntServ 的可扩展性差问题,IETF 工作组设计了另一个更加简单的服务质量方法——区分服务(DiffServ)模型。DiffServ 是一个多服务模型,可以满足不同的 QoS 需求。与集成服务(IntServ)基于流的 QoS 技术不同,DiffServ 是基于类的 QoS 技术,它不需要资源预留协议,服务机制简单。在网络入口处,网络设备检查数据包内容,并对数据包进行分类和标记,之后依据数据包中的标记确定 QoS 策略。

10.3.1 DiffServ 体系结构

DiffServ 体系结构定义了一种可以在互联网上实施可扩展的服务分类的体系结构。服务类别是由网络传输数据包时的吞吐率、时延、时延抖动、丢包率等特征所定义的。服务分类要求能适应不同应用程序和用户的需求,并且允许对互联网服务的分类收费。

DiffServ 采用层次化结构,扩展性强。提供区分服务的网络包括内部节点与边界节点。边界节点可以是路由器、主机或防火墙,DiffServ 只在网络的边界节点上实现复杂的分类和调度功能。

边界路由器根据用户与 ISP 约定的服务等级协议(SLA),采用聚合的机制对流量做分类和整形,将具有相同特性的若干业务流聚合起来,形成不同的服务类别,为整个聚合流提供服务,而不再面向单个业务流。对于每一类业务流采用统一的服务提供策略,通过设置每个数据包的区分服务标记(DS 字段)的值提供特定的服务等级,DS 字段值可以是 IPv4 首部中的服务类型(ToS)字段或 IPv6 首部中的通信类(Traffic Class)字段。在每个支持 DiffServ 的网络节点中,这个 DS 值将数据报映射到一类逐跳行为(Per-Hop Behavior,PHB)中去,从而在数据报转发中区别对待。DiffServ 网络内部的节点只完成简单的转发功能,根据 IP 包头中的 DS 标记,采取不同的逐跳转发策略,进行调度分配路由。

IntServ 模型中的 RSVP 可为数据流提供良好带宽保证,与 IntServ 相比,DiffServ 是粗粒度、相对质量保证,不能提供端到端保障。DiffServ 的优点是不需要信令,在发送报文前,不需要通知路由器,网络也不必为每个流维护状态,它只根据报文中规定的区分服务标记(DS 字段)来提供特定的服务,因此系统扩展性好、开销小。并且,DiffServ 不像 IntServ 那样对每个流都进行 QoS 控制,而是对流聚合后的每一服务类进行 QoS 控制,它只是对数据流简单加标记进行优先级分类。DiffServ 采用层次化结构,不同区域可以采用不同服务策略。从对路由器的要求来说,RSVP 比 DffServ 更复杂,因此 RSVP 不适用于骨干网路由器。

10.3.2　区分服务标记

区分服务 DiffServ 不需要为每个流维护状态,根据每个报文的服务类来提供特定的服务,用区分服务标记 DS 描述。区分服务可由 IPv4 和 IPv6 数据包的区分服务字段 DS 给出的服务类别来定义逐跳行为(PHB),对应于数据包在每个路由器得到的服务,而不是对数据包在整个网络中保证。具有某种单跳行为(例如优质服务)的数据包相比其他数据包(例如普通服务)可以获得更好的服务。

DiffServ 重新定义了 IP 数据包报头的服务类型字段(IPv4 的 ToS 或 IPv6 的 Traffic Class),使用 DSCP(Differentiated Service Code Point,区分服务编码点)作为 QoS 优先级描述符,它支持 64 个分类等级。例如,在每个数据包 IPv4 头部的服务类别 ToS 标识字节中,利用已使用的 6 比特和未使用的 2 比特,通过编码值来区分优先级。

DSCP 值有两种表达方式,数字形式和关键字形式。

一种表达方式是数字形式。DSCP 使用 6 比特,十进制区间是 0~63,可以定义 64 个等级(优先级),如二进制 DSCP 值 000000=十进制 DSCP 值 0,二进制 DSCP 值 010010=十进制 DSCP 值 18。

另一种关键字形式的 DSCP 值称为逐跳行为(PHB),IETF 已经标准化一部分 PHB 服务。常见的三种服务类型包括尽力而为服务(Best Effort,BE)、加速转发服务(Expedited Forwarding,EF)和确保转发(Assured Forward,AF)。默认 PHB 为 BE,其 DSCP=000000。

10.3.3　PHB 映射

进入网络的流量在网络边缘处进行分类和可能的调度,然后被分配到不同的行为集合 PHB 中去,每个 PHB 对应一种转发方式或 QoS 要求。每一个行为集合有唯一的 DS 编码点标识(DSCP),DSCP 到 PHB 的映射关系可由网络管理员来配置。在网络核心处,数据包根据 DSCP 对应的 PHB 进行转发。

PHB 描述了 DS 域内网络中核心路由器对具有相同标识的数据包采用的转发行为,PHB 可以用一系列流的参数特性(包括延迟、抖动、优先级等)描述。在 DS 字段内,转发节点是按照 PHB 来进行转发的,在每一传输段逐段保证 PHB 服务质量是区分服务的最大特点,也是区分服务分段保证端到端 QoS 的基础。由于不同的 PHB 流同时传输,因而需要解决边界节点与内部节点中流聚集的竞争与公平性问题。

常见的三种 PHB 服务的特点如下。

BE 尽力而为转发服务类型优先级最低,属于传统的 IP 网络的业务,只需要尽力而为的服务(能传就传,不能传就丢,一有问题,最先丢它),适用于对于时延、时延抖动及丢包并不敏感的业务。BE 应用于一般的业务数据流,数据包头部 DSCP 值为 0,具有这个值的数据包具有最低的优先级,网络对其仅是提供尽最大努力的服务,目前因特网所提供的主要服务模式便是尽力而为的服务。

AF 确保转发服务适用于优先级适中的业务,这一类业务可以在允许的代价内提供有保证的服务质量。AF 定义了 4 级 AF(AF1~AF4),每级 AFx 定义了 3 个等级,即包含了 12 个 PHB,在 DS 节点中为每一级 AF 都分配一定数量的转发资源(如带宽、缓冲区)。对于属于同一类 AF 的数据包,每个 DS 节点对它们都采用先进先出(FIFO)策略进行调度,同时对于同一类 AF 的数据包,又可以有 3 种不同的拥塞丢弃优先级,级别越高的 AF 越早被节点处理,当发生拥塞时,其转发成功率越高。值得注意的是,AF 服务能确保 IP 分组能转发出去而不丢失,即当 IP 分组数据流超过本地策略规划的流量时,IP 分组数据流将被降级,转发时延会增加,但不会丢弃。

EF 加速转发模式优先级最高,主要用于对网络的延时、时延抖动及丢包都很敏感的业务。转发这类业务需要相对稳定的速率。EF 模式中包含 1 个 PHB,其流量不受其他 PHB 流量的影响,能确保数据包的传输速率高于规定的值,由于它规定了一个数据包通过一个网络的速率必须不能小于某个数值大小,所以可以用来保证低时延、低时延抖动、低丢包率,确保带宽的端到端的带宽服务。EF 转发只是提供对已接受的固定流量以及对流进行最小程度的排队,并且在边缘的路由器丢掉任何超过 EF 指定数量的流,因而比较适用于多媒体业务。

10.4 多协议标签交换

互联网的迅速发展给因特网服务提供商(ISP)提供了巨大的商业机会,同时也对其骨干网络提出了更高的要求,人们不仅要求 IP 网络能够支持高速的数据通信,也要求 IP 网络能传送话音、图像等实时性业务,还要求网络能够保证通信的服务质量。从支持 QoS 的角度来看,ATM 作为继 IP 之后迅速发展起来的一种快速分组交换技术,具有得天独厚的技术优势,但是 ATM 网络实现过于复杂,不具有 IP 网络路由的灵活性,并且在 ATM 网络发展的同时,相应的业务开发没有发展起来,现有 ATM 的使用也一般都是用来承载 IP。因此,人们就希望 IP 网络也能提供如 ATM 一样多种类型的服务。多协议标签交换(Multi-Protocol Label Switching,MPLS)技术就是在这种背景下产生的,它吸收了 ATM 面向连接的 VPI/VCI 交换思想,集成了 IP 路由技术的灵活性和 ATM 交换的快速性,在面向无连接的 IP 网络中增加了 MPLS 这种面向连接的特性,为 IP 网增加了管理和运营的手段。MPLS 作为新一代的 IP 高速骨干网络交换标准,在用 MPLS 提供虚拟专用网(VPN)服务、实现负载均衡的网络流量工程等方面,成为 ISP 提供增值业务、保证 IP 网 QoS 的重要手段。

10.4.1 MPLS 特点

MPLS 技术是将第二层交换(ATM)和第三层路由(IP)结合起来的一种集成的数据传

输技术,它不仅支持网络层的多种协议,还可以兼容第二层上的多种链路层介质,在多种数据链路层媒介上进行标记交换。MPLS 技术具有如下特点。

(1) 利用标签进行转发。

与传统 IP 路由方式相比,MPLS 在数据转发时,只在网络边缘分析 IP 报文头,而不用在每一跳都分析 IP 报文头,从而节约了处理时间。MPLS 利用标签进行数据转发,当分组进入网络时,为其分配短小且长度固定(4 字节)的标签,并将该标签与分组封装在一起,在整个转发过程中,交换节点仅根据该标签进行转发。使用单一的转发机制能够同时支持多种业务,并且提高了交换节点的处理能力。

(2) 支持多种协议。

MPLS 独立于第二层和第三层协议,多协议的含义指 MPLS 不但可以支持多种网络层的协议,还可以兼容第二层的多种数据链路层技术。MPLS 技术适用于任何网络层协议,目前主要用于传输 IP 业务。同时,多协议也表明 MPLS 技术的应用并不局限于某一特定的链路层媒介,网络层的数据包可以基于多种物理媒介进行传送,MPLS 支持多种链路层协议,如 ATM、SDH、DWDM、PPP 等。

(3) 边缘路由,核心交换。

MPLS 结合了 ATM 交换和 IP 路由的特点,第三层的路由在网络的边缘实施,而在MPLS 的网络核心采用第二层交换,不同于传统的 IP 路由边选路边转发的工作方式,MPLS 技术将报文的三层选路和报文的转发分开了,实现了网络边缘选路,网络核心进行标签交换,网络交换节点不再需要分析 IP 报文头。

(4) 采用精确匹配的寻径方式。

MPLS 利用 4 字节的标签,采用精确匹配的寻径方式取代了传统路由的最长匹配寻径方式,提高了转发速率。

10.4.2 MPLS 标签的格式

MPLS 中最重要的术语是标签,也称为标记。标签交换表明了报文的交换不再依靠IPv4 报文或 IPv6 报文,也不依赖数据帧,而是根据标签来进行的。

标签是分组包含的一个短的固定长度的分组头字段。标签的例子可以是 ATM 信元的VPI 和/或 VCI、帧中继 PDU 的 DLCI 头或者分组中第二层和第三层寻址信息之间插入的"薄垫片"标签。图 10-2 所示为在通用 PPP 或者以太帧中设置的薄垫片标记头(MPLS 标签)的结构,一个 MPLS 标签由 32 比特组成,前 20 比特为标签值,其范围是从 0 到 $2^{20}-1$,即 1 048 575。不过,前 16 比特都有特定含义,不能随便定义。第 20~22 比特是 3 位试验用(EXP)比特,高比特是专用于服务质量的。第 23 比特是栈底(BoS)位,其值应为 0,如果是栈底的标签,该位将应被置为 1。标签栈是报文前段标签的集合。标签栈可以只包含一个标签,也可以包含多个。标签栈中的标签数量无限制,但一般少于 4 个。第 24~31 比特的 8 位为生存周期(TTL),这里的 TTL 和 IP 报文头部中的 TTL 功能完全相同。每经过一跳后,TTL 的值就减 1,其主要作用是避免路由环路。如果在产生路由环路时没有 TTL保护,则报文的环路将无法停止。若存在 TTL,一旦标签中的 TTL 值减少到 0,该报文就会被丢弃。

MPLS 既定义了用于 ATM 和帧中继的特定的标签格式,也定义了用于大部分其他媒

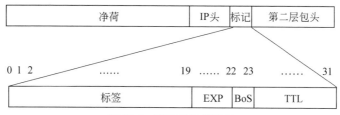

图 10-2 MPLS 标签结构

介的一般标签格式。ATM 标签和虚通道标示符(Virtual Path Identifier,VPI)/虚电路标示符(Virtual Circuit Identifier,VCI)的数目一致,并可长达 24 比特。帧中继标签与 DLCI 的数目一致,长度为 10 比特或 23 比特。一般标签的长度是 20 比特。

10.4.3 MPLS 的网络结构

作为一个系统,MPLS 是由标签交换路由器(Label Switching Router,LSR)、标签交换式路径(Label-Switched Path,LSP)以及标记分组组成的。

标签交换路由器包括以下组件。

(1) 转发信息库。

在 MPLS 体系结构中,转发信息库(Forwarding Information Base,FIB)的组件定义如下。

下一跳标签转发表(Next Hop Label Forwarding Entry,NHLFE):指包含下一跳信息(接口及下一跳的地址)和标签操作指令的一个表目;也可能包括标签编码、第二层(L2)封装信息,以及在相关业务流中处理分组所需的其他信息。

输入标签映射(Incoming Label Map,ILM):指从输入标签到相应 NHLFE 的一个映射。

FEC-To-NHLFE 映射(FTN):指从任何输入分组的转发等价类 FEC 到相应 NHLFE 的一个映射。

需要注意的是如何访问所需的 NHLFE,这取决于 LSR 在特定 LSP 中的角色:如果该 LSR 是入口,则它使用一个 FTN;否则,使用一个 ILM。

(2) 路由判决模块。

在 MPLS 操作的常规模式下,通常采用路由判决功能来创建 FIB 表。

LSR 采用以下方式之一来创建 NHLFE:分配一个或者多个标签作为输入标签,为每个标签建立 ILM,再将每个 ILM 绑定到 NHLFE 的集合上,将被分配的标签分布到上游 LSR;为与特定路由表目相关联的 FEC 建立 FTN,并且用相应的下一跳信息将每个 FTN 绑定到一系列 NHLFE 上。

(3) 转发模块。

MPLS 中转发功能是以一个标签到一个 ILM 的严格匹配为基础的,ILM 反过来也映射到一个 NHLFE。LSR 遵循 NHLFE 的标签操作指令,并将分组传递到下一跳信息中指定的接口。LSR 也可能需要使用 NHLFE 中提供的第二层(L2)封装信息来相应地封装分组,使分组能被正确地传递至下一跳。

10.5 QoE

10.5.1 QoE 的基本概念

体验质量(Quality of Experience,QoE)是指用户对设备、网络、系统、应用或业务的质量和性能(包括有效性和可用性等方面)的综合主观感受,也就是从业务应用的舒适度来定义的。通过 QoE 评分,运营商可以根据用户对于视频业务质量和性能综合评价来优化网络。

换言之,QoE=用户感觉到的"质量"或"性能"或"舒适度"。

对 QoE 的含义理解包括两方面:一方面是体验(Experience),另一方面是质量(Quality)。体验是个体对一个或多个事件的感知和解释。质量是一个人比较和判断过程的结果,它包括感知、对感知的反思和对结果的描述。质量和内在特征的含义是不同的,内在特征只衡量客观因素,而质量考虑的方面更多,包括评估的过程、需求被满足的程度等主客观因素。

但是现有的文献对 QoE 的整体定义还未达成共识,最具有代表性的定义是如下三个。

(1) 国际电信联盟(ITU)对 QoE 的定义:QoE 是终端用户对应用或者服务的整体可接受程度。

(2) 欧洲电信标准协会(ETSI)对 QoE 的定义:QoE 是基于使用信息通信技术的服务或者产品,用于衡量用户主观心理的客观指标。

(3) 第五届 Qualinet 会议的 QoE 白皮书对 QoE 的定义:QoE 表示某个应用程序或某个服务的用户感到高兴或烦恼的程度,它是根据用户的个性和当前状态,关于用户对应用程序或者服务所产生的实用感和(或)享受,从而期望所产生的满足感。

可以看出,QoE 尤为重视用户的使用体验,它将客观影响因素和主观影响因素结合起来衡量用户对多媒体服务的满意程度。随着 QoE 研究的进展,对 QoE 的定义也会进一步发展和完善,逐步达成一个统一的共识。

QoE 的特征表示个体对服务体验的可感知、可识别和可命名的特征,这些特征有助于提高服务质量。QoE 的特征可以分为以下四个层次:

(1) 直接感知的层次,与感知信息相关的所有 QoE 特征都可以包含在这个层次内,这种感知信息是在多媒体服务过程中自发产生的;

(2) 交互的层次,包括人与人以及人与机器的交互;

(3) 服务使用状况的层次,即物质和社会的状况;

(4) 服务的层次,这与特定实例之外的对服务的使用相关。

10.5.2 QoS 与 QoE 的关系

QoS 可以认为是 QoE 的前身。ITU-T Rec E.800 最初定义 QoS 为"决定用户满意程度的服务性能的综合效果"。具体来说,QoS 可狭义地理解为底层分组数据传输的性能指标,包括网络的时延、抖动、带宽、误码等指标。

QoE 的评价主体是终端用户,评价对象是业务和支撑业务的网络。QoS 机制主要负责从网络的角度进行业务管理和提供业务的差异性,网络实体根据不同的质量需求来处理不同业务。

对于 QoE 而言,QoS 是为了保证或增加 QoE 而应用在网络上的技术体制,相对于不同的业务,QoS 的标准不一定适用于 QoE;有限的资源不可能对每个业务都保证同等的 QoS。不同的业务具有不同的 QoE,例如有些业务对时延敏感,而有些业务则对丢包率比较敏感。如果业务不能保证一定的 QoE,那么就会丢失用户,直接影响运营商的收益。

10.5.3 影响 QoE 的因素

QoE 的影响因素定义为用户、系统、服务、应用程序或上下文的任何特征,这些特征的实际状态或设置可能会影响用户的体验质量。由此可见,QoE 的影响因素众多,而且这些影响因素并不是各自孤立的,因为它们可能会相互关联。用户可以用 QoE 特征来描述某一组影响因素。

QoE 的影响因素可以分为三类,即用户因素、系统因素和环境因素。其中用户因素属于主观影响因素,系统因素和环境因素属于客观影响因素。下面对这三类影响因素进行简要叙述。

(1) 用户因素是人类用户的任何变化的或者不变的属性或特征。这种特征可以描述人们的社会经济背景,身体或者情绪状态。用户因素较为复杂而且相互联系紧密,在早期的感觉这个层面上,使用者的情绪和心理构成可能起到主要作用。这些特征可以是外在的,也可以是变异性的和动态的。在更高层次的认知加工、解释和判断层面,其他用户影响因素是重要的。

(2) 系统因素是决定应用程序或服务的技术生产质量的属性和特征。它们与媒体捕获、编码、传输、存储、渲染和复制/显示有关,也与从内容生产到用户信息本身的交流有关。

(3) 环境因素是包含任何环境属性的因素,可以从物理、时间、社会、经济、任务和技术特征方面描述用户的环境。这些因素可以在不同的量级、动态性和发生模式上出现,可以单独出现,也可以作为所有三个层次的典型组合。

10.5.4 QoE 的评价方式

QoE 是一种以用户为核心的多媒体服务评价方式,并且 QoE 的影响因素众多,包括客观因素和主观因素等。在评价 QoE 的过程中,将所有影响因素都考虑在内是不切实际的,因为某些客观因素在现实中难以测量,有些主观因素难以量化,而且互相之间存在较为复杂的关联性。所以,目前基于 QoE 的多媒体服务评价方式主要分为两类:一类是主观 QoE 评价方式,还有一类是基于关键客观参数指标的客观 QoE 评价方式。

主观 QoE 评价方式要求实验者在特定的实验环境中观看一些预先选好的视频内容,然后在观看完成之后根据对视频内容的满意程度进行打分。这种方式直接反映了用户的使用体验,是评价 QoE 最直接、最准确的方法。主观 QoE 的评分标准主要有平均意见值(Mean Opinion Score,MOS)、多媒体视频质量的主观评价方法(Subjective Assessment Methodology for Video Quality,SAMVIQ)等。但是,主观 QoE 评价方法在实际应用和研究中存在一定的局限性,主要表现在:首先,评价过程的成本过高而且效率较低,因此不具备普遍性；其次，只在看完视频之后才对视频内容进行打分评价，这种评价是对视频内容的整体评价，忽视了中间过程的细节，因此这种方法不适用于实时 QoE 评价。

客观 QoE 评价方法是一种通过挖掘出一些关键的 QoS 客观参数，从而刻画出 QoS 和用户 QoE 的映射关系，进而间接反映用户使用体验的评价方法。鉴于以上主观 QoE 评价方法的局限性，客观 QoE 评价方法适用范围更广，而且可以用于实时系统，因而更受研究人员的青睐。虽然客观 QoE 评价方法改进了主观 QoE 评价方法的局限性，将 QoS 和 QoE 有机结合起来，但是客观 QoE 评价方法本质上忽略了用户因素和环境因素的影响，而这些因素正是用户 QoE 的关键性因素，因此必须要在客观 QoE 评价方法中引入这些关键性因素，从而提高评价方法的准确率。

习题

10-1　什么是网络 QoS？其服务模型有哪些？

10-2　简述 IntServ 的工作原理。

10-3　试述资源预留协议的工作过程。

10-4　简述 DiffServ 的工作原理。

10-5　试述 IntServ 和 DiffServ 的优缺点。

10-6　什么是 PHB？RFC 定义的 PHB 服务等级有哪些？

10-7　简述 MPLS 的原理。

10-8　什么是 QoE？它与 QoS 有什么区别？

第 11 章　网 络 安 全

　　随着全球信息化的飞速发展,整个世界正在迅速地融为一体,大量建设的各种信息化系统已经成为国家和政府的关键基础设施。众多的企业、组织、政府部门与机构都在组建和发展自己的网络,并连接到因特网上,以充分共享、利用网络的信息和资源。随着人们对网络的依赖程度越来越大,网络已经成为社会和经济发展的强大推动力,其地位越来越重要。但是,资源共享在被广泛用于政治、军事、经济以及科学各个领域的同时,也产生了各种各样的问题,其中安全问题尤为突出。网络安全不仅涉及个人利益、企业生存、金融风险等问题,还直接关系到社会稳定和国家安全等诸多方面,因此是信息化进程中具有重大战略意义的问题。

11.1　网络安全概述

11.1.1　网络安全的基本概念

　　国际标准化组织(ISO)将计算机网络安全定义为“为数据处理系统建立和采取的技术与管理的安全保护,保护网络系统的硬件、软件及其系统中的数据不因偶然或者恶意的原因而遭受到破坏、更改、泄露,系统连接可靠、正常的运行,网络服务不中断”。网络安全包括网络设备安全、网络软件安全和网络信息安全。具体而言,网络安全要保护个人隐私,控制对网络资源的访问,保证商业秘密在网络上传输的保密性、完整性、真实性及不可抵赖,控制不健康的内容或危害社会稳定的言论,避免国家机密泄露等。

　　网络安全的特征如下。

　　(1) 保密性:信息不泄露给非授权用户、实体或过程,或供其利用的特性。

　　(2) 完整性:数据未经授权不能进行改变的特性,即信息在存储或传输过程中保持不被修改、不被破坏和丢失的特性。

　　(3) 可用性:可被授权实体访问并按需求使用的特性,即当需要时能够存取所需的信息,例如网络环境下拒绝服务、破坏网络和有关系统的正常运行等都属于对可用性的攻击。

　　(4) 可控性:对信息的传播及内容具有控制能力的特性。

　　(5) 可审查性:出现安全问题时能够提供依据与手段的特性。

11.1.2　影响计算机网络安全的主要因素

1. 计算机操作系统

　　计算机操作系统是能够保证整个计算机的运行状态的重要系统。在现代社会的发展过程中,受人们在日常生活中产生的各种信息储存和应用的要求影响,计算机的存储和运行内存越来越大。计算机操作系统的安全不仅是为了保证计算机的操作能够正常进行,在操作系统的运行过程中,也要注意保护计算机操作系统的运行安全。计算机操作系统是最容易发生故障的系统之一,也是不法分子和黑客窃取用户信息的最主要渠道。

2. 数据库系统管理

在计算机网络技术的应用过程中,数据库系统也是比较容易出现故障的系统之一。信息传递和资源共享功能使得人们越来越离不开计算机网络技术,而对于计算机网络在传递信息中的安全性问题而言,最主要的就是数据库的系统管理。在现阶段的计算机网络运行过程中,数据库系统往往是通过分级对各种信息进行管理的,许多数据库中的信息都错综复杂,甚至在管理过程中容易因过多的信息处理而导致数据库系统的运行出现故障,进而影响计算机网络的安全。

3. 计算机网络应用安全

计算机网络在实际的应用过程中,在为人们提供海量资源下载渠道的同时,却也因信息来源的不明确而存在计算机病毒等安全隐患。再加上一些计算机网络用户在实际应用网络的过程中并不重视其安全问题,网络的运行经常发生故障,给网络用户的正常活动造成影响。

11.1.3　OSI 安全体系结构

OSI 安全体系结构是一个面向对象的、多层次的结构,它认为安全的网络应用是由安全的服务实现的,而安全服务又是由安全机制来实现的。

1. OSI 安全服务

针对网络系统的技术和环境,OSI 安全架构中对网络安全提出了 5 类安全服务,即对象认证服务、访问控制服务、数据保密性服务、数据完整性服务、禁止否认服务。

(1) 对象认证服务,又可分为对等实体认证和信源认证,用于识别对等实体或信源的身份,并对身份的真实性、有效性进行证实。其中,对等实体认证用来验证在某一通信过程中的一对关联实体中双方的声称是一致的,确认对等实体中没有假冒的身份。信源认证可以验证所接收到的信息是否确实具有它所声称的来源。

(2) 访问控制服务,防止越权使用通信网络中的资源。访问控制服务可以分为自主访问控制、强制访问控制、基于角色的访问控制。

(3) 数据保密性服务,是针对信息泄露而采取的防御措施,包括信息保密、选择段保密、业务流保密等内容。数据保密性服务是通过对网络中传输的数据进行加密来实现的。

(4) 数据完整性服务,包括防止非法篡改信息,如修改、删除、插入、复制等。

(5) 禁止否认服务,可以防止信息的发送者在事后否认自己曾经进行过的操作,即通过证实所有发生过的操作防止抵赖。具体可以分为防止发送抵赖、防止递交抵赖和进行公证等几方面。

2. OSI 安全机制

为了实现 OSI 定义的 5 种安全服务,OSI 安全架构建议采用如下 8 种安全机制:加密机制、数字签名机制、访问控制机制、数据完整性机制、鉴别交换机制、流量填充机制、路由验证机制、公正机制。

(1) 加密机制,即通过各种加密算法对网络中传输的信息进行加密,它是对信息进行保护的最常用措施。加密算法有许多种,大致分为对称密钥加密与公开密钥加密两大类,其中有些加密算法已经可以通过硬件实现,具有很高的效率。

（2）数字签名机制，是采用私钥进行数字签名，同时采用公开密钥加密算法对数字签名进行验证的方法。数字签名机制可以用来帮助信息的接收者确认收到的信息是否由它所声称的发送方发出，并且还能检验信息是否被篡改，实现禁止否认等服务。

（3）访问控制机制，可根据系统中事先设计好的一系列访问规则判断主体对客体的访问是否合法，如果合法则继续进行访问操作，否则拒绝访问。访问控制机制是安全保护的最基本方法，是网络安全的前沿屏障。

（4）数据完整性机制，包括数据单元的完整性和数据单元序列的完整性两方面。它保证数据在传输、使用过程中始终是完整、正确的。数据完整性机制与数据加密机制密切相关。

（5）鉴别交换机制，以交换信息的方式来确认实体的身份，一般用于同级别的通信实体之间的认证。实现鉴别交换常用到如下技术：

- 口令，由发送方提交，由接收方检测；
- 加密，将交换的信息加密，使得只有合法用户才可以解读；
- 实体的特征或所有权，例如指纹识别、身份卡识别等。

（6）业务流填充机制，是设法使加密装置在没有有效数据传输时，还按照一定的方式连续地向通信线路上发送伪随机序列，并且所发出的伪随机序列也是经过加密处理的。这样，非法监听者就无法区分所监听到的信息中哪些是有效的，哪些是无效的，从而可以防止非法攻击者监听数据，分析流量、流向等，达到保护通信安全的目的。

（7）路由控制机制。在一个大型的网络里，从源节点到目的节点之间往往有多种路由，其中有一些是安全的，而另一些可能是不安全的。在这种源节点到目的节点之间传送敏感数据时，就需要选择特定的安全的路由，使之只在安全的路径中传送，从而保证数据通信的安全。

（8）公证机制。在一个复杂的信息系统中，一定有许多用户、资源等实体。由于各种原因，很难保证每个用户都是诚实的，每个资源都是可靠的，同时，也可能由于系统故障等原因造成信息延迟、丢失等。这些很可能会引起责任纠纷或争议。而公证机构是系统中通信的各方都信任的权威机构，通信的各方之间进行通信前，都与这个机构交换信息，从而借助于这个可以信赖的第三方保证通信是可信的，即使出现争议，也能通过公证机构进行仲裁。

11.2　网络攻击和入侵

所谓网络攻击就是利用网络存在的漏洞和安全缺陷对网络系统的硬件、软件及其系统中的数据进行的攻击。常见网络攻击分为以下几种类型：拒绝服务攻击、利用型攻击、信息收集型攻击、假消息攻击、恶意软件攻击。

11.2.1　拒绝服务攻击

拒绝服务攻击（Denial of Service，DoS）的攻击方式有很多种，最基本的就是利用合理的服务请求来占用过多的服务资源，从而使合法用户无法得到服务的响应。简单的 DoS 攻击一般是采用一对一方式，当攻击目标 CPU 速度低、内存小或者网络带宽小时，其效果是明显的。随着计算机与网络技术的发展，计算机的处理能力迅速增长，内存大大增加，同时也出现了千兆级别的网络,这使得 DoS 攻击的困难程度加大了。这时就出现了分布式拒绝服务攻击(Distributed Denial of Service,DDos)。DDoS 攻击是基于 DoS 攻击的一种特殊形式。攻击者将多台受控制的计算机联合起来同时攻击一台目标计算机,它是一种大规模协作的攻击方式,具有较大的破坏性。

DDoS 攻击由攻击者、主控端和代理端组成。攻击者是整个 DDos 攻击发起的源头,它事先已经取得了多台主控端计算机的控制权,主控端计算机分别控制着多台代理端计算机。主控端计算机上运行着特殊的控制进程,可以接收攻击者发来的控制指令,操作端计算机对目标计算机发起 DDos 攻击。DDoS 攻击之前,首先扫描并入侵有安全漏洞的计算机并取得控制权,然后在每台被入侵的计算机中安装具有攻击功能的远程遥控程序,用于等待攻击者发出入侵命令。这项工作是自动、高速完成的,完成后攻击者会消除其入侵痕迹,系统的正常用户一般不会察觉。之后攻击者会继续利用已控制的计算机扫描和入侵更多的计算机。重复执行以上步骤,将会控制越来越多的计算机。

拒绝服务攻击企图通过使服务器崩溃或把它压垮来阻止其提供服务。DoS 攻击是最容易实施的攻击行为,主要包括死亡之 ping、泪滴攻击、UDP 泛洪、SYN 泛洪、Land 攻击、Smurf 攻击、Fraggle 攻击、电子邮件炸弹等。

1. 死亡之 ping

死亡之 ping 利用因特网控制信息协议(Internet Control Message Protocol,ICMP)传送错误信息和控制信息的功能实现攻击。路由器对包的最大尺寸都有限制,例如 ICMP 包大小为 64KB,并且在对包头进行读取之后,要根据该包头所包含的信息为有效载荷生成缓冲区。死亡之 ping 就是故意产生畸形的测试 ping 包,发送包超限的 ICMP 报文,就会出现内存分配错误,导致 TCP/IP 栈崩溃,最终接收方宕机。

防御方法:现在所有的标准 TCP/IP 都已实现对付超大尺寸的包,并且大多数防火墙能够自动过滤这些攻击,对防火墙进行配置,阻断 ICMP 以及任何未知协议,都有助于防止此类攻击。

2. 泪滴攻击

TCP/IP 对数据包的最大尺寸都有严格限制规定。泪滴攻击利用 TCP/IP 栈信任 IP 碎片中的包的标题头所包含的信息来实现攻击。IP 分段含有指示该分段所包含的是原包的哪一段的信息,某些 TCP/IP 栈在收到含有重叠偏移的伪造分段时将崩溃。

防御方法:服务器应用最新的服务包,或者在设置防火墙时对分段进行重组,而不是转发它们。

3. UDP 泛洪

UDP 泛洪攻击是通过向目标主机发送大量的 UDP 报文,导致目标主机忙于处理这些 UDP 报文,而无法处理正常的报文请求或响应。利用简单的 TCP/IP 服务,如 Chargen 和 Echo 来传送占满带宽的垃圾数据,在两台主机之间生成足够多的无用数据流。这一拒绝服务攻击可飞快地导致网络可用带宽耗尽。

防御方法:关掉不必要的 TCP/IP 服务,或者对防火墙进行配置阻断来自因特网的请求这些服务的 UDP 请求。

4. SYN 泛洪

SYN 泛洪攻击利用的是 TCP 的三次握手机制,攻击端利用伪造的 IP 地址向被攻击端发出请求,而被攻击端发出的响应报文将永远发送不到目的地,那么被攻击端在等待关闭这个连接的过程中消耗了资源,如果有成千上万的这种连接,主机资源将被耗尽,从而达到攻击的目的。

防御方法:在防火墙上过滤来自同一主机的后续连接。

5. Land 攻击

局域网拒绝服务(Land)攻击通过发送精心构造的、具有相同源地址和目标地址的欺骗数据包,这将导致接收服务器向它自己的地址发送 SYN-ACK 消息,结果这个地址又发回 ACK 消息并创建一个空连接,每一个这样的连接都将保留直到超时丢弃,持续地自我应答,消耗系统资源直至目标设备崩溃。

防御方法:大多数防火墙都能拦截类似的攻击包,以保护系统。部分操作系统通过发布安全补丁修复了这一漏洞。另外,路由器应同时配置上行与下行筛选器,屏蔽所有源地址与目标地址相同的数据包。

6. Smurf 攻击

Smurf 攻击通过使用将回复地址设置成受害网络的广播地址的 ICMP 应答请求(ping)数据包来淹没受害主机,最终导致该网络的所有主机都对此 ICMP 应答请求做出答复,导致网络阻塞。Smurf 攻击比死亡之 ping 的泛洪流量高出一或两个数量级。更加复杂的 Smurf 攻击将源地址改为第三方的受害者,最终导致第三方崩溃。

防御方法:为了防止黑客利用网络攻击他人,应关闭外部路由器或防火墙的广播地址特性,对边界路由器的回音应答(echo reply)信息包进行过滤并丢弃,使网络避免被淹没。

7. Fraggle 攻击

Fraggle 攻击对 Smurf 攻击做了简单的修改,使用的是 UDP 应答消息而非 ICMP。

防御方法:在防火墙上过滤 UDP 应答消息。

8. 电子邮件炸弹

电子邮件炸弹是最古老的匿名攻击之一,通过设置一台机器不断地大量地向同一地址发送电子邮件,攻击者能够耗尽接收者网络的带宽。

防御方法:对邮件地址进行配置,自动删除来自同一主机的过量或重复的消息。

11.2.2 利用型攻击

利用型攻击是一类试图直接对机器进行控制的攻击,最常见的利用型攻击有口令猜测、特洛伊木马、缓冲区溢出。

1. 口令猜测

一旦黑客识别了一台主机而且发现了基于 NetBIOS、Telnet 或 NFS 服务的可利用的用户账号,成功的口令猜测能对机器进行控制。

防御方法:要选用难以猜测的复杂口令,确保像 NFS、NetBIOS 和 Telnet 这样可利用的服务不暴露在公共范围,如果该服务支持锁定策略,就进行锁定。

2. 特洛伊木马

特洛伊木马是隐藏在系统中的用以完成未授权功能的非授权的远程控制程序,是黑客常用的一种攻击工具,它伪装成合法程序,植入系统,对计算机网络安全构成严重威胁。特洛伊木马直接由一个黑客或者通过一个不令人起疑的用户秘密安装到目标系统中,一旦安装成功并取得管理员权限,安装此程序的人就可以直接远程控制目标系统。

防御方法:避免下载可疑程序并拒绝执行,运用网络扫描软件定期监视内部主机上的监听 TCP 服务。

3. 缓冲区溢出

缓冲区溢出攻击是指在存在缓存溢出安全漏洞的计算机中,攻击者可以用超出常规长度的字符数来填满一个域,通常是内存区地址。在某些情况下,这些过量的字符能够作为"可执行"代码来运行。从而使得攻击者可以不受安全措施的约束来控制被攻击的计算机。

防御方法:缓冲区溢出是代码中固有的漏洞,除了在开发阶段要注意编写正确的代码之外,对于用户而言,一般的防范措施为关闭端口或服务、在防火墙上过滤特殊的流量、检查关键的服务程序,查看是否有可怕的漏洞。

11.2.3 信息收集型攻击

信息收集型攻击并不对目标本身造成危害,这类攻击被用来为进一步入侵提供有用的信息,主要包括扫描技术、体系结构刺探、利用信息服务。

1. 扫描技术

(1) 地址扫描,运用 ping 程序探测目标地址,对此作出响应表示其存在。防御方法是在防火墙上过滤 ICMP 应答消息。

(2) 端口扫描,通常使用一些软件,向大范围的主机连接一系列的 TCP 端口,扫描软件报告它成功地建立了连接的主机所开的端口。防御方法是许多防火墙能检测到是否被扫描,并自动阻断扫描企图。

(3) 反响映射,黑客向主机发送虚假消息,然后根据返回"host unreachable"这一消息特征判断哪些主机是存在的。目前由于正常的扫描活动容易被防火墙侦测到,黑客转而使用不会触发防火墙规则的常见消息类型,这些类型包括 RESET 消息、SYN-ACK 消息、DNS 响应包。防御方法是,NAT 和非路由代理服务器能够自动抵御此类攻击,也可以在防火墙上过滤"host unreachable"ICMP 应答。

(4) 慢速扫描,由于一般扫描侦测器的实现是通过监视某个时间帧里一台特定主机发起的连接的数目(例如每秒 10 次)来决定是否在被扫描,这样黑客可以通过使用扫描速度慢一些的扫描软件进行扫描。防御方法是通过引诱服务来对慢速扫描进行侦测。

2. 体系结构探测

黑客使用已知具有响应类型数据库的自动探测攻击,对来自目标主机的、对坏数据包传递所做出的响应进行检查。由于每种操作系统都有其独特的响应方法,通过将此独特的响应与数据库中的已知响应进行对比,黑客经常能够确定出目标主机所运行的操作系统。

防御方法:去掉或修改各种 Banner,包括操作系统和各种应用服务的,阻断用于识别的端口扰乱对方的攻击计划。

3. 利用信息服务

(1) DNS 域转换,DNS 协议不对转换或信息性的更新进行身份认证,这使得该协议可以被黑客利用。如果用户维护着一台公共的 DNS 服务器,黑客只需要实施一次域转换操作就能得到其所有主机的名称以及内部 IP 地址。防御方法是在防火墙处过滤掉域转换请求。

(2) Finger 服务,黑客使用 finger 命令来刺探一台 Finger 服务器以获取关于该系统的用户的信息。防御方法是关闭 Finger 服务并记录尝试连接该服务的对方 IP 地址,或者在防火墙上进行过滤。

(3) LDAP 服务,黑客使用 LDAP 窥探网络内部的系统和其用户的信息。防御方法是对于刺探内部网络的 LDAP 进行阻断并记录,如果在公共机器上提供 LDAP 服务,那么应把 LDAP 服务器放入隔离区(DMZ)。

11.2.4　假消息攻击

假消息攻击用于攻击目标配置不正确的消息,主要包括 DNS 高速缓存污染、伪造电子邮件。

(1) DNS 高速缓存污染,由于 DNS 服务器与其他名称服务器交换信息时并不进行身份验证,这就使得黑客可以将不正确的信息掺进来并把用户引向黑客自己的主机。防御方法是在防火墙上过滤入站的 DNS 更新,外部 DNS 服务器不应更改用户的内部服务器。

(2) 伪造电子邮件,由于 SMTP 并不对邮件的发送者的身份进行鉴定,因此黑客可以伪造电子邮件,声称是来自某个客户认识并相信的人,并附带上可安装的特洛伊木马程序,或者是一个引向恶意网站的连接。防御方法是使用电子邮件加密软件 PGP 等安全工具,并安装电子邮件证书。

11.2.5　恶意软件

恶意软件是一种秘密植入用户系统借以盗取用户机密信息,破坏用户软件和操作系统或是造成其他危害的一种网络程序。恶意软件包括病毒、蠕虫、木马、恶意的移动代码,以及这些的结合体,也称为混合攻击。恶意软件还包括攻击者工具,例如后门程序、rookits、键盘记录器、跟踪的 cookie 记录。

1. 病毒

病毒能够实现自我复制,并且感染其他文件、程序和计算机。每一种病毒都有其自身的感染机制。有的病毒可以直接插入主机或数据文件。病毒的威力可大可小,有些可能只是小恶作剧,还有可能是相当恶意的攻击。绝大多数的病毒都有诱发机制,也就是诱发其威力的原因,一般需要用户的互动方能实现。目前有两种重要的病毒,一是可编译病毒(compiled virus),主要通过操作系统实现;二是演绎性病毒(interpreted virus),主要通过应用程序实现。

可编译病毒的源代码可以经由编译器程序转换为操作系统可以直接运行的程序格式。可编译病毒包括文件感染器(file infector)病毒、引导区(boot sector)病毒、混合体(multipartite)病毒。混合体病毒使用多种感染方式,典型的是感染文件和引导区。除了感染文件之外,可编译病毒还可以躲藏在感染系统的内存中,这样每次执行新的程序时就可以感染新的程序。在上述三种病毒中,引导区域病毒最有可能存在于内存中。相比那些非存在于内存中的病毒而言,这种病毒危害性更大,出现更加频繁。

演绎性病毒的源代码只能由特定程序来实现。这种病毒简单易操作,即使一个不是太熟练的黑客也可以借此编写和修正代码,感染计算机。这种病毒的变体很多,最主要的两种是宏病毒(macro virus)和脚本病毒(scripting virus)。宏病毒利用很多流行软件的宏编译语言功能,一般附加到 Word、Excel 等文件,使用这些程序的宏编译语言来执行病毒。一旦宏病毒感染发生,就会感染程序的建立和打开文件夹模板程序。一旦模板被感染,所有由此模板建立和打开的文件都会被感染。脚本病毒与宏病毒类似,最大的区别在于,宏病毒以特定软件程序语言为基础,而脚本病毒以操作系统理解的语言编程。

2. 蠕虫

蠕虫是能够实现自我复制的程序,蠕虫病毒的传染机理是利用网络进行复制和传播,传染途径是通过网络、电子邮件以及 U 盘、移动硬盘等移动存储设备。蠕虫程序主要利用系统漏洞进行传播。它通过网络、电子邮件和其他的传播方式,像生物蠕虫一样从一台计算机传染到另一台计算机。因为蠕虫使用多种方式进行传播,所以蠕虫程序的传播速度是非常大的。

蠕虫侵入一台计算机后,首先获取其他计算机的 IP 地址,然后将自身副本发送给这些计算机。蠕虫病毒也使用存储在染毒计算机上的邮件客户端地址簿里的地址来传播程序。虽然有的蠕虫程序也在被感染的计算机中生成文件,但一般情况下,蠕虫程序只占用内存资源而不占用其他资源。

3. 木马

木马是一种非自我复制程序,但是实际上带有隐蔽的恶意动机。一些木马使用恶意版本替代现有文件,譬如系统和程序中的可执行代码;还有一些木马在现有文件中添加另外的程序重写文件。木马一般有以下三种模型:执行正常系统的功能的同时,执行单独的、不相关的恶意活动;执行正常系统功能的同时,修正其功能执行恶意活动,或是掩盖恶意活动;完全取代正常系统功能执行恶意程序功能。

木马很难被检测到,因为木马在设计之初就掩盖了其在系统中的现形,并且执行了原程序的功能,用户或系统管理员很难察觉。还有一些新的木马使用了模糊化技术躲避检测。目前,使用木马传播间谍软件越来越频繁。间谍软件一般与支持软件捆绑,一旦用户安装了这些貌似正常的软件,间谍软件亦随之安装。木马病毒还会传播其他种类的攻击工具到系统中,借此可以实现未经授权的访问或是使用感染的系统。这些工具要么与木马捆绑,要么由木马替代系统文件之后再下载。

木马会导致系统严重的技术问题。替代正常系统可执行文件的木马可能会导致系统功能不能正常运行。与间谍软件相关的木马对系统的破坏性特别大,有可能会导致系统不能正常运行。木马及其安装的相关工具会消耗大量的系统资源,导致系统性能的严重下降。

4. 恶意的移动代码

移动代码可以在不需要用户指示的情况下实现远程系统在本地系统上的执行。这种编程方法现在很流行,编写的程序被广泛使用于操作系统和应用程序上。尽管移动代码本身不坏,但是黑客们却发现恶意的移动代码是攻击系统的有效工具,也是传播病毒、蠕虫和密码的良好机制。恶意移动代码与病毒和蠕虫不同的地方在于它不感染文件或是自我复制。与利用系统漏洞不同的是,它利用的是系统赋予移动代码的默认优先权。最出名的恶意移动代码是使用 Java 脚本的 Nimda。

5. 混合攻击

混合攻击使用多种感染或是攻击方式。著名的 Nimda 蠕虫实际上就是很典型的混合攻击。它使用了以下四种分布方法。

（1）电子邮件，一旦用户打开了恶意的邮件附件，Nimda 就会利用浏览器上的漏洞展现基于 HTML 语言的电子邮件。一旦感染了主机，Nimda 就会寻找主机上的电邮地址然后发送恶意邮件。

（2）Windows 共享，Nimda 扫描网络服务器，寻找微软的网络信息服务（IIS）上的已知漏洞。一旦发现有漏洞的服务器，马上就会发送复件到这台服务器上感染服务器和文件。

（3）网络客户端，如果有漏洞的网络客户端访问了被 Nimda 感染的网络服务器，那么客户服务器也被感染了。

（4）即时通信和点对点文件共享。人们很多时候把混合攻击误认为蠕虫，因为它具有蠕虫的一些特征。实际上，Nimda 具有病毒、蠕虫和恶意移动代码的特征。另外一个混合攻击的例子是 Bugbear，它既是海量邮件蠕虫也是网络服务蠕虫。

常见的防御恶意软件风险的安全工具有杀毒软件、间谍软件探测和删除工具、入侵防御系统（IPS）、防火墙和路由器。

11.3 网络安全技术

11.3.1 防火墙技术

防火墙指的是一个由软件和硬件设备组合而成，在内部网和外部网之间、专用网与公共网之间的界面上构造的保护屏障，它使 Internet 与 Intranet 之间建立起一个安全网关，从而保护内部网免受非法用户的侵入，防火墙主要由服务访问规则、验证工具、包过滤和应用网关四部分组成。该计算机流入流出的所有网络通信和数据包均要经过此防火墙。防火墙设置在可信的内部网络或不可信任的外界之间，可以实施比较广泛的安全政策来控制信息流，防止不可预料的潜在入侵破坏，从而在一定程度上保证局域网络的安全。

防火墙技术能够通过建立虚拟的屏障，以隔离开网络群体内部的相关信息和外界信息。防火墙的处理措施包括隔离与保护，同时可对网络安全当中的各项操作实施记录与检测，以确保网络运行的安全性，保障用户资料与信息的完整性，为用户提供更好、更安全的网络使用体验。防火墙技术的应用原理主要是通过将各种安全软件放置在防火墙上，将安全软件与防火墙的相关安全保护工作相结合，在能够及时阻挡非法用户入侵的同时，对蓄意攻击网络安全的软件和程序进行自动报警，以此达到保护计算机网络安全的目的。

防火墙的关键技术如下。

1. 包过滤技术

防火墙的包过滤技术一般只应用于 OSI 网络模型的网络层数据中，其能够完成对防火墙的状态检测，从而预先确定逻辑策略，针对地址、端口与源地址，通过防火墙所有的数据进行分析，如果数据包内具有的信息和策略要求是不相符的，则其数据包就能够顺利通过，如果是完全相符的，则其数据包就被迅速拦截。数据包传输的过程中，一般都会分解成为很多由目的地址等组成的一种小型数据包，当它们通过防火墙时，尽管其能够通过很多传输路径进行传输，而最终都会汇合于同一地方，在这个地点位置，所有的数据包都需要经过防火墙的检测，在检测合格后，才会允许通过。如果传输的过程中出现数据包的丢失以及地址的变化等情况，数据包就会被抛弃。

2. 加密技术

计算机信息传输的过程中,借助防火墙还能够有效地实现信息的加密,通过这种加密技术,相关人员就能够对传输的信息进行有效的加密,其中信息密码由信息交流的双方掌握,对接收信息的人员需要对加密的信息实施解密处理后,才能获取所传输的信息数据。在防火墙加密技术应用中,要时刻注意信息加密处理安全性的保障。应用防火墙技术时,想要实现信息的安全传输,还需要做好用户身份的验证,在进行加密处理后,信息的传输需要对用户授权,然后对信息接收方以及发送方进行身份验证,从而建立信息安全传递的通道,保证计算机的网络信息在传递中具有良好的安全性,非法分子没有正确的身份验证条件,因此就不能对网络信息实施入侵。

3. 防病毒技术

防火墙具有防病毒的功能,在防病毒技术的应用中,其主要包括病毒的预防、清除和检测等方面。在网络的建设过程中,通过安装相应的防火墙来对计算机和互联网间的信息数据进行严格的控制,从而形成一种安全的屏障来对计算机外网以及内网数据实施保护。通过互联网和路由器实现网络连接,对网络保护就需要从主干网开始,在主干网的中心资源实施控制,防止服务器出现非法访问,为了杜绝外来非法入侵对信息进行盗用,在网络连接端口对所接入的数据要进行以太网和IP地址的严格检查,被盗用IP地址会被丢弃,同时还会对重要信息资源进行全面记录,保障其信息网络具有良好的安全性。

4. 代理服务器

代理服务器是防火墙技术应用比较广泛的功能,根据其网络运行方法可以通过防火墙技术设置相应的代理服务器,从而借助代理服务器来进行信息的交互。在信息数据从内网向外网发送时,携带着正确IP,非法攻击者将信息数据IP作为追踪的对象,来让病毒进入内网中。如果使用代理服务器,就能够实现信息数据IP的虚拟化,非法攻击者在进行虚拟IP的跟踪中,不能获取真实的解析信息,从而实现对网络的安全防护。另外,代理服务器还能够进行信息数据的中转,对计算机内网以及外网信息的交互进行控制,对网络安全起到保护。

11.3.2 数据加密技术

数据加密是将数据从可读格式转换为加密信息的过程。这样做是为了防止偷窥者在传输过程中读取机密数据。加密可以应用于文件、档案、信息或网络上任何其他形式的通信。数据加密技术应用的最主要目的就是保障网络信息数据在传递和共享过程中的安全。因而与防火墙的限制功能相比,数据加密技术更灵活。

需要加密的数据称为明文。明文需要通过一些加密算法,这些算法基本上是对原始信息进行的数学计算。有多种加密算法,每种算法都因应用和安全指数不同而有所区别。除了算法之外,人们还需要一个加密密钥。使用上述密钥和适当的加密算法,明文被转换成加密的数据,也称为密码文本。在向接收方发送明文的同时也将发送密码文本。

一旦密码文本到达预定的接收方,接收者便可以使用解密密钥将密码文本转换回其原始可读格式,即明文。这个解密密钥必须始终保持秘密安全,而且可能与用于加密信息的密钥相似或不相似。

数据加密技术主要可以分为对称加密技术、非对称加密技术和散列(哈希)。

对称加密技术也称为私钥加密法或秘钥算法,主要指加密与解密的密钥置换标准是相同的,即要求发送方和接收方都能获得相同的密钥。因此,在信息被解密之前,接收者需要拥有密钥。

非对称加密技术也称为公钥加密法,其加密与解密的密钥置换标准则是不同的。在加密过程中使用两把钥匙,一把公钥和一把私钥。用户使用一把钥匙进行加密,用另一把钥匙进行解密。公钥对任何人都是免费的,而私钥则只留给预定的收件人,接收方需要私钥来破译信息。两把钥匙都是不完全相同的数字序列,但相互配对。

哈希为数据集或信息生成一个固定长度的唯一签名。每个特定的信息都有其独特的哈希值,使信息的微小变化很容易被追踪。用哈希加密的数据不能被破译或反转为原始形式。这也是哈希只被用作验证数据的方法的原因。

在现代社会的发展过程中,数据加密技术以其较为广阔的适用范围已经被广泛应用于网络安全保护。在应用数据加密技术的过程中,为了能够更好地保障网络安全,就要根据不同开放网络的不同特点选择合适的数据加密技术。从数据传递的方式来看,数据加密技术具体可以分为节点加密技术、链路加密技术以及端口加密技术。合理地选择数据加密技术的方式,是能够有效保障计算机网络安全的重要途径。

11.3.3 数字签名与身份认证

在网络通信中,消息的接收方可以伪造报文,并声称是发送方发过来的,从而获取非法利益。同样地,信息的发送方也可以否认曾经发送过报文。数字签名用来保证信息传输过程中信息的完整性和确认信息发送者的身份,可以防御欺骗攻击。数字签名技术可以实现如下目标:发送方事后不能否认发送的报文签名;接收方能够核实发送方发送的报文签名;接收方不能伪造发送方的报文签名;接收方不能对发送方的报文进行部分篡改。

数字签名有三个功能:实体鉴别,用于证明来源;报文鉴别,用于防篡改,保证完整性;不可否认,用于防抵赖。

有两种签名方法:简单数字签名和签名报文摘要。简单数字签名直接对报文签名,通常使用公钥加密,但是直接加密报文所使用的计算量过大。报文摘要方法是计算密码校验和,即固定长度的认证码,附加在消息后面发送,根据认证码检测报文是否被篡改。

认证可以分为实体认证和消息认证两种。实体认证是识别通信对方的身份,防止假冒,可以使用数字签名的方法;消息认证是验证消息在传送或存储过程中是否被篡改,通常使用报文摘要的方法。

11.3.4 入侵检测系统

入侵检测技术是为保证计算机系统的安全而设计与配置的一种能够及时发现并报告系统中未授权或异常现象的技术,是一种用于检测计算机网络中违反安全策略行为的技术。进行入侵检测的软件与硬件的组合称为入侵检测系统(Intrusion Detection System,简称IDS),IDS通过实时监视系统,一旦发现异常情况就发出警告。IDS在交换式网络中的位置一般选择在尽可能靠近攻击源或者尽可能靠近受保护资源的位置。这些位置通常是服务器区域的交换机上;因特网接入路由器之后的第一台交换机上;重点保护网段的局域网交换机上。

通常入侵检测系统包括四个组件：

（1）事件产生器，其目的是从整个计算环境中获得事件，并向系统的其他部分提供此事件；

（2）事件分析器，经过分析得到数据，并产生分析结果；

（3）响应单元，是对分析结果作出反应的功能单元，它可以作出切断连接、改变文件属性等强烈反应，也可以只是简单的报警；

（4）事件数据库是存放各种中间和最终数据的数据库，也可以是简单的文本文件。

IDS 根据入侵检测的行为分为两种模式：异常检测和误用检测。前者先要建立一个系统访问正常行为的模型，凡是访问者不符合这个模型的行为将被断定为入侵；后者则相反，先要将所有可能发生的不利的不可接受的行为归纳建立一个模型，凡是访问者符合这个模型的行为将被断定为入侵。

这两种模式的安全策略是完全不同的，而且各有所长：异常检测的漏报率很低，但是不符合正常行为模式的行为并不一定就是恶意攻击，因此这种策略误报率较高；误用检测由于直接匹配比对异常的不可接受的行为模式，因此误报率较低，但恶意行为千变万化，可能没有被收集在行为模式库中，这样漏报率就很高。用户必须根据本系统的特点和安全要求来制定策略，选择行为检测模式。用户通常都采取两种模式相结合的策略。

1. 异常检测方法

在异常入侵检测系统中常常采用以下几种检测方法。

（1）基于贝叶斯推理检测法。通过在任何给定的时刻测量变量值，推理判断系统是否发生入侵事件。

（2）基于特征选择检测法。从一组度量中挑选出能检测入侵的度量，用它来对入侵行为进行预测或分类。

（3）基于贝叶斯网络检测法。用图形方式表示随机变量之间的关系。通过指定的与邻接节点相关的一个小的概率集来计算随机变量的联合概率分布。按给定全部节点组合，所有根节点的先验概率和非根节点概率构成这个概率集。当随机变量的值变为已知时，就允许将它吸收为证据，为其他的剩余随机变量条件值判断提供计算框架。

（4）基于模式预测的检测法。事件序列不是随机发生的，而是遵循某种可辨别的模式，这是基于模式预测的异常检测法的假设条件，其特点是考虑了事件序列及相互联系，该检测法最大的优点是只关心少数相关安全事件。

（5）基于统计的异常检测法。根据用户对象的活动为每个用户都建立一个特征轮廓表，通过对当前特征与以前已经建立的特征进行比较来判断当前行为是否异常。

（6）基于机器学习检测法。根据离散数据临时序列学习获得网络、系统和个体的行为特征，采用基于相似度的实例学习法 IBL，该方法通过新的序列相似度计算将原始数据转换成可度量的空间。然后，应用 IBL 学习技术和基于序列的分类方法，发现异常类型事件，从而检测入侵行为。

（7）数据挖掘检测法。将数据挖掘技术应用于入侵检测中，可以从审计数据中提取有用的知识，然后用这些知识检测异常入侵。

（8）基于应用模式的异常检测法。该方法根据服务请求类型、服务请求长度、服务请求包大小来计算网络服务的异常值。通过实时计算的异常值和所训练的阈值比较,从而发现异常行为。

(9)基于文本分类的异常检测法。将系统产生的进程调用集合转换为"文档"。利用K-近邻聚类文本分类算法,计算文档的相似性。

2. 误用检测方法

误用入侵检测系统中常用的检测方法如下。

(1)模式匹配法。通过把收集到的信息与网络入侵和系统误用模式数据库中的已知信息进行比较,从而发现违背安全策略的行为。模式匹配法可以显著地减少系统负担,有较高的检测率和准确率。

(2)专家系统法。把安全专家的知识表示成规则知识库,再用推理算法检测入侵。这种方法主要针对有特征的入侵行为。专家系统的建立依赖知识库的完备性,而知识库的完备性又取决于审计记录的完备性与实时性。

(3)基于状态转移分析的检测法。将攻击看成一个连续的、分步骤的,并且各步骤之间有一定的关联的过程。在网络中发生入侵时及时阻断入侵行为,防止可能还会进一步发生的类似攻击行为。在状态转移分析方法中,一个渗透过程可以看作由攻击者做出的一系列的行为而导致系统从某个初始状态变为最终某个被危害的状态。

入侵检测技术是主动保护自己免受攻击的一种网络安全技术。作为防火墙的合理补充,入侵检测技术能够帮助系统对付网络攻击,扩展了系统管理员的安全管理能力(包括安全审计、监视、攻击识别和响应),提高了网络安全基础结构的完整性。入侵检测系统在防火墙之后对网络活动进行实时检测。许多情况下,由于可以记录和禁止网络活动,所以IDS是防火墙的延续,可以和防火墙与路由器配合工作。从应急响应的要求看,入侵检测的目的最终是阻止攻击行为,对已经造成攻击后果做出相应恢复,并形成整体的安全策略调整。IDS本身是具有阻断功能的,但是如果单纯利用本身的阻断功能必然对入侵检测的效率有所影响。IDS发现了攻击事件,发送动态策略给防火墙,防火墙接收到策略后就产生一条对应的访问控制规则,可以对指定的攻击事件进行有效的阻断,保证攻击不再延续。这种联动不仅利用了防火墙的优势特点,而且由于这些规则是根据攻击的发生而动态触发的,所以不会降低防火墙的工作效率。通过入侵检测,不仅能够知道攻击事件的发生、攻击的方式和手法,还可以指挥其他安全产品形成动态的防御系统,这就对网络的安全性建立了一个有效屏障。

11.3.5 入侵防御系统

入侵防御系统(IPS)使用信息包嗅探工具和网络流量分析确认和制止可疑行为。基于网络的IPS产品是部署在内部网络的,也就是类似网络防火墙的功能。IPS对收到的信息包进行分析,确定哪些是允许通过的。基于网络的IPS可以防入侵,绝大多数的基于网络的IPS使用多种方式分析网络和应用程序协议,通过寻找预期的攻击行为确认潜在的恶意活动。

基于网络的IPS产品被用来检测恶意软件,一般只能探测几种默认的恶意软件,如蠕虫病毒。尽管如此,一些IPS产品个性化程度很高,允许管理员在短时间之内自己添加和部署病毒库。尽管这样做存在一定的风险,但是自己编写的病毒库特征会在厂商发布病毒特征的数小时之前阻止新的攻击。基于网络的 IPS 产品在阻止已知威胁上很有效,例如网络蠕虫、电子邮件携带蠕虫以及特征明显的病毒。虽然其功能强大,但是却无法阻止恶意的移动代码或木马。基于网络的 IPS 可以通过应用程序协议分析检测和阻止未知的网络威胁。

基于主机的 IPS 产品与基于网络的 IPS 在原则和目的上是相似的,基于主机的 IPS 产品监视的是单一主机的特征和发生在主机之内的事件。基于主机的 IPS 监视的活动包括网络流量、系统日志、运行的程序、文件访问和改变、应用程序配置的更改。基于主机的 IPS 产品一般使用多种方式确认系统上的已知和未知攻击。例如,可以监视试图修改文件的行为,以此探测感染文件的病毒和尝试替代文件的木马。一旦基于主机的 IPS 产品监视了主机的网络流量,就会提供与基于网络的 IPS 类似的探测能力。

与杀毒软件和间谍软件探测删除软件类似的是,基于网络和基于主机的 IPS 产品可能会导致假阳性和假阴性。IPS 可以提供调试功能,借此可以提高探测的准确性。这种调试的有效性视产品和环境而定。由于假阳性可能会导致正常系统活动的停滞,需要采取有效措施防止假阳性的发生。绝大多数的 IPS 产品都可以自行设置病毒库限制。还有一些系统使用默认设置禁止了绝大多数的限制,只有在面对新的主要风险时才会启动。

对于恶意软件的防范来说,基于主机的 IPS 软件可以提高系统在面临未知风险时的安全系数。如果将 IPS 设置为高安全等级的话,在很大程度上就可以阻止杀毒软件查杀不出的恶意软件。IPS 软件在应对网络服务威胁上相比杀毒软件具有很大的优势。

对于那些产生巨大流量的恶意软件来说,例如,网络服务病毒,部署在网络中的基于主机的 IPS 产品能有效减轻恶意软件造成的网络负担。同时使用杀毒软件和 IPS 不仅可以从整体上提高恶意软件事件的防范能力,还可以减轻这两种技术在应对恶意软件时的压力。在一次严重的安全事件中,单一的杀毒软件可能会由于恶意软件过多导致过载,使用多种控制方法可以减轻负载。

习题

11-1 简述 OSI 网络安全机制。

11-2 简述网络攻击的类型。

11-3 什么是拒绝服务攻击?常见的拒绝服务攻击有哪些?

11-4 你了解的恶意软件攻击有哪些?

11-5 常见的网络安全技术有哪些?

11-6 防火墙的关键技术有哪些?

11-7 什么是对称秘钥与非对称秘钥?

11-8 简述数字签名的原理。

11-9 常用的入侵检测方法有哪些?

参 考 文 献

[1] 谢希仁. 计算机网络[M]. 8 版. 北京：电子工业出版社,2021.

[2] 吴功宜,吴英. 计算机网络高级教程[M]. 2 版. 北京：清华大学出版社,2015.

[3] James E K, Keith W R. 计算机网络-自顶向下方法[M]. 陈鸣,译. 6 版. 北京：机械工业出版社,2014.

[4] 李明国,宋海娜,胡卫东. Internet 网络时间协议原理与实现[J]. 计算机工程,2002,28(2)：275-277.

[5] 赵训威,林辉,张明等. 3GPP 长期演进（LTE）系统架构与技术规范[M]. 北京：人民邮电出版社,2010.

[6] 陈威兵,张刚林,冯璐等. 移动通信原理[M]. 3 版. 北京：清华大学出版社,2024.

[7] 颜永庆. 移动通信发展的回顾及展望[J]. 江苏通信技术,2015,21(4)：14-19.

[8] 罗凌,焦元媛,陆冰等. 第三代移动通信技术与业务[M]. 北京：人民邮电出版社,2007.

[9] 张平,王卫东,陶小峰等. WCDMA 移动通信系统[M]. 2 版. 北京：人民邮电出版社,2004.

[10] 尤肖虎,赵新胜. 分布式无线电和蜂窝移动通信网络结构[J]. 电子学报,2004(S1)：16-21.

[11] 朱雪田. 3GPP R16 的 5G 演进技术研究[J]. 电子技术应用,2020,46(10)：1-7,13.

[12] 禹忠,陈彦萍,周运基等. 5G 移动通信系统关键技术与标准进展及 6G 展望[J]. 西安邮电大学学报,2020,25(1)：11-20.

[13] 崔占伟,黄云飞. 面向 5GA 的标准发展及应用情况[J]. 移动通信,2023,47(1)：46-53.

[14] 孙韶辉,高秋彬,杜滢等. 第 5 代移动通信系统的设计与标准化进展[J]. 北京邮电大学学报,2018,41(5)：26-43.

[15] 周斌. 5G R16 标准要点分析[J]. 江苏通信,2021,37(2)：8-10.

[16] 顾婉仪,李国瑞. 光纤通信系统(修订版)[M]. 北京：北京邮电大学出版社,2006.

[17] 李履信,沈建华. 光纤通信系统[M]. 2 版. 北京：机械工业出版社,2007.

[18] 徐小龙. 物联网室内定位技术[M]. 北京：电子工业出版社,2017.

[19] 刘云浩. 物联网导论[M]. 北京：科学出版社,2022.

[20] 王佳斌,郑力新. 物联网技术及应用[M]. 北京：清华大学出版社,2019.

[21] 曾宪武,包淑萍. 物联网导论[M]. 北京：电子工业出版社,2016.

[22] 张飞舟,杨东凯. 物联网应用与解决方案[M]. 北京：电子工业出版社,2012.

[23] Tanenbaum A S, Wetherall D J. Computer Networks [M]. 5th Edition. Prentice Hall,2011.

[24] 徐喆. RFID 技术在物联网中的应用[J]. 现代工业经济和信息化,2023,13(3)：119-121.

[25] 曹永红. 物联网中的 RFID 技术应用[J]. 集成电路应用,2023,40(9)：188-189.

[26] 田昕,魏国亮,王甘楠. 无线传感器网络定位综述[J]. 信息与控制,2022,51(1)：69-87.

[27] 颜晨,孙云华,陈翔. TSN 中时间同步技术研究及实现[J]. 现代信息科技,2023,7(11)：83-88.

[28] 林闯. 计算机网络的服务质量（QoS)[M]. 北京：清华大学出版社,2004.